植物学
实习指导

ZHIWUXUE
SHIXI ZHIDAO

编 著 ◎ 曾汉元 刘光华

西南大学出版社
SWUP 国家一级出版社 全国百佳图书出版单位

图书在版编目(CIP)数据

植物学实习指导 / 曾汉元，刘光华编著. -- 重庆 : 西南大学出版社，2023. 12

ISBN 978-7-5697-2174-4

Ⅰ. ①植… Ⅱ. ①曾… ②刘… Ⅲ. ①植物学-高等学校-教学参考资料 Ⅳ. ①Q94

中国国家版本馆CIP数据核字(2024)第020800号

植物学实习指导

曾汉元　刘光华　编著

责任编辑：伯古娟

责任校对：鲁　欣

整体设计：闰江文化

排　　版：陈智慧

出版发行：西南大学出版社(原西南师范大学出版社)

印　　刷：重庆天旭印务有限责任公司

幅面尺寸：195 mm×255 mm

印　　张：12.25

插　　页：4

字　　数：270千字

版　　次：2023年12月　第1版

印　　次：2023年12月　第1次印刷

书　　号：ISBN 978-7-5697-2174-4

定　　价：52.00元

内容简介

本书对植物学实习的目的要求与组织管理、实习方法以及实习地点(中坡国家森林公园、康龙省级自然保护区、昆明植物园)的实习路线上的植物种类进行了介绍,归纳了斗南花卉市场的主要花卉种类、种子植物重点科的主要特征、怀化学院西校区校园维管植物名录。

本书首创了野外实习与植物园实习相结合的实习模式;采用了最新的分类系统(蕨类植物、裸子植物和被子植物分别采用PPG系统、杨永系统2022版和APG IV);拓展了植物学实习的内容——植物资源的初步筛查,介绍了主流识别软件(花伴侣、形色、百度识图)辅助识别植物的方法以及基于专业认证要求的实习成绩评定方法,具有新颖性。

本实习指导可供高校生物科学专业师生植物学实习时使用,也可供高校生物学相关专业师生参考。

前言

PREFACE

怀化学院生物科学专业创办于1986年，现为湖南省一流专业建设点和学校“卓越教师培养计划”试点专业。在三十多年的办学历程中，生物学野外实习（包括植物学实习和动物学实习，同时同地进行）在多个不同的地点进行过，例如：湛江南亚热带植物园和硇洲岛、洪江市八面山国有林场、南岳风景名胜区、通道侗族自治县万木林国家阔叶林采种基地、通道侗族自治县万佛山省级自然保护区（国家地质公园）、会同县鹰嘴界国家级自然保护区、中方县康龙省级自然保护区、通道侗族自治县陇底风景区、中坡国家森林公园、贵州雷公山国家级自然保护区、昆明植物园等。在长期的野外实习中我们发现，纯野外实习存在以下几大问题：（1）前两天见到的动植物种类丰富，但后面几天见到的动植物多数是前面两天见过的；（2）实习道路往往较窄、陡，存在较大的安全隐患；（3）每天行走的路程较远；（4）经常遇到毒蛇，严重影响到实习师生的生命安全；（5）旅游资源少，难以激起学生前往实习的兴趣。

通过本专业教研室全体成员讨论，经学院领导同意，我们决定把植物学实习的主要地点固定在昆明植物园。考虑到植物园的植物种类主要为引种栽培，并且不允许采集和制作标本，为了让学生了解自然生态系统中的植物，我们还安排了康龙省级自然保护区和中坡国家森林公园的实习，同时也为学生提供了采集和制作植物标本的一系列训练的机会。

在昆明植物园实习具有以下优点：（1）学生在短短的4天时间里，能够见识到200科2 000多种植物（如果学生自费参观了扶荔宫，则总共能够见识到231科4 000种以上的植物），从而极大地增强学生的感性认识，能够丰富学生的植物多样性知识；（2）学生每天见到的植物种类是不同的，有利于保持好奇心；(3)每天行走的路程不太远，不至于因走远路感到劳累而影响实习；(4)实习道路就是游道，宽敞、行走方便；(5)实习地点无毒蛇，也无有毒昆虫；(6)昆明夏季凉爽，不像在别的地点实习那样需要忍受高温；(7)昆明植物园环境优美，学生在“玩中学”，在“学中玩”，心情轻松愉快；(8)云南不仅是“植物王国”，也是“动物王国”，在此开展植物学实习，也有利于动物学实习的开展；(9)在乘车前往昆明途中，学生可以观察和了解怀化至昆明铁路沿线的生态景观、植被类型、主要经济作物种类，从而拓展植物学知识；(10)为师生们今后的生物教学积累大量的素材；(11)可以顺便了解昆明的高校、科研院所、自然资源、人文景观和风土人情等。

此外，我们还安排一定时间在斗南花卉市场实习，其有如下好处：见识上千种(品种)的鲜切花、花卉盆景、多肉植物、干花、永生花及花卉艺术，欣赏花卉之美，感受花卉交易盛况，体验花卉经营者的匠心独运和创造美的能力。

为了提高带队老师指导植物学实习的能力，同时为学生提供自主学习的资料，方便植物学实习工作的开展，提高实习的教学质量，我们编写了这本实习指导。除了昆明植物园的羽西杜鹃园和裸子植物园以及斗南花卉市场之外，其他地点的植物介绍都是按照实习路线上看到的植物顺序依次进行的，极大地方便了师生们的使用。

《植物学实习指导》是基于多年来怀化学院开展植物学野外实习的实践经验编撰而成的，书中简要介绍了植物学实习的目的、实习要求与组织实施，植物种类的野外观察与物种鉴定，植物资源的初步筛查方法，采集和制作植物标本的方法和各实习地点概况，重点介绍了实习路线上的191科580属718种植物(含亚种、变种、变型、品种、杂交种，下同)的形态特征和用途；列举了斗南花卉市场的主要鲜切花(含切果、切叶)53种，草本类盆花、木本类盆花和多肉植物盆花195种，附录Ⅱ列举了500种(隶属127科)校园植物。鉴于科级分类单元在植物识别和鉴定过程中的重要地位，附录Ⅰ归纳了种子植物重点科的主要特征。本书还介绍了用主流识别软件(花伴侣、形色、百度识图)辅助识别植物的方法。

考虑到APG系统是基于大量分子系统学资料而建立的现代被子植物分类系统，比较接近自然分类系统，而且在国外已经被普遍采用，因此，本书的被子植物分类系统采用APG系统的最新版（APG IV）。蕨类植物采用PPG系统，裸子植物采用杨永系统2022版（南京林业大学杨永教授领衔的国际裸子植物研究团队提出的分类系统）。植物学名以邱园植物名录以及中国科学院植物研究所编辑的《中国植物名称作者（命名人）数据库》为准。附录Ⅱ校园植物名录中的植物科的排列顺序全部采用新系统，同一科内各属、种、种下等级按照学名的字母顺序排列。

本书稿得以完成，首先要感谢中国科学院昆明植物研究所昆明植物园，特别感谢在建园95年历程中为规划设计、施工、物种的引种栽培和管理、物种鉴定、植物挂牌等工作付出艰辛劳动的专家、学者、领导和其他工作人员。昆明植物园多数物种已经挂牌，为我们省去了物种鉴定的繁重工作。

在编写过程中，李胜华副教授提供了中坡国家森林公园最新的植物普查数据，康龙自然保护区管理处提供了有关简介资料，在此一并表示感谢。

恩师原浙江大学丁炳扬教授对书稿提出了许多中肯的修改建议，并对书稿进行了审定，在此深表谢意。

本书的出版得到了怀化学院教材建设经费和生物科学“卓越教师培养计划”试点专业建设经费的资助；在编写过程中，还得到了怀化学院教务处胡兴处长的大力支持；感谢西南大学出版社伯古娟为本书的编辑和出版提供的大力帮助。

限于编者水平，书中错误和欠妥之处可能不少，恳请有关专家和读者批评指正。

编者
2023年10月

部分植物的彩色图片

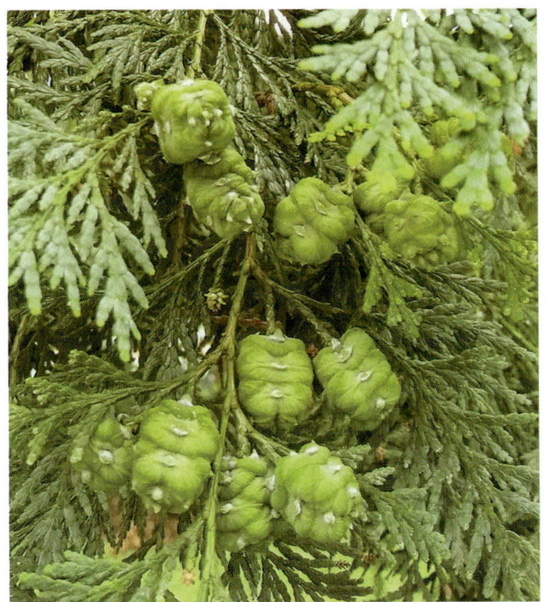

图1 | 福建柏

Chamaecyparis hodginsii

图4 | 蝴蝶兰

Phalaenopsis aphrodite

图5 | 早花百子莲

Agapanthus praecox

图2 | 红睡莲

Nymphaea alba var. *rubra*

图3 | 文山润楠

Machilus wenshanensis

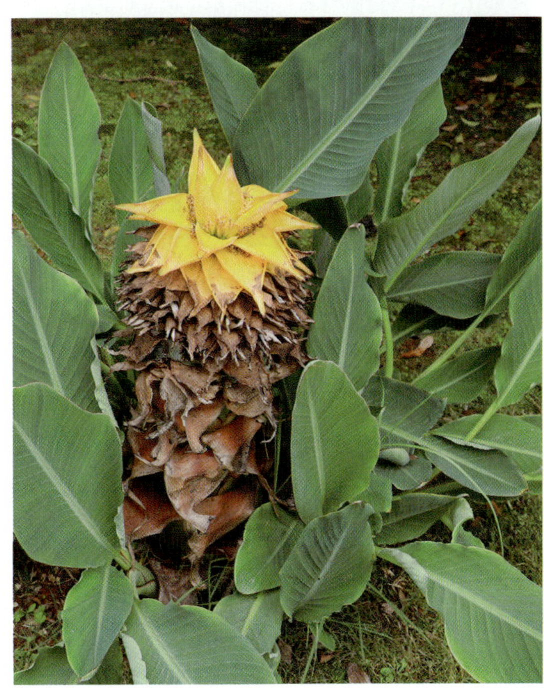

图6 | 地涌金莲

Musella lasiocarpa

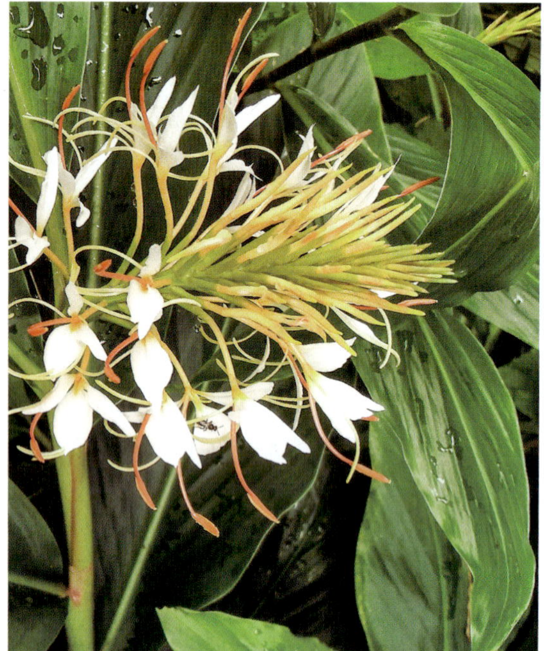

图7 | 滇姜花

Hedychium yunnanense

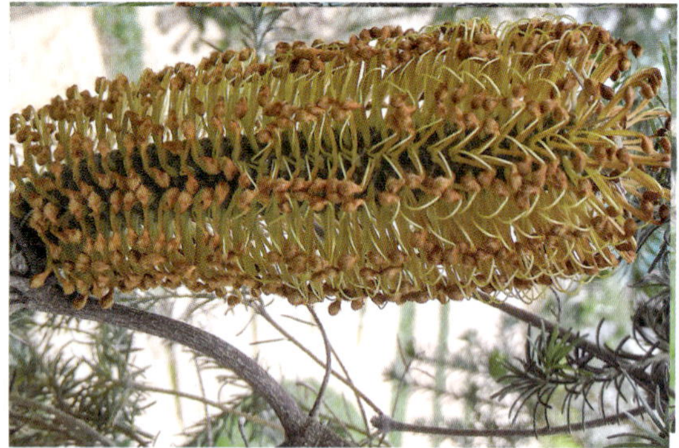

图10 | 小叶佛塔树

Banksia ericifolia

图11 | 景天科

4种多肉植物

图8 | 大花飞燕草

Delphinium × cultorum

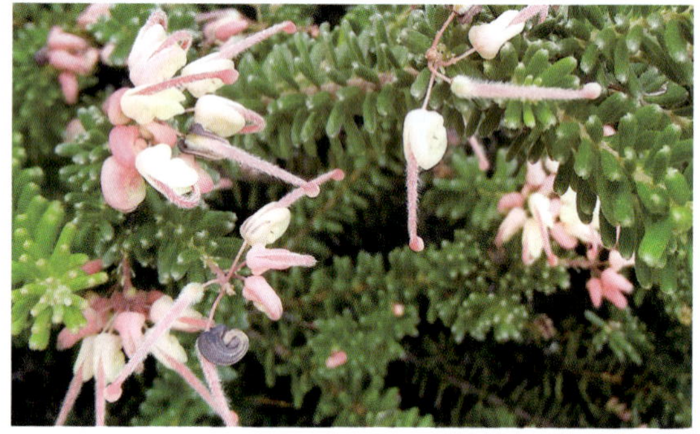

图9 | 地被银桦

Grevillea baueri ‘Dwarf’

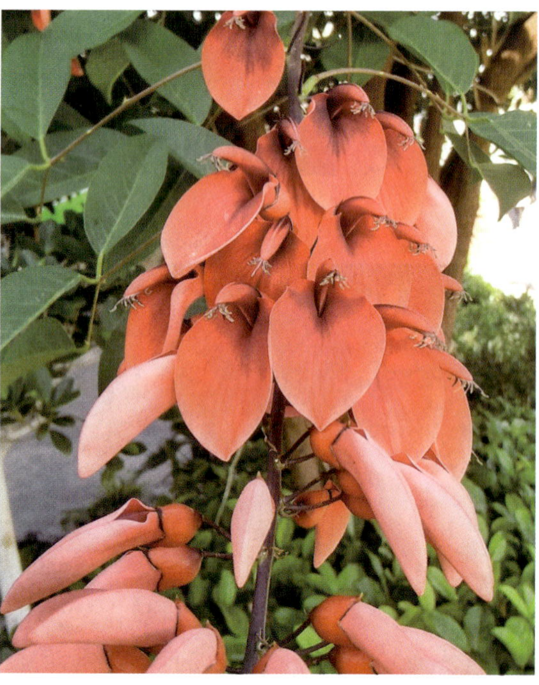

图12 | 鸡冠刺桐

Erythrina crista-galli

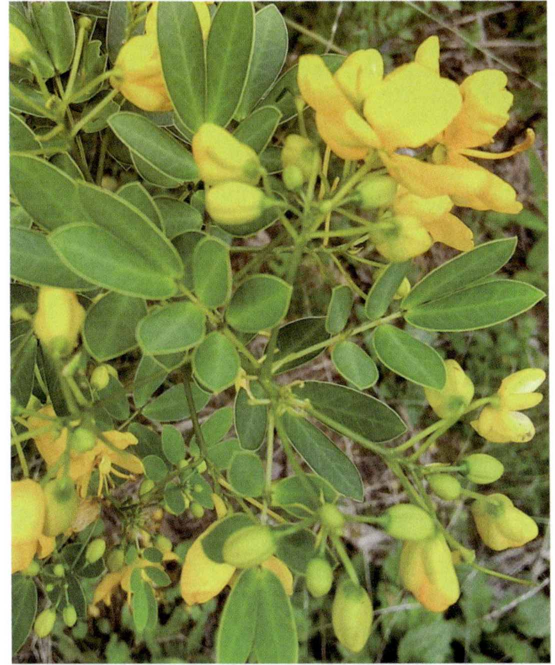
图13 | 双荚决明

Senna bicapsularis

图16 | 贴梗海棠

Chaenomeles speciosa

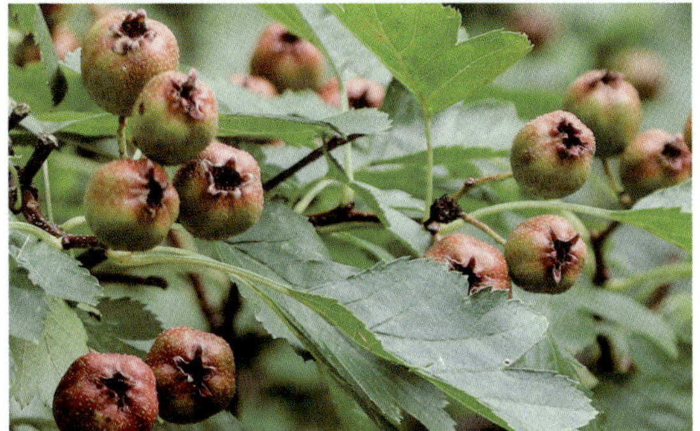
图17 | 云南山楂

Crataegus scabrifolia

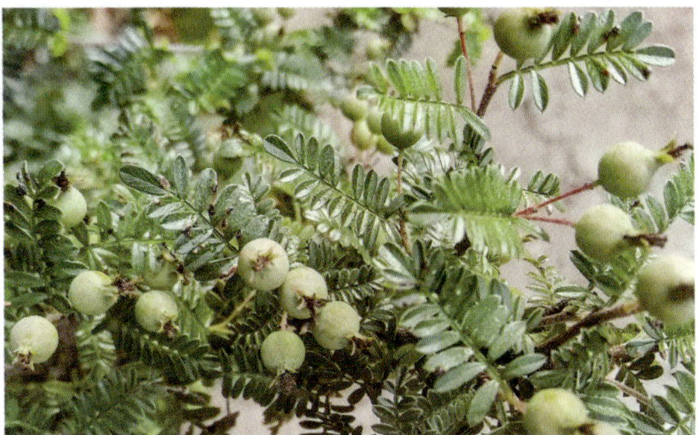
图14 | 华西小石积

Osteomeles schwerinae

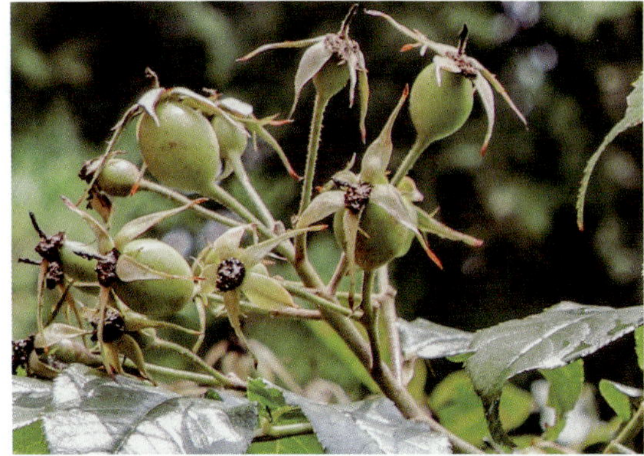
图15 | 卵果蔷薇

Rosa helenae

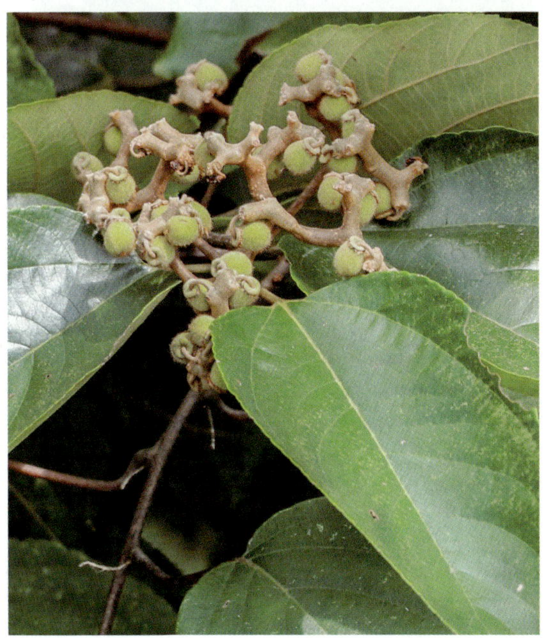
图18 | 枳椇

Hovenia acerba

图19 | 苦槠

Castanopsis sclerophylla

图22 | 红花酢浆草

Oxalis corymbosa

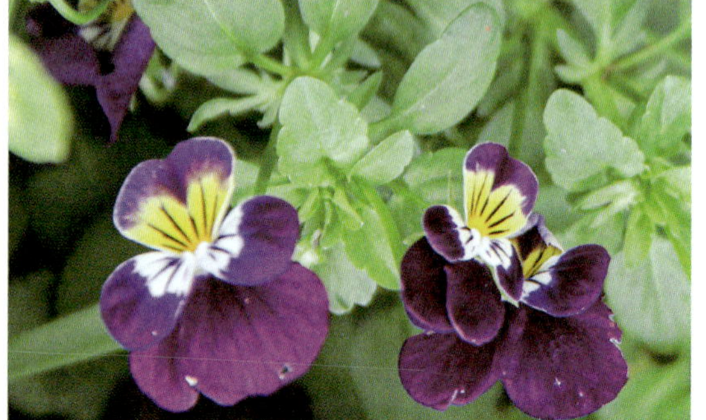
图23 | 三色堇

Viola tricolor

图20 | 栗

Castanea mollissima

图21 | 秋海棠

Begonia grandis

图24 | 千屈菜

Lythrum salicaria

图25 | 紫薇

Lagerstroemia indica

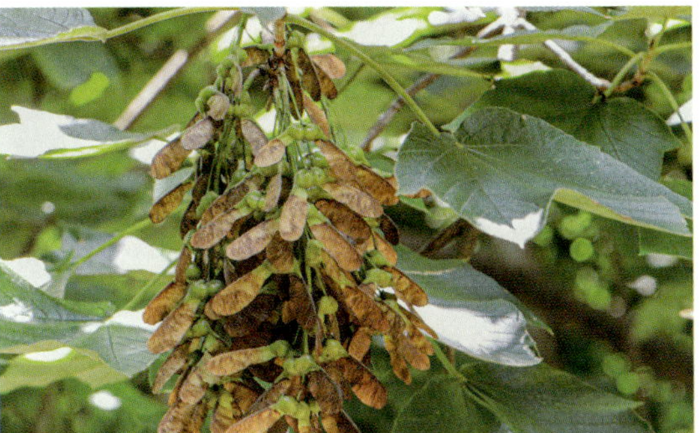

图26 | 漾濞槭

Acer yangbiense

图27 | 金铃花

Abutilon pictum

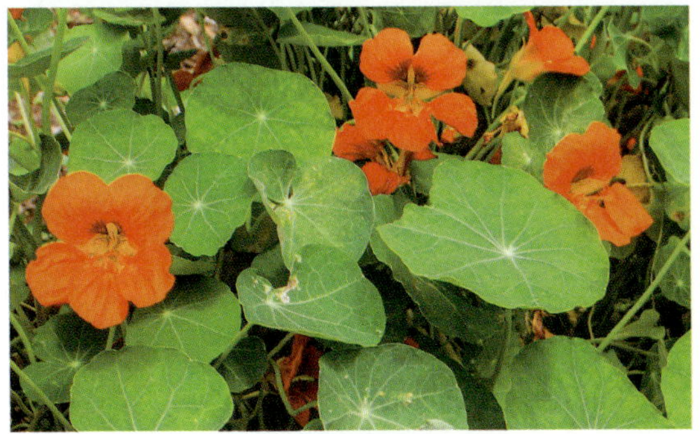

图28 | 旱金莲

Tropaeolum majus

图29 | 醉蝶花

Tarenaya hassleriana

图30 | 叶子花

Bougainvillea spectabilis

图31 | 土人参
Talinum paniculatum

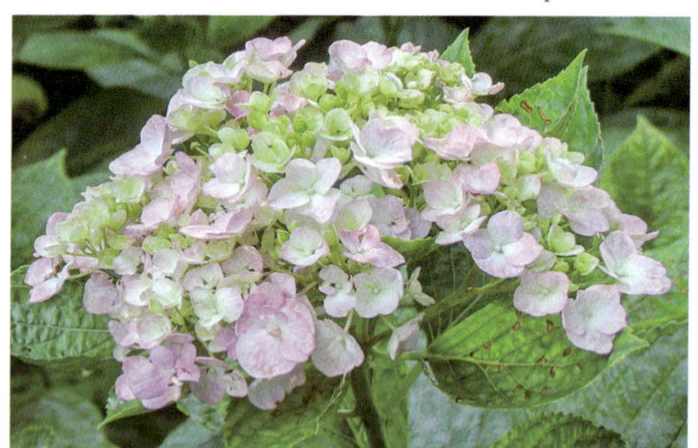
图34 | 绣球
Hydrangea macrophylla

图35 | 秤锤树
Sinojackia xylocarpa

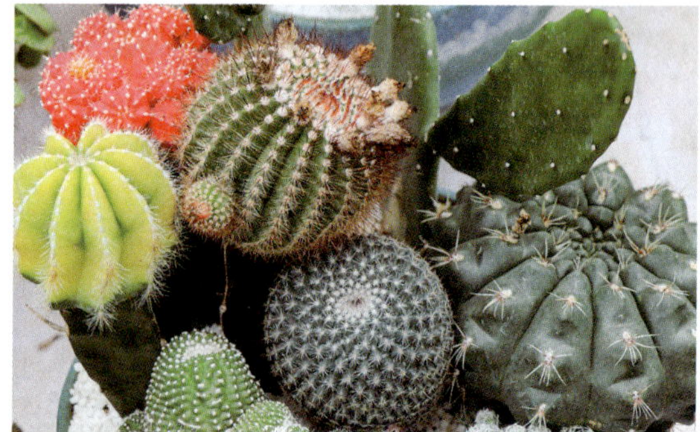
图32 | 仙人掌科
7种多肉植物

图33 | 珙桐
Davidia involucrata

图36 | 大白杜鹃
Rhododendron decorum

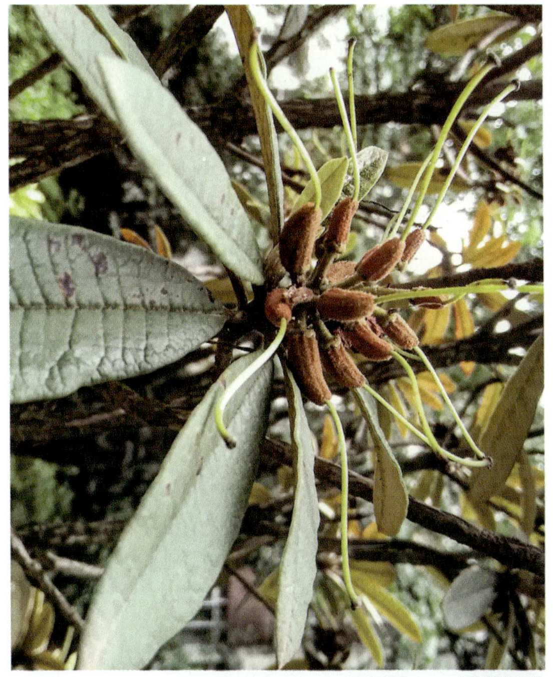

图37 | 马缨杜鹃

Rhododendron delavayi

图38 | 大花木曼陀罗

Brugmansia suaveolens

图39 | 蓝花茄

Lycianthes rantonnetii

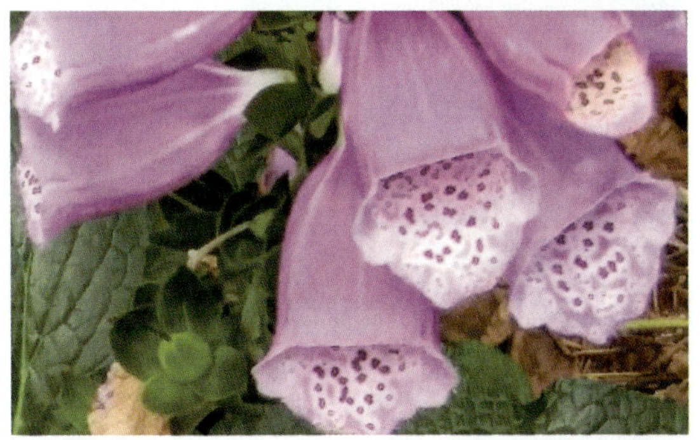

图40 | 毛地黄

Digitalis purpurea

图42 | 火把花

Colquhounia coccinea var. mollis

图41 | 大叶紫珠

Callicarpa macrophylla

图43 | 绵毛水苏

Stachys byzantina

图44 | 大叶冬青

Ilex latifolia

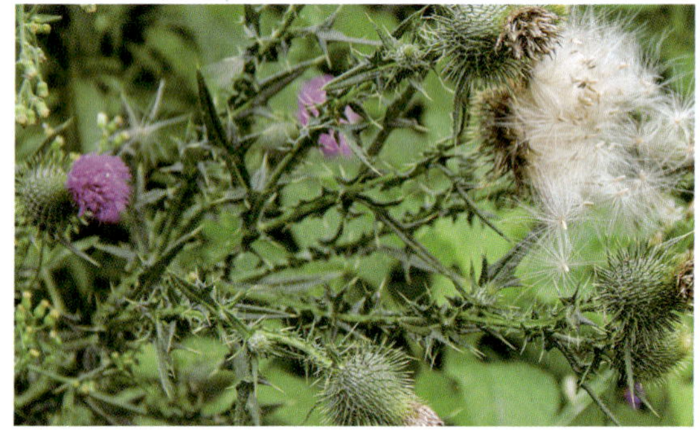

图45 | 飞廉

Carduus nutans

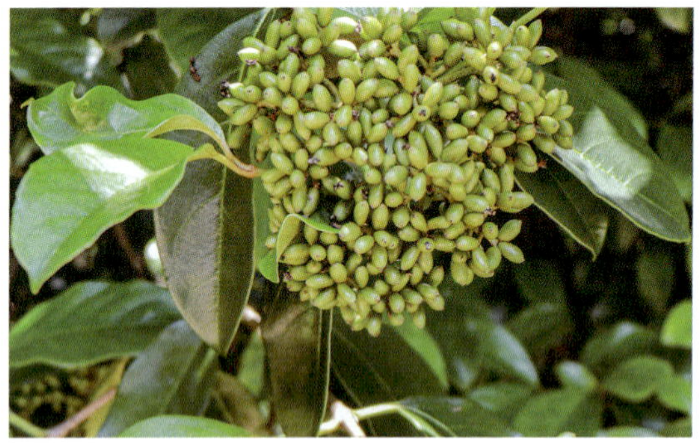

图46 | 鳞斑荚蒾

Viburnum punctatum

图47 | 糯米条

Abelia chinensis

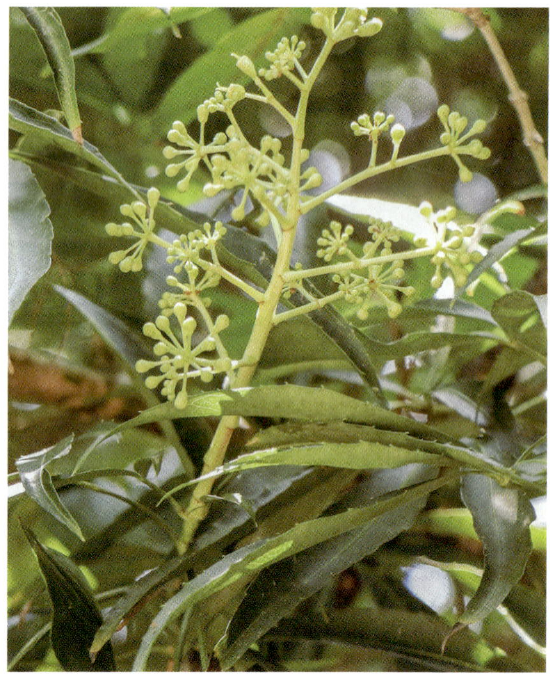

图48 | 梁王茶

Metapanax delavayi

目录

CONTENTS

Part 1

第一章

植物学实习概述

Part 2

第二章

植物学实习方法

Part3

第三章

实习地点及相关植物简介

Part4

第一章

植物学实习概述

第一节 植物学实习目的、内容和要求

生物学综合实习是生物学实践教学的重要组成部分,是生物科学专业人才培养的重要环节,也是巩固和深化课堂教学的必不可少的环节,它对于每个学生来说是一次十分必要而又终生难忘的学习机会。生物学综合实习包括植物学实习、动物学实习和生态学实习。

植物学实习是生物学综合实习的重要组成部分。植物学实习,能够让学生更好地了解植物的形态特征、生活习性、对环境的适应性,学到许多在课堂上学不到的知识,培养观察、分析和解决植物学问题的能力,培养野外工作能力、沟通合作技能和吃苦耐劳的精神,激发对大自然的兴趣爱好,进一步树立人与自然和谐共生的理念,促进能力和素质的提高。总之,植物学实习对于培养学生的生命观念、科学思维、科学探究和社会责任等核心素养具有重要作用。

然而,要想在短时间内达到以上目标,必须事先了解植物学实习的目的、要求、内容、组织实施、考核和注意事项等内容。

一、实习目的

(1)验证、巩固和拓展植物学理论知识。植物学是实践性很强的科学,只有联系实际,增强感性认识,理论知识才能得到巩固和加强,这样的实践活动,能起到扩大知识范围、拓宽知识领域的作用,学到课堂上学不到的知识。

(2)深刻领会植物的多样性。植物的多样性表现在植物种类的多样性、植物类型的多样性、生命周期的多样性、植物遗传的多样性、营养方式的多样性和生境的多样性等方面。

(3)通过实习,能够识别一些植物种类,了解它们的经济价值,知道植物资源的野外初步筛查方法;通过对种子植物同科多种植物的认识,理解性记忆种子植物常见科的主要特征。

(4)结合植被、气候和土壤等重要生态因子,认识生物与环境的相互作用,认识植物的分布、生长发育和变异与环境的关系,牢固树立“生物与环境相适应”的观点。

(5)深入理解物种、种群、群落和生态系统之间的关系。除极端的例子外,每一个物种都是以种群的形式存在的,由多个物种有机组合形成群落;在一个生态系统中,各物种不是杂乱地堆积,而是构成一个有序的空间格局,它们之间相互依存、相互制约,构成一个统一整体。这些知识只有在自然环境中才能够加深理解。

(6)掌握使用检索表、工具书(或“植物智”)和植物识别软件鉴定植物的方法。

(7)培养观察、描述、记录、采集、解剖、鉴定、制作和保存植物标本的能力。

(8)激发学习兴趣,乐于探索生命的奥秘,培养实事求是的科学态度、探索精神和创新意识。

(9)领略大自然的奇特风光,了解实习地区生物资源状况,培养热爱祖国、热爱大自然、热爱专业的情感;增强班集体的凝聚力,增进彼此间的友谊;培养沟通合作技能和吃苦耐劳的精神。

(10)理解人与自然和谐共生的意义,增强环境保护意识。

二、实习内容

实习内容主要包括以下几个方面。

1.野外观察、识别、解剖和记录

野外观察、识别、解剖和记录是植物学实习的重中之重。要充分发挥各种感官的作用,例如:伸手去摸一摸,体会一下叶片的厚薄、叶面是粗糙的还是光滑的、刺的硬度和牢度;用鼻子去闻一闻它是香的、臭的还是有其他异味的;有些植物可以尝一尝它是甜的、酸的还是苦的,再仔细看一看它与类似植物之间的异同。要记住一些植物的名称;对部分植物的花果要进行解剖,了解其特点。要把老师讲解的和自己了解到的性状记录好。

2.物种鉴定

学会使用植物分类检索表、志书、图鉴和植物识别软件对不认识的植物进行鉴定,确定此植物的科名、属名和种名。

3.自主学习和复习

《植物学实习指导》提供了实习必需的许多植物学资料,是实习的指导书,也是野外实习的主要参考书,必须认真阅读。晚上回到实习住地后,要充分利用本书和实习记录本进行自主学习和复习。

还要观看植物彩色图片库。我们已经拍摄了两千多种植物的彩色照片,同学们可以利用这些图像资料复习巩固白天所认识的植物。

4.合作学习

晚上从实习地点回到实习住地后,同小组的同学可集中在一起,大家拿出自己的记录本和采集的植物枝叶或根、花、果,复习白天认识的植物,同时鉴定一些不认识的植物,讨论识别植物的心得,相互提问,以帮助他人记忆,同时也加深自己的记忆。此外,大家可以对白天认识的植物分类记忆,得出各个科的特征和相近科、属之间的区别。

5. 植物标本的采集、制作和保存

在康龙自然保护区或中坡国家森林公园实习时，学习植物标本的采集、整理、压制和烘干方法，标本的制作则在新学期返校后进行。用来制作标本的材料一定要做好采集记录，要有采集时间、采集地点、采集人、采集号、生境、各器官的形态特征（特别是压制后容易改变或消失的特征）、植物名称、科名等信息。

6. 考核与总结

每位学生在实习结束后要撰写实习总结，还要参加植物识别考试。

三、实习要求

1. 勤学习

每天实习，都要认真听讲，做好笔记。晚上要对笔记进行复习、整理和巩固。通过实习，每个学生应达到如下要求。

（1）接触到1 500种以上的植物，深刻领会植物多样性的表现；认识常见植物50科300种以上（以种子植物为主，也包括少数蕨类植物），知道每种植物的中名、科名和属名，知道它们的识别性特征，了解经济用途。在此基础上，理解性记忆30个左右重点科的主要特征。

（2）熟悉植物形态学术语的含义，学会使用检索表、植物志、图鉴和植物识别软件鉴定不认识的植物。

（3）掌握植物标本采集、记录和制作的方法，每小组采集和制作6种植物各1份标本。

（4）学会分析植物与环境的相互关系、植物和植被分布的规律性。

2. 善观察，勤思考

植物形形色色，丰富多彩。如果在实习中我们不进行仔细观察，不认真思考，肯定收获不大。“处处留心皆学问”。

3. 文明礼让

不抢占座位和床位，把方便让给别人；要发扬互助友爱精神，吃苦在前，把困难留给自己；不要高声喧哗，不要与他人发生争吵；要注意维护自身和学院的形象。

4. 守纪律

纪律是实习工作顺利完成的最重要的保证。在实习过程中，没有纪律将会给实习带来很多麻烦，甚至会危及人身安全。实习中必须遵守实习所在地的规章制度，爱护一草一木，听从老师和当地管理人员的指导。

5.严要求

每位同学要严格要求自己，要始终把实习活动放在中心位置，把好奇心集中于对植物世界奥秘的探索。实习既新奇又艰苦，是磨炼意志品质、培养吃苦耐劳精神的大好机会，每位同学要和疲劳做斗争，要和贪图安逸的惰性做斗争。每位同学都要亲自参加植物标本的采集和制作，不要当旁观者。标本采集与制作工作看似简单，但要制作出高质量的标本还是很有难度的，既要一丝不苟，又要掌握许多技巧。

6.做好实习前的准备工作

要提前预习《植物学实习指导》，明确实习的目的、内容和要求；要提前准备好必要的学习和生活用品。

第二节 植物学实习准备与组织管理

一、实习用具与用品

1. 个人需带的物品

《植物学实习指导》、身份证、手机、钱、笔、笔记本、运动鞋、长衣长裤、雨具、帽子及其他生活必需品。最好带上笔记本电脑。

2. 小组需带的物品

在康龙自然保护区或者中坡国家森林公园进行野外实习时，要求带采集袋、标本夹(内含吸水纸、瓦楞纸)、枝剪、采集记录本、标本号牌、小锄头、放大镜、镊子。在昆明实习时，不做标本，因此，除放大镜外，其他物品不带去昆明。

3. 实习队需带的物品

摄像机、照相机、笔记本电脑、常用药品及包扎用品。

二、组织实施

1.实习时间

一般为大学一年级第二学期的期末考试刚结束的暑假。植物学实习与动物学实习同时进行。

2. 实习的组织

(1)成立实习领导小组。由院领导、指导教师及学生管理负责人各1人组成。

(2)划分实习组。植物学实习与动物学实习同时进行,即每天一半的学生参加植物学实习,另一半学生参加动物学实习,在怀化实习和昆明实习时各交换1次。我们共有4位植物学老师带队指导实习工作,因此,植物学实习队分成4个实习组,每组由一位老师负责指导。每个实习组由3~4个实习小组组成,每个小组5~6位学生。实习队、实习组和实习小组分别选举1名队长、组长和小组长,负责上传下达、组织和管理工作。

3. 日程安排

第1天:实习动员大会、实习知识讲座、校园植物识别、实习小组领取公共用品。

第2天:康龙自然保护区(或者中坡国家森林公园)实习,上午植物识别、采集和记录,下午鉴定和压制标本。整个实习队的标本都压制好后,立即进行烘干处理。

第3天:个人实习期间的学习和生活用品的准备,实习队采购常用药品及包扎用品;乘坐高铁前往昆明。

第4天:昆明植物园观叶观果园实习(上午在老师的带领下进行植物识别,下午自主复习巩固,下同)。

第5天:昆明植物园百草园实习。

第6天:昆明植物园壳斗园、极少种群植物专类园、植物科普馆、蔷薇园和羽西杜鹃园实习。

第7天:昆明植物园扶荔宫和裸子植物园实习。

第8天:斗南花卉市场实习。至此,实习的野外阶段结束。

第三学期开学初:考核、总结与表彰。每位学生在实习结束后要上交实习记录本和实习总结,还要参加植物识别考试,评选优秀实习生,最后召开实习总结大会。

为了避免学生扎堆,不同实习组的第4~7天的实习安排可调整顺序。

三、成绩评定

实习成绩= 实习表现(10%)+ 植物标本的采集、制作与鉴定(20%)+实习记录(20%)+ 实习总结(10%)+植物识别考试(40%)

1. 实习表现

主要包括实习期间的出勤情况、组织纪律性、对公共财物的管理和使用情况、尊敬师长、关爱同学、小组互助与合作学习、文明礼貌、爱护环境等方面。

2. 植物标本的采集、制作与鉴定

以5~6人为一小组，每小组要求采集和制作6种植物的标本各1份（由带队老师指定植物，有一定的鉴定难度），并对其进行鉴定，等标本压制干燥后，上好台纸，写好采集记录和鉴定签，贴在台纸上。

3. 实习记录

实习期间，每天按实习行走路线依次记录所见植物的中名、科名、显著特征等内容（包括自己通过感官感知到的一些特征）。

4. 实习总结

要从实习时间、实习地点、实习目的、实习完成的工作、实习收获、存在的不足及改进措施等方面对整个植物学实习进行全面总结。如果在某个方面有独到的见解，能够撰写成实习小论文，则有加分。

5. 植物识别考试

在第3学期开学后的第1个周末进行。考试方式是：播放实习中接触过的植物照片100种（其中校园、中坡国家森林公园或者康龙自然保护区、昆明植物园、斗南花卉市场等实习地点分别考核30种、10种、50种、10种），每种的照片播放8秒钟，停顿22秒，要求写出相应植物的中名和科名，每个物种的中名和科名都写对记1分，写对一半记0.5分。

四、实习纪律及安全防范

1. 实习纪律

（1）遵守考勤制度。每天实习出发前、中途休息和实习结束时，都必须清点人数，以加强学生的组织纪律，并防止学生走失、迷路、旷课等现象的发生。由组长做好考勤记录，作为实习成绩评定的依据之一。

（2）遵守集体活动规定。为确保实习期间的安全，禁止学生脱离集体单独进行野外实习和外出活动。

（3）遵守采集规定。采集的用具用品要落实到专人负责携带和保管。实习过程中要认真做好植物标本的采集、记录、整理、鉴定和压制工作，当天的工作当天完成。要做好采集用具用品的清点和卫生保洁等工作。

采集过程中，要注意保护植物特别是国家重点保护植物，要做到不滥采、不乱采。在非采集地点（如自然保护区、森林公园、果园、花圃），未经同意不得采集。还要爱护庄稼，不损坏农作物，不

采摘各类瓜果、蔬菜。采集时不要品尝不熟悉的野果，以免中毒。不准爬上高大的树木、悬崖峭壁等危险处采集标本。

(4)按时作息。作息制度主要包括起床、就餐、实习出发、实习归队、乘车、就寝等具体的时间要求。对违反实习作息制度的学生，轻者给予批评教育，重者按学校的规章制度给予处分并且实习成绩记为不合格。

(5)遵守途中及食宿管理制度。在乘车时，必须提前10分钟到达指定地点，小组长和组长要清点好人数。在候车时，学生的行李物品要集中堆放，并由专人管理。上车时，各小组长要查看行李物品是否全部带走。到达实习住地后，由实习管理老师统一分配房间。如果在昆明植物园用餐，要提前报餐并排队打饭菜，用餐时要注意保持桌面干净，不要乱丢不爱吃的食物，用餐后要自行将餐具放到回收处。

(6)实习结束后要及时归还公共用具用品。非正常损坏，应照价赔偿。

(7)遵守实习地的有关规章制度，爱护花草树木。

(8)讲文明、有礼貌。

发扬互助友爱、尊师爱生的精神，与实习地搞好关系，展现学院学子的风采。

2. 实习安全注意事项

包括人身安全、财产安全和信息安全。实习中最重要的是人身安全。在实习动员大会上，实习领导小组成员要反复强调安全问题，使学生牢记以下安全注意事项。

(1)严格遵守纪律是确保安全的前提。例如：整个实习中不准单独行动；休息时间如果需要外出，须报告组长和带队老师，并且必须有3人以上同行，以免由于单独行动而引起迷路、外伤、蛇虫咬伤、流氓滋事等事件的发生或一旦有事件发生而得不到及时处理。

(2)爬山、过河、乘车均应注意安全。禁止到险要地段、深山密林和溪河中去游玩，严禁下河游泳。

(3)说话要和气，遇事多忍让，不准与他人争吵，以免引起事故的发生。

(4)野外作业时，不准抽烟，不准带明火进山，严格执行森林防火规定。

(5)注意预防疾病。野外实习期间，容易发生的疾病是感冒和急性肠胃炎。对于预防感冒，主要是尽量避免大运动量后(特别是大汗淋漓时)的骤冷，随气温的变化及时加减衣服，避免淋雨。预防急性胃肠炎的主要措施是注意饮食卫生。

(6)如果中午在野外用餐，要提前准备好馒头、面包、粽子之类，还可以带少量咸菜和水果，并带足饮用水。

(7)野外实习时，要留意有毒的动物和植物，还要注意野兽和带刺的植物。有毒的动物例如各种毒蛇、蜈蚣、水蛭、山蛭、毒刺蛾幼虫、松毛虫和其他有毒昆虫等。为防止有毒动物的伤害，必须做好个人防护：实习时要穿坚厚的鞋袜和长衣裤，并扎好裤腿，上衣的领口和袖口衣边也要适当扎紧，头戴帽子。行走在前面的同学最好拿一根小棍棒，边前进边拨动草木，起到“打草惊蛇”的作用。在实习途中休息或野外用餐时，要选择开阔、平坦、几无杂草、视野清晰的地方。同时，注意不要乱碰有毒植物和带刺的植物，以免中毒或受伤。要掌握一些动植物致毒的简单包扎方法及救护措施。

(8)保管好个人财物。在陌生环境，不要暴露自己的钱包和贵重物品，所需零钱可放在外边口袋里。途中注意不要遗忘行李物品，同学之间要互相提醒。

(9)注意信息安全。不要向陌生人透露个人信息、短信验证码、银行卡等信息，不要随意扫二维码。扫二维码要注意以下几点：①扫码之前要了解该二维码的真伪和用途，最好先询问相关工作人员，切忌“见码就扫”；②扫码后如果出现一个链接或者下载网址，千万不要点击；③如果在扫码后发现异常扣款，要及时报警；④各种支付软件（如支付宝、微信）绑定一张银行卡就足够了，而且银行卡内不要储蓄大量现金；⑤定期更改支付密码，不要用简单的数列或生日作密码。

第二章

植物学实习指导

ZHIWUXUE SHIXI ZHIDAO

植物学实习方法

第一节 植物种类的野外观察与鉴定

一、野外观察

(一)眼看

1.看茎

即观察茎的形状(如圆柱形、四棱形、三棱形)、茎的类型(木本、草本、木质藤本、草质藤本)、是否有长枝和短枝之分、节和节间、叶痕、茎的生长习性(直立、缠绕、攀缘、平卧、匍匐)、茎的分枝方式(单轴分枝、合轴分枝、假二叉分枝、分蘖)、芽的类型、是否存在变态茎(如茎卷须、茎刺、根茎、块茎、鳞茎、球茎)。

2.看叶

即观察叶形、大小、颜色、叶的质地(革质、草质、纸质、膜质、肉质)、叶尖、叶缘、叶基、叶脉及脉序、叶序(互生、对生、轮生、簇生)、是否存在叶变态、叶变态的类型(苞片、鳞叶、叶卷须、捕虫叶、叶状柄、叶刺、先出叶、果囊)、单叶还是复叶、复叶类型(羽状复叶、掌状复叶、三出复叶、单身复叶,羽状复叶又有奇数和偶数之分以及一回、二回、三回和多回之分)、是否具有异形叶性、有无叶柄、叶柄的特点、有无托叶、托叶的特点,等等。

在维管植物中,异形叶性普遍存在。异形叶性的发生有两种情况:一种是叶因枝的老幼不同而叶形各异,例如:蓝桉(*Eucalyptus globulus*)嫩枝上的叶较小、卵形、无柄、对生,而老枝上的叶较大、披针形、有柄、互生。另一种是由于外界环境的不同而引起的异形叶性,例如慈姑(*Sagittaria trifolia* subsp. *leucopetala*)有3种不同形状的叶:气生叶箭形,漂浮叶椭圆形,沉水叶带状。此外,有些一年生或二年生的植物从幼苗到成体的发育过程中叶的变化很大,例如:异叶茴芹(*Pimpinella diversifolia*)在幼苗时的基生叶为单叶,成体时都为三出复叶;益母草(*Leonurus japonicus*)在幼苗时的基生叶常为5~9浅裂,但在第二年茎上的叶常为3深裂。

3.看花(花序)

即看花是单生、簇生还是组成花序,若组成花序,则需观察究竟是哪种类型的花序(如总状花序、伞房花序、伞形花序、穗状花序、柔荑花序、肉穗花序、头状花序、圆锥花序、复穗状花序、复伞形花序、复头状花序、单歧聚伞花序、二歧聚伞花序、多歧聚伞花序、杯状聚伞花序、隐头花序)、花各组成部分的数目与大小、花托的特化形态(花盘、雌雄蕊柄、雌蕊柄、花冠柄)、花萼的类型(离生萼、合生萼、宿存萼、早落萼、副萼)、花冠的形态和类型(十字形花冠、蝶形花冠、假蝶形花冠、唇形花冠、管状花冠、漏斗状花冠、钟状花冠、坛状花冠、辐状花冠等)、雄蕊的类型(四强雄蕊、二强雄蕊、单体雄蕊、二体雄蕊、三体雄蕊、多体雄蕊、聚药雄蕊等)、花药着生位置和开裂方式、雌蕊的类型(单雌蕊、复雌蕊、合蕊柱等)、子房的位置(子房上位、子房下位、子房半下位)、胎座在子房内着生的方式(边缘胎座、侧膜胎座、中轴胎座、特立中央胎座、基生胎座、顶生胎座)。

一般来说,总状花序是十字花科或豆科的特点,具有伞形花序的植物属于五加科或石蒜科,具有复伞形花序的植物属于伞形科,穗状花序是禾本科、莎草科、苋科、车前科和蓼科部分植物的特点,天南星科植物具有肉穗花序,菊科为头状花序或头状花序组成的复花序,具有隐头花序的植物很可能属于桑科,十字形花冠是十字花科的特点,蝶形花冠是豆科蝶形花亚科的特点,具有唇形花冠的植物属于唇形科、爵床科、马鞭草科或者玄参科,四强雄蕊为十字花科植物所特有,具有二体雄蕊的植物很可能属于豆科,合蕊柱是兰科的重要特征(马兜铃科的部分植物也有合蕊柱),等等。

4.看果

看是真果还是假果;是单果、聚合果还是聚花果;是肉果还是干果,肉果又分浆果、瓠果、柑果、核果、小核果、梨果等类型,干果又分荚果、角果、蓇葖果、蒴果、瘦果、翅果、颖果、双悬果、胞果、小坚果等类型。

瓠果是葫芦科植物特有的果实类型,柑果是柑橘类特有的果实,荚果是豆科植物特有的果实,角果为十字花科特有,颖果为禾本科特有,蓇葖果见于木兰科、毛茛科和景天科等,具有双悬果的植物属于伞形科。

5.看毛

有些植物在茎、叶上着生有不同类型的毛被(刚毛、糙毛、柔毛、毡毛、绢毛、腺毛、星状毛、缘毛等),毛被是分类的依据之一,对于区别相似植物也是很重要的,因此,要仔细观察毛被的类型、疏密及着生位置。例如:毛茛(*Ranunculus japonicus*)与石龙芮(*Ranunculus sceleratus*)常生长在同一环境中,外形又相似,但毛茛全体生柔毛,石龙芮全体光滑无毛,即可区别。

6.看刺

有不少植物的茎、叶上长着不同的刺(如叶刺、托叶刺、枝刺、皮刺、刺齿)。

7.看地下部分

植物的地下部分有根和地下茎之分。有些植物有特殊的根，例如：支柱根、呼吸根、气生根、板状根、根瘤、肉质直根、块根、攀缘根或者寄生根。地下茎根据形态的不同，可分为根状茎、块茎、球茎和鳞茎等类型。

根、根茎类药材的药用部位就是植物的地下部分，以根入药的如：人参、党参、西洋参、板蓝根、三七、地榆、天冬、麦冬、百部。以根状茎入药的如：重楼、黄连、山药、菝葜、甘草、香附子、麻黄、射干、白及。

植物地下部分的特点对有些种类的鉴定有帮助，例如鸡屎藤（*Paederia foetida*）与牛皮消（*Cynanchum auriculatum*）在开花前地上部分区别不太明显，但二者在地下部分区别很明显：牛皮消的块根肥厚，而鸡屎藤无块根。

（二）手摸

用手摸、折也是鉴别植物的一个方法。伸手去摸一摸，能够了解叶片的厚薄、叶面粗糙还是光滑、茎叶上的刺的硬度与牢度。例如：绵毛水苏（*Stachys byzantina*）的叶片像厚绒布一般柔软而富有弹性，密被厚绵毛；蜡梅（*Chimonanthus praecox*）的叶粗糙如砂纸；皂荚（*Gleditsia sinensis*）的刺粗壮，非常尖锐；瑞香科、桑科、荨麻科及锦葵科部分植物的茎的韧皮纤维发达，不易折断；凤仙花（*Impatiens balsamina*）的茎很脆，一折即断；地锦草（*Euphorbia humifusa*）的茎和构（*Broussonetia papyrifera*）的叶柄折断后流出白色乳汁，博落回（*Macleaya cordata*）的茎折断后流出橙红色汁液。

（三）鼻嗅

有些植物具有特殊的气味（香、臭、鱼腥气等），可以采摘少量的叶片或花果搓碎嗅其气味，也能帮助我们鉴别植物。一般来说，樟科、芸香科、姜科、唇形科植物常含有芳香气味，马鞭草科大多数植物有臭气，这些特点对于确定植物的科名有一定帮助。蕺菜（鱼腥草，*Houttuynia cordata*）全株各器官都有鱼腥气，可以直接确定到种。

（四）口尝（要慎重，有些植物有毒）

在确定某植物不属于下面列举的常见有毒植物之后，可摘取少量的根、茎或者叶用嘴尝尝味道（然后马上吐掉），这也可以帮助我们鉴别相近的种类。例如：冬青科和山矾科的植物多是单叶、革质、常绿，但前者的叶片是苦的，后者的叶片却是甜的；酢浆草（*Oxalis corniculata*）的叶片是酸的，甜槠（*Castanopsis eyrei*）的叶片是甜的，苦槠（*Castanopsis sclerophylla*）的叶片是苦的，龙胆（*Gentiana scabra*）、黄连（*Coptis chinensis*）、苦参（*Sophora flavescens*）味极苦，水蓼（*Persicaria hydropiper*）是辣的，姜科植物的根茎具有辛辣味。

据陈翼胜、郑硕编著的《中国有毒植物》记载，我国共有1 137种有毒植物。有毒植物是指体内含有有毒物质(主要有苷类、生物碱、毒蛋白、酚类、树脂、蛋白酶、重金属)，人或家畜通过饮食、吸入或者皮肤吸收后会导致不适、器官损伤甚至死亡的植物。有毒物质的部位可在根、茎、叶、花、果、种子、树皮等处，有些植物全身均有毒。有毒植物可能导致的症状主要有：过敏、皮炎、全身性中毒反应。因此，对于有毒植物不能尝味，对于其他不熟悉的植物在尝味时也要谨慎，不能多尝和吞咽，以免发生中毒。

现将常见的有毒植物列举如下。

1. 马钱科

马钱属、钩吻属和醉鱼草属的植物均有毒，尤以马钱子(*Strychnos nux-vomica*)、箭毒马钱(*Strychnos toxifera*)和钩吻(断肠草，*Gelsemium elegans*)的毒性最大。

2. 大戟科

绿玉树(光棍树，*Euphorbia tirucalli*)、变叶木(*Codiaeum variegatum*)、油桐(*Vernicia fordii*)、蓖麻(*Ricinus communis*)、一品红(圣诞花，*Euphorbia pulcherrima*)、虎刺梅(*Euphorbia milii* var. *splendens*)、木薯(*Manihot esculenta*)、飞扬草(*Euphorbia hirta*)、银边翠(*Euphorbia marginata*)。

3. 天南星科

海芋(*Alocasia odora*)、黛粉芋(花叶万年青，*Dieffenbachia seguine*)、半夏(*Pinellia ternata*)、天南星(*Arisaema heterophyllum*)、犁头尖(*Typhonium blumei*)。

4. 夹竹桃科

夹竹桃(*Nerium oleander*)、羊角拗(*Strophanthus divaricatus*)、黄蝉(*Allamanda schottii*)、长春花(*Catharanthus roseus*)。

5. 茄科

曼陀罗(*Datura stramonium*)、木本曼陀罗(*Brugmansia arborea*)、珊瑚樱(*Solanum pseudocapsicum*)、颠茄(*Atropa belladonna*)。

6. 豆科

紫藤(*Wisteria sinensis*)、猪屎豆(*Crotalaria pallida*)、含羞草(*Mimosa pudica*)、望江南(*Senna occidentalis*)。

7. 石蒜科

水仙(水仙花，*Narcissus tazetta* subsp. *chinensis*)、忽地笑(*Lycoris aurea*)、文殊兰(*Crinum asiaticum* var. *sinicum*)。

8. 杜鹃花科

黄花杜鹃(*Rhododendron lutescens*)、白花杜鹃(*Rhododendron mucronatum*)、羊踯躅(*Rhododendron molle*)。

9. 罂粟科

虞美人(*Papaver rhoeas*)、博落回(*Macleaya cordata*)。

10. 瑞香科

狼毒(*Stellera chamaejasme*)、了哥王(*Wikstroemia indica*)。

11. 毛茛科

乌头(*Aconitum carmichaelii*)、飞燕草(*Consolida ajacis*)。

12. 天门冬科

万年青(*Rohdea japonica*)、铃兰(*Convallaria keiskei*)。

13. 苏铁科

苏铁(*Cycas revoluta*)的种子。

14. 银杏科

银杏(*Ginkgo biloba*)的种子。

15. 五味子科

红毒茴(红茴香、莽草,*Illicium lanceolatum*)。

16. 薯蓣科

黄独(*Dioscorea bulbifera*)。

17. 百合科

郁金香(*Tulipa gesneriana*)。

18. 鸢尾科

鸢尾(*Iris tectorum*)。

19. 阿福花科

萱草(*Hemerocallis fulva*)的新鲜花蕾。

20. 小檗科

南天竹（*Nandina domestica*）。

21. 桑科

见血封喉（箭毒木，*Antiaris toxicaria*，乳汁剧毒）。

22. 卫矛科

雷公藤（*Tripterygium wilfordii*）。

23. 使君子科

使君子（*Combretum indicum*）。

24. 漆树科

野漆（*Toxicodendron succedaneum*）。

25. 苦木科

鸦胆子（*Brucea javanica*）。

26. 楝科

楝（*Melia azedarach*）。

27. 商陆科

商陆（*Phytolacca acinosa*）。

28. 紫茉莉科

紫茉莉（*Mirabilis jalapa*）。

29. 凤仙花科

凤仙花（*Impatiens balsamina*）。

30. 马鞭草科

马缨丹（*Lantana camara*）。

虽然上述植物都有一定的毒性，但是也不必过于紧张。对于这些植物，只要少触碰，不误食，不让汁液接触皮肤或伤口，它们就不会对人体造成影响。

二、植物分类地位的初步确定

确定植物分类地位的具体方法归纳起来有以下两个。

1.根据各个类群的鉴别特征，采用层层缩小的方法，确定未知植物的类群

当我们在野外采到一种不认识的植物时，首先要观察它的全部特征，然后根据观察到的特征，运用已学过的各个类群的主要分类依据，采用层层缩小的方法，去鉴别这种植物到底属于哪个门、哪个科。如果见到这种植物具有真正的花或者果实，那肯定属于被子植物。其次，可观察该种植物的营养器官和花、果实的特征，如果我们看到某种植物具有“草质藤本、具卷须、单性花、聚药雄蕊、子房下位、侧膜胎座、瓠果”等特征，就可以确定它属于葫芦科；如果看到某种植物具有“木质藤本、具卷须、两性花、雄蕊对着花瓣、浆果”等特征，那么这种植物不属于葫芦科，而属于葡萄科。

如果我们通过联系校园内见过的植物理解性地记住了一些科的特征，那么，采用这种方法，就能够确定多种植物属于哪个门哪个科。

2.利用科的突出特征快速确定植物的科名

请注意：采用这种方法有一定的片面性，得出的结论不一定正确，但在野外实习时，采用这种方法仍对我们有很大的帮助。例如：木兰科木本、单叶互生、具托叶环、蓇葖果；兰科具唇瓣、花粉块、合蕊柱；天南星科具肉穗花序（佛焰花序）；莎草科茎三棱形、叶3列、节和节间不明显；禾本科茎圆形、叶2列、节和节间明显；豆科蝶形花冠、荚果；榆科木本、叶基偏斜；桑科木本、常有乳汁；荨麻科草本、茎皮纤维发达；壳斗科坚果外具壳斗；葫芦科蔓生草本有卷须；芸香科全体含挥发油；锦葵科具副萼、单体雄蕊；十字花科具十字形花冠、四强雄蕊；蓼科具膜质托叶鞘；唇形科具唇形花冠、四分子房、小坚果；菊科具头状花序；伞形科具复伞形花序、单伞形花序，极少为头状花序和双悬果。

此外，在野外工作中，还可以通过植物的一些特有的性状加以识别，如气味、乳汁的有无、毛被的有无及类型等，具体内容见本节“一、野外观察”。

三、利用分类检索表鉴定植物

《中国植物志》《中国高等植物科属检索表》和各种地方植物志的陆续出版，为我们鉴定植物提供了很大的方便。在《中国植物志》和各种地方植物志中均列有分科、分属、分种检索表。我们要鉴定某个地区的植物，最好用该地区的植物志，如果没有，则用《中国高等植物科属检索表》和《中国植物志》。

利用检索表鉴定植物，关键是要掌握各形态学术语的含义，能够用科学的形态学术语来描述植物的特征。把某一植物的各部分特征搞清楚后，利用检索表从头按次序逐项往下查，首先鉴定

出该种植物所属的科，再用该科的分属检索表查出它所属的属，最后利用该属的分种检索表查出它所属的种。在“植物智”(www.iplant.cn，下同)的《中国植物志》电子资源中也有各级分类检索表，应用起来比纸质的检索表更方便。此外，网络上还可以下载“中国被子植物分科检索表(自动检索).xlsm”，使用起来十分方便。

关于如何利用植物分类检索表来鉴定植物，现以南瓜(*Cucurbita moschata*)为例，说明如下。

1. 仔细观察待鉴定植物的特征并写在记录本上

观察发现：南瓜为蔓生草本；茎和叶柄被刚毛；叶宽卵形或卵圆形，质稍软，有5角或5浅裂，密生细齿；卷须3~5歧；雌雄同株；雄花单生，花萼筒钟形，裂片5个，条形，花冠黄色，5中裂，雄蕊3，花药靠合；雌花单生，子房下位，1室，侧膜胎座，胚珠水平着生于胎座上；瓠果；种子呈卵形或长圆形。

2. 检索科名

根据上述特征，利用《中国高等植物科属检索表》中的“被子植物分科检索表”鉴定出该种植物所属的科，或者直接利用“中国被子植物分科检索表(自动检索).xlsm”进行检索，检索过程如下。

1. 子叶2个，极稀可为1个或较多；茎具中央髓部；多年生的木本植物且有年轮；叶片常具网状脉；花常为5或4基数。……………………………………………………双子叶植物纲 Dicotyledoneae

2. 花具花萼也具花冠，或有两层以上的花被片，有时花冠可为蜜腺叶所代替。

160. 花冠为多少有些连合的花瓣所组成。

398. 成熟雄蕊并不多于花冠裂片或有时因花丝的分裂则可过之。

418. 雄蕊和花冠裂片为同数且互生，或雄蕊数较花冠裂片为少。

427. 子房下位。

428. 植物体常以卷须而攀缘或蔓生；胚珠及种子皆为水平生长于侧膜胎座上。

……………………………………………………………………………………葫芦科 Cucurbitaceae

3. 核对科名的鉴定是否正确

把南瓜与葫芦科的特征进行对比，发现其符合葫芦科的特征，因此，科的鉴定结果是正确的。如果被鉴定植物不符合检索出的科的特征，则说明检索过程出错，需要重查分科检索表。

4. 检索属名

利用《中国高等植物科属检索表》中的“葫芦科”分属检索表，查出该植物的属名为“南瓜属”。

或者在“植物智”的检索界面输入“葫芦科”，单击“植物志”下设“中国植物志(FRPS)”的有关葫芦科“检索表”下方的“全部展开”，打开检索表，依次检索出该植物属于南瓜族、南瓜亚族、南瓜属。

5.核对属名的鉴定是否正确

与南瓜属的特征进行对比,发现完全符合,因此,属的鉴定结果是正确的。如果被鉴定植物不符合检索出的属的特征,则说明检索过程出错,需要重查分属检索表。

6.检索种名

接下来,单击页面的“南瓜属”,利用下方的南瓜属分种“检索表”,检索出它所属的种(南瓜,*Cucurbita moschata*)。

7.核对种名的鉴定是否正确

在上一步骤打开的页面中,单击“南瓜”,单击“植物图片”打开南瓜的图片库,发现实物与图片吻合;然后再单击“中国植物志(FRPS)”“中国高等植物(HPC)”或者“中国高等植物图鉴(ISC)”,打开南瓜的形态特征描述,通过对照,发现实物的特点与文字描述吻合,因此,种名南瓜(*Cucurbita moschata*)的鉴定是正确的。至此,鉴定结束。

在鉴定过程中,如果能够根据待鉴定植物的特征直接确定其科名,则跳过以上步骤中的2和3,直接进入4。

四、利用植物识别软件辅助识别

在植物识别软件出现前,植物识别主要靠专家鉴定、查检索表和植物志。目前,手机应用市场已经出现了不少植物识别软件,例如“花伴侣”“形色”“百度识图”“花帮主”“AI识别王”“掌上识别王”“花卉识别”“植物识别”“发现识花”“识花君”等,它们都可以实现拍照识别,相当方便。许多植物识别App有多样的功能模块,在获取了植物的叶、花、果实或者种子等器官的特征后,就能生成识别结果,包括植物的中名、学名、俗名、用途、民俗故事、栽培技巧等,既有查询功能,也可作为植物知识库。如果自己有一定的分类学基础,能理解植物形态学术语的含义,甄别识别结果,植物识别App能发挥很好的作用。

随着深度学习算法的应用,图像分类精度提高,植物识别软件在部分数据集上可以超越人眼的能力,但这并不代表识别软件可以取代植物分类学者,因为识别植物只是分类学最基础的一步,更深一步地对种以下进行分析鉴别、分析植物的进化地位等,植物识别软件都无法实现。而且,分类学者的研究对象通常是植物识别软件数据库外不常见的植物,鉴定只能由专家完成。

在众多植物识别软件中,“花伴侣”“形色”“百度识图”等应用程序的知名度较高,用户反映较好。

在植物百科信息方面,3个软件各有所长:“花伴侣”提供了植物分类进化树、植物毒性和有毒部位以及保护级别的信息;“百度识图”给出了更多的关联阅读链接和相似植物的信息;“形色”在植物文化的深入挖掘方面做了大量工作。各个植物识别软件都在不断更新和发展中,在不同情况下，每个App的准确率有一定差异，可考虑交叉使用，相互弥补，提高可信度。

从鉴定的精确度来看，“花伴侣”提供了相同科属下更多相似物种的选项，倾向于给出精准答案，如“垂序商陆”“香蓼”；而“形色”对难以区分的同科属物种倾向于进行合并，给出范围较大的泛称，如“商陆”“蓼”。这种取舍，使得“花伴侣”更适合专业用户使用，这些用户能够在“花伴侣”的提示下进一步确定物种名。

在采用植物识别软件拍照识物时，要把拍摄主体放在虚框内，手要稳，不要抖动，从而保证照片清晰，提高识别准确度；另外，可分别拍摄同一种植物的有花（果）的枝条、叶（如果是复叶，则拍摄一片复叶）、花（花序）、果实（果序）、全株（如果是小草），从中找出正确的识别结果；同一种植物，还可同时采用3个不同的识别软件进行识别，相互验证。

总之，植物识别软件对植物科一级的识别正确率相当高，对属和种的识别正确率依次降低，因此，我们可以充分利用对科名的正确鉴定结果，在此基础上，采用相应科的纸质的或者电子的分属检索表，检索出待鉴定植物的属名，最后利用该属的分种检索表鉴定出植物的种名。详细内容见本节“三、利用分类检索表鉴定植物”。

下面，对“花伴侣”“形色”“百度识图”3个植物识别软件简介如下。

1.花伴侣

植物识别软件“花伴侣”App是以中国植物图像库海量植物分类图片为基础，由中国科学院植物研究所联合鲁朗软件公司基于深度学习开发的植物识别应用。“花草树木，一拍呈名。”利用这款App，只需要拍摄植物的花、果、叶等特征部位，即可快速识别植物。“花伴侣”目前能识别中国野生及栽培植物3 000属近5 000种，几乎涵盖身边所有常见的花草树木。

“花伴侣”App的特点如下。

（1）识别。只需拍照、选取照片或者从相册分享到“花伴侣”，即可快速识别。

（2）分类。物种科属按照最新分子系统学成果（APG Ⅳ），附有常用俗名，点击名称可进入植物百科。

（3）记录。自动保存识别历史，方便后续查看，也可以删除记录。

（4）分享。可以分享到微信好友、微信朋友圈、QQ好友、QQ空间、微博等。

（5）评价。网友1评价为“常见的绿化带植物完全无压力，对叶子的分辨能力比对花的高”。网友2评价为“试了一下，基本靠谱；定种常常出现问题，但到属毫无压力，得出结论后最好自己再查查资料核实一下”。

2.形色

“形色”是由杭州睿琪软件有限公司推出的一款识别花卉、分享附近花卉的App。其依托于人工智能下的深度学习技术，可快速对植物花草的特征进行分析，并以较高的准确率输出花草所属的类别，还为用户搭建了一个持续性更强的社交平台。

“形色”App的特点如下。

(1)识别速度快。随时随地拍照上传植物图片，“形色”立刻给出植物名称和比对图。

(2)许多植物有诗词赏花、植物简介、植物养护、植物趣闻、植物价值、植物小百科、植物名片、生成美图等丰富内容。

(3)目前支持识别4 000种常见植物，准确率较高。其基于海量数据，利用深度学习技术不断迭代模型，不断提高识别的准确性。

(4)拥有全球植物景点攻略，带你探索好玩的植物世界。其用户遍布209个国家和地区，景点遍布全球五大洲，每天上传200万张图片。

(5)有疑问，大师帮。鉴定区入驻了识花大师们，随时鉴定上传的植物，从此识花不再愁。

(6)分享功能：在“形色”App的“鉴定”“形色推荐”“户外赏花”“每日一花”“趣味植物”“精选文章”“话题社区”“花语壁纸”等栏目中，每天都有精彩内容呈现。

(7)为了提高识别率，“形色”会一次给出3个“可能是”的鉴定结果，来提高鉴定成功率。如果你对它给出的3个结果都不满意，还可以点击底部的“求高手鉴定”，系统会把你的照片上传到鉴定社区，让大家帮助识别。

(8)除了直接拍照上传以外，“形色”还支持图片库照片的识别。在“鉴定”功能里点击右下角的“相册”就可以了；或者先打开手机的“图库”，选择待鉴定的植物照片后，点击左下角的“分享”，再选择“形色”即可。

3. 百度识图

“百度识图”是百度公司开发的一款实用软件，用户可以通过拍照或上传本地图片的方式，查询庞大的资料库，识别图片中的内容或者图片的来源，其能够识别2万种植物，接口返回植物的名称，支持获取识别结果对应的百科信息，并把互联网上相似的花卉图片按类别排序展现；其还可使用EasyDL定制训练平台，定制识别植物种类。“百度识图”适用于拍照识图、幼教科普、图像内容分析等场景。

“百度识图”的特点如下。

(1)庞大的图片资料库，让用户几乎可以搜索识别各种实物的图像(包括植物、动物、商品等)。

(2)根据匹配度排行搜索结果，提供给用户最精确的搜索结果，缩小误差。

(3)提供图片来源详细资料，让用户不仅可以识别图片，还能找到图片来源。

(4)还可以识别文字和字幕，将图片的文字内容提取成为电子版文字。

(5)提供复制、粘贴、分享功能，能够把提取识别的文字快速填写到需要的位置。

(6)支持条码扫描。扫描商品条码后,还能查询生产日期、生产厂家等信息。

“百度识图”的手机操作方法:打开手机中的“图库”,选择一张需要识别的植物照片,选择“分享”到“百度识图”,会立刻呈现出该植物的自动识别结果。

“百度识图”的电脑操作方法:打开“百度识图”网页 http://shitu.baidu.com/,拖拽待鉴定植物图片到检索框或者点击检索框右边的小图标,然后上传图片,立刻呈现自动识别结果。

注意事项:上传的图片格式要求为jpg、gif、jpeg、png、bmp,使用手机App时要求图片大小在5 MB以内。

五、鉴定植物时的注意事项

1.标本一定要完整

除营养器官外,要有花和(或)果实。有的植物如异叶茴芹(*Pimpinella diversifolia*),基生叶为单叶,茎生叶为3出复叶,采集标本时要注意别漏掉基生叶;另外,仔细挖掘、观察地下部分,对有些种类的鉴定相当重要,如玉竹(*Polygonatum odoratum*)与黄精(*Polygonatum sibiricum*),玉竹的根状茎呈扁圆柱形,而黄精的根状茎通常呈结节状,膨大部分大多呈鸡头状,一端粗,一端渐细,故又称“鸡头黄精”。

2.要全面、仔细地观察标本

全面、仔细地观察植物各器官,特别是花和果实的特征,写出待鉴定植物的特点,最好写出花程式。

3.鉴定时,要根据观察到的特征,从检索表的起始处按顺序逐项往下查,不能跳查

检索表的结构都是以两个相对的特征进行编写的,相对的两项特征具有相同的号码和相对称的位置;所要鉴定植物的特征到底符合哪一项,要仔细核对,每查一项,必须对相应的另一项也要看看,否则容易发生错误,然后顺着符合的顺序依次往下查,直到查出正确结果为止。查检索表的过程是环环相扣、步步相连的,假如其中一步错了,那么,不可能有正确的结果。

4.弄清术语含义

在查检索表的过程中,可能会遇到不熟悉的植物形态学术语,这时需要先弄清该术语的含义,然后才能继续往下查。查分科、分属、分种检索表的方法是基本相同的。

5.与“植物智”进行核对

为了验证鉴定结果是否正确,应该与“植物智”进行核对,检查该植物是否完全符合检索出的科及属的特征,是否和该物种的文字描述一致,实物(或者照片)是否与“植物智”中的图片一致。

如果全部符合,说明鉴定结果是正确的;否则,需要重新鉴定,直到完全正确为止。

第二节 植物资源的初步筛查

一、植物资源野外初查的意义和思路

学习植物学有多个目的,其中一个目的就是寻找野生植物资源并加以利用,因此,了解植物资源的野外初查方法很有必要。

野外初查要求简便、快速。例如:检查是否含有挥发油可凭嗅觉,把采到的植物原料揉碎后嗅其有无芳香气味;检查油脂类可将果实或种子放在滤纸上用力压碎,稍干后看纸上有无透明的油迹,根据油迹的大小还可以估计含油的多少。又如:味苦的多含生物碱、苷类,味涩的多含鞣质,味酸的含有机酸,色黄的多含黄酮类等。因此,可以根据这些利用感官获得的信息进行初步筛查。如有必要,再在实验室内采用化学方法进一步确证并测定其含量。(警示:尝味时一定要注意安全,防止中毒。请参考第二章第一节“植物种类的野外观察与鉴定”的相应内容。)

植物的化学分类研究表明:亲缘关系相近的植物往往含有相同或者相似的成分,因而具有相似的用途。因此,当我们知道某种植物属于某类资源植物后,就可以在同属的其他植物中寻找该类资源,例如:预防和治疗阿尔茨海默病的药用成分石杉碱甲在蛇足石杉(*Huperzia serrata*)中被发现后,研究人员先后在石杉属和石杉科植物中开展了石杉碱甲的筛查,结果找到了13种同属植物都含有石杉碱甲。所以,在野外植物资源初查中,结合分类学知识,可以帮助我们快速筛查植物资源。

二、植物资源的分类

植物资源有多种不同的分类方法,按照原料的性质不同,可分为纤维类、淀粉类、油脂类、鞣料类、树脂树胶类、挥发油类、色素类、蛋白质类等。

三、植物资源的野外初查方法

植物资源的野外初查,即利用视觉、嗅觉和触觉去观察植物的形态和颜色,分辨其气味,触摸其质地。在野外,大多数资源植物都可以用这样的方法进行初步筛查。

1. 纤维植物

富含纤维的植物叫纤维植物。植物纤维按其存在于植物体部位的不同，可分为韧皮纤维、叶纤维、种子纤维、木材纤维、果壳纤维和根纤维。在野外，对于木本植物，可剥取枝条的皮部；对于草本植物，则摘取它的茎或叶。用手试验这类植物的拉力和扭力，初步判断其纤维含量。例如：苎麻（*Boehmeria nivea*）。

2. 淀粉植物

淀粉多存在于种子、贮藏根和地下变态茎中。在野外初查时，可利用淀粉遇碘变蓝这一特性进行检验，其方法是：把用来检验的植物部分切开，在切面上滴1滴碘酒，如果切面呈现蓝紫色，即可初步确定为淀粉植物。例如：栗（*Castanea mollissima*）。

3. 油脂植物

油脂主要贮存于种子中。用一张滤纸或者白纸包好果实或种子，用手或小石块挤压，若见纸上有油迹，即可确定有油脂存在，从纸上所留油迹的大小和透明程度可以初步确定其含油量的多少。例如：油茶（*Camellia oleifera*）。

4. 芳香油植物

芳香油又叫精油，是芳香油植物原料经过水蒸气、蒸馏等方法得到的挥发性成分的总称，其主要组成为单萜及倍半萜类化合物，易挥发，具有香味。芳香油主要存在于芳香性植物的茎、叶、花和果实中。在野外，采摘植物的茎、叶、花或者果实的一小部分，用手揉搓，如有某种芳香气味，即可初步确定它为芳香油植物。例如：薰衣草（*Lavandula angustifolia*）。

5. 甜味剂植物

指含有非糖类的甜味物质的植物。在野外确定甜味剂植物最简单的方法就是取植物体某个器官的一小块，尝一下是否有甜味。现已发现并研究过的甜味剂植物有20多种，例如：葫芦科罗汉果（*Siraitia grosvenorii*）的果实、菊科甜叶菊（*Stevia rebaudiana*）的叶、蔷薇科甜茶（甜叶悬钩子，*Rubus chingii* var. *suavissimus*）的叶、壳斗科木姜叶柯（*Lithocarpus litseifolius*）的嫩叶、胡桃科青钱柳（*Cyclocarya paliurus*）的嫩叶，所含的甜味成分都是非糖类物质。

6. 鞣料植物

鞣料又叫鞣质或单宁。在野外确定鞣料植物最简单的方法就是用一把无锈的铁制小刀切开要检验的材料，如果小刀及断面上很快变成蓝黑色，说明含有单宁。例如：杨梅（*Morella rubra*）。

7. 树脂植物

树脂流出后暴露于空气中，所含的挥发性物质挥发后，逐渐变黏而干燥，其质地发脆，遇热发软熔化，遇水不溶也不膨胀，易燃，燃烧时冒黑烟。例如：马尾松(*Pinus massoniana*)。

8. 树胶植物

树胶包括真树胶和植物黏液，前者遇水溶解，后者遇水膨胀，加热后碳化。例如：桃(*Prunus persica*)。

9. 橡胶植物

指含有橡胶成分的植物。如果植物体折断处有乳白色液体流出，收集少许放在手中揉搓，借手的温度将水分蒸发，剩下的残余物如有弹性，则说明有橡胶存在；如黏而无弹性即为其他物质。如橡胶树(*Hevea brasiliensis*)、橡胶草(*Taraxacum koksaghyz*)、银胶菊(*Parthenium hysterophorus*)、杜仲(*Eucommia ulmoides*)。

第三节 采集与制作植物腊叶标本

植物标本包含着一个物种的大量信息，诸如形态特征、地理分布、生态环境和物候期等，是植物分类和植物区系研究中必不可少的科学依据，也是植物资源调查、开发利用和保护的重要资料。在自然界，植物的生长发育有它的季节性以及分布地区的局限性。为了不受季节或地区的限制，有效地进行学习交流和教学活动，也有必要采集和保存植物标本。

植物标本有腊叶标本、浸制标本、风干标本、沙干标本、叶脉标本、玻片标本、化石标本等类型，其中最多的标本是腊叶标本。下面介绍腊叶标本的采集与制作方法。

一、用具用品

1. 标本夹

将标本置于吸水纸、瓦楞纸内，然后用标本夹压紧，使花叶不致皱缩凋落，使枝叶平整，容易装订于台纸上。

2. 枝剪、高枝剪

用以剪断植物材料。

3. 采集袋

临时收藏植物材料用。

4. 小锄头

用来挖掘草本及矮小植物的地下部分。

5. 吸水纸和瓦楞纸

用来分隔标本，使标本易于被烘干机吹干。

6. 采集记录本

记录所采集的植物标本信息。

7. 标本号牌

记录标本编号并系于标本上。

8. 台纸

把标本固定其上。

9. 针线、纸条、胶水

固定标本用。

10. 烘干机

烘干标本用。要求有自动控温、过温保护和鼓风功能。

11. 钢卷尺

测量植物某些器官的长度、宽度、直径和胸径等用。

12. 放大镜

观察毛被、小花的构造。

13. 其他

照相机、铅笔等。

二、采集

不同类型的植物标本的采集要求不同。

1. 木本植物

应采集典型、有代表性特征、带花或(和)果的枝条。对于先花后叶的植物应先采花后采枝叶；对于雌雄异株或同株的植物，雌、雄花应分别采集。

2. 草本植物

要采开花或结果的全株，包括地下部分(如根茎、匍匐枝、块茎、块根或根系等)以及地上部分。

3. 藤本植物

剪取有花或者果实的中间一段，在剪取时应注意体现它的藤本性状。

4. 寄生植物

须连同寄主一起采集，并且把寄主的名称、形态、同寄生植物的关系等记录在采集记录本上。

5. 蕨类植物

采集长有孢子囊群的全株(含地下的根状茎)。根状茎、鳞片和毛被等是蕨类植物的重要分类特征，采集时注意不要损坏了，不然难以辨认。如果植株过大，可以采集叶片的一部分(但要带尖端、中脉和一侧的一端)、叶柄基部和部分根茎，同时认真记下植物的实际高度、宽度、裂片数目和叶柄的长度。

6. 苔藓植物

采集生有孢蒴(孢子囊)的植株。苔藓植物常长在树干、树枝上，这就要连同树枝、树皮一起采下来。标本采集好后要放在软纸匣里，要保持它们的自然状态，不能压、夹。

三、记录

我们在野外采集时往往只能采集整个植物体的一部分，而且有不少植物在压制后与原来的颜色、气味差别很大，如果没有详细记录，日后记忆模糊，就不可能对这一种植物完全了解，鉴定植物时也会发生更大的困难。因此，记录工作是极其重要的，采集时必须随采随记，有关植物的产地、生长环境、习性，叶、花、果的颜色，有无香气和乳汁，采集日期、采集人和采集号等必须记录。在同一植株上有时有两种叶形，如果采集时只能采到一种叶形的话，那么就要靠记录工作来帮助了。此外，像福建观音座莲(*Angiopteris fokiensis*)等高大的多年生草本植物，我们采集时只采其中的一部分，因此，必须将它的各个器官的形态特点记录下来，这样采回来的标本对植物分类工作者才有价值。

在填写采集记录的同时，应该把写好采集号的小标签挂在植物标本上。要随时检查采集记录上的采集号数与小标签上的号数是否相符。同一采集人的采集号要连续不重复,同种植物的复份标本要编同一号。

现将野外采集记录表介绍如下,供参考。

植物采集记录

________学院植物标本室

日期：　　年　月　日
采集地点：
生境：　　　　　　　　　　　　海拔(m)：
习性：□乔木　□灌木　□草本　□木质藤本　□草质藤本
植株高度：　　　　　　胸径(地上1.3 m高处的直径)：
树皮(颜色、开裂状况、是否剥落等)：
树枝：
叶(是否有毛被、蜡粉等)：
花(颜色、形状、花程式)：
果实(颜色、形状)：
种子：
科名：　　　　　　中名：　　　　　　学名：
附记：
采集人：　　　　　　　　　　采集号：

备注:"附记"用于记录该物种在当地的分布频度、用途及其他未列出的项目。

四、整形与压制

1.整形

对采到的植物标本要根据"有代表性、面积要小"的原则作适当的修理和整枝,剪去密叠多余的枝叶,以免遮盖花果,影响观察。如果叶片太大不能在夹板上压制,可沿着中脉的一侧剪去全叶的40%,保留叶尖。若是羽状复叶,可以将叶轴一侧的小叶剪短,保留小叶的基部和整个羽状复叶的顶端小叶;对于肉质植物要先用开水杀死其细胞;对于球茎、块茎、鳞茎等除用开水杀死其细胞外,还要切除一半再压制,以促其干燥并便于观察内部特点。

2.压制

将标本夹有绳子(带子)的一块夹板做底板,上置瓦楞纸1张,然后放吸湿草纸1张,放一种整理好的标本(较大的标本放一份,较小的植物标本放多份),然后重复以上操作,用瓦楞纸和吸湿草纸把标本相互隔开,平铺在夹板上,铺时须将标本的首尾不时调换位置,枝叶拥挤、卷曲时要拉开伸展,叶要正反面都有,过长的要做"N""V""M""W"形的弯折。把当天采集的所有标本都平铺好后,再放入2张瓦楞纸,最后将另一块夹板盖上,用绳子(带子)把标本夹捆紧。

压制时,不要把标本的任何部分留在纸外。花果或根部较大的标本在压制时常常因为凸起而造成空隙,易使叶片不能紧密接触草纸而卷缩起来,在这种情况下,宜先用草纸折叠填平空隙,让全部枝叶均能受到同样的压力。如果花果脱落了,要把它装在纸袋里,写上标本编号,暂时保存起来,在上台纸时再把这个纸袋粘贴到台纸上。

五、烘干

标本压制好后,应尽快烘干,否则就会发霉甚至腐烂。烘干方法:将压有植物标本的标本夹放入有孔的塑料袋中,然后放入烘干机(烘干机要有鼓风功能和自动控温功能,超温后能够自动切断电源),塑料袋口捆扎一下,以减少热量的散失,但不能捆扎太紧,以便于标本的水汽散失。将烘干机温度设置为45~55 ℃,然后开启电源。要随时检查烘干机工作是否正常。

标本烘干要在比较空旷的场所进行,周围不能有易燃易爆物品。在烘干过程中,要特别注意安全,防止起火。

六、上台纸

上台纸是利用台纸较硬的质地,把腊叶标本固定在上面,便于保存在标本柜里。一张台纸上只能固定一种植物的标本,标本的大小、形状、位置要进行适当的调整。上台纸时,先把台纸放在小木板上,把干燥标本放在台纸上,然后在近标本枝、叶柄、主脉两侧的台纸等处,用小刀片各切一纵口,再把细白纸条自两纵口处穿向台纸背面,轻轻拉紧纸条的两端,用胶水牢牢粘贴在台纸背面(现在有一种进口的胶带条,用特制的电烙头加热粘贴,省去切纵口的过程,操作更方便)。也可以用棉线固定,还可以用防腐的胶水直接粘贴标本。有些标本的叶、花、果等容易脱落,要把这些脱落的部分装在纸袋里,贴在台纸的适当位置。

上了台纸的标本经过鉴定后,需把写有鉴定结果的鉴定签贴在台纸的右下角,把原来野外采集该种标本的记录表格抄写一份贴在台纸的左上角,以供使用时参考。

七、杀虫与消毒

野外采集的植物材料上可能有昆虫的虫卵和霉菌的孢子,在适宜条件下,虫卵孵化成幼虫,可能蛀食标本,霉菌孢子可能萌发形成霉菌菌群,因此,做好标本后,必须做杀虫和灭菌处理(也可以在杀虫灭菌后再上台纸。但上台纸后再进行杀虫灭菌处理,操作起来简单一些,并且学生上台纸时也放心一些,不用担心接触到有毒物质)。

杀虫和灭菌处理方法如下:将同一批次制作好的所有标本放入一个大小合适的密闭容器中,然后在容器中喷洒敌敌畏或者二硫化碳对虫卵进行毒杀,或者把熏蟑螂用的烟雾剂放入一个金属桶内,点燃后放入容器内的空余地方,再密封容器,通过熏蒸消毒杀虫。两天后打开容器,充分散气后,取出标本。

八、保藏

制作好的标本要及时放入标本室内保藏。标本应按一定的顺序排列,科通常按某个分类系统排列(最好采用新系统),同一科内不同的属、种一般按学名的拉丁字母顺序排列。标本室要注意干燥和防蛀(特别注意喜食植物标本的衣鱼科小昆虫衣鱼*Lepisma saccharina*),可通过放入樟脑丸等防虫剂防虫,梅雨季节可用除湿机降低标本室内的湿度。有条件的可以采用5~10 ℃低温保存标本,可很好地控制虫害。

第三章

实习地点
及相关植物简介

第一节 中坡国家森林公园实习

一、中坡国家森林公园简介

中坡国家森林公园位于怀化市鹤城区西北郊，东经109°54′23″~109°58′07″，北纬27°33′42″~27°36′10″，总面积1 367 hm^2。山势中间高、四周低，一般海拔400~450 m，最高海拔638.6 m，最低海拔233.1 m。属中亚热带季风性湿润气候，四季分明，气候温和，雨量充沛，光照充足，无霜期长。年平均气温为13.4~17.0 ℃，平均年降水量1 300~1 700 mm。土壤类型以黄壤为主，大部分土层深厚、疏松、肥沃，适合多种植物生长发育。土壤微酸性，pH值5.5~6.0，有机质含量1.52%~2.31%。

中坡国家森林公园在中国植被区划上属中亚热带常绿阔叶林区，植被保存良好，具有集中成片的天然次生林340 hm^2。据初步调查，公园有维管植物168科606属1 468种。

二、中坡国家森林公园西门附近的植物

为了便于同学们观察和识别植物种类，现按照实习路线依次对有关植物进行介绍。

青冈 *Quercus glauca* Thunb.

壳斗科栎属。常绿乔木。小枝无毛。叶倒卵状长椭圆形或长椭圆形，长6~13 cm，宽2~5.5 cm，先端渐尖，边缘中部以上有疏锯齿，上面无毛，下面有白色毛，老时渐渐脱落并有粉白色鳞秕，侧脉9~13对；叶柄长1.5~2.5(~3) cm。雌花序具花2~4朵。壳斗杯形，包围坚果1/3~1/2；苞片合生成5~8条同心环带，环带全缘。坚果卵形或近球形，直径0.9~1.2 cm，长1~1.6 cm，无毛；果脐隆起。

葛 *Pueraria montana* var. *lobata* (Willd.) Maesen et S. M. Almeida ex Sanjappa et Predeep

豆科葛属。粗壮藤本。全体被黄色长硬毛，茎基部木质，有粗厚的块状根。羽状复叶具3枚小叶；小叶三裂，偶尔全缘。总状花序长15~30 cm，中部以上有颇密集的花；花2~3朵聚生于花序轴的节上；花冠紫色。荚果长椭圆形，长5~9 cm，宽8~11 mm，被褐色长硬毛。花期9—10月，果期11—12月。葛根药用，有效成分为大豆素、黄苷及葛根素等，有解表退热、生津止渴、止泻的功效，并能改善高血压病人的项强、头晕、头痛、耳鸣等症状；茎皮纤维供织布和造纸用；葛粉用于解酒。

虎杖 *Reynoutria japonica* Houtt.

蓼科虎杖属。多年生灌木状草本。根状茎横走;茎表面散生紫红色斑点。叶片宽卵状椭圆形。雌雄异株,圆锥花序腋生;花被5深裂,裂片2轮,外轮3片结果时增大;果实有3棱。花期8—9月,果期9—10月。根状茎有清热、除烦、滋阴功效。

山胡椒 假死柴,*Lindera glauca* (Siebold & Zucc.) Blume

樟科山胡椒属。落叶灌木或小乔木。小枝灰或灰白色,幼时淡黄色,初被褐色毛。叶宽椭圆形、椭圆形、倒卵形或窄倒卵形,长4~9 cm,下面被白色柔毛,翌年发新叶时落叶。伞形花序,具3~8朵花。果球形,黑褐色,直径约6 mm;果柄长1~1.5 cm。花期3—4月,果期7—9月。叶可温中散寒、祛风消肿;根治劳伤脱力、水湿浮肿、四肢酸麻、风湿性关节炎、跌打损伤;果治胃痛。

地果 地枇杷,*Ficus tikoua* Bur.

桑科榕属。匍匐木质藤本。茎生有不定根。叶坚纸质,倒卵状椭圆形,长2~8 cm,疏生波状浅齿,上面被刺毛;叶柄长1~2(~6) cm。榕果成对或簇生匍匐茎上,常埋于土中,球形或卵球形,直径1~2 cm,熟时深红色;雄花生于榕果内壁孔口部,无梗,花被片2~6枚,雄蕊1~3枚;雌花生于雌株榕果内壁,具短梗,无花被,具黏膜包被子房。瘦果卵球形,具瘤体,花柱长,侧生,柱头2裂。花期5—6月,果期7月。榕果可食。

紫弹树 *Celtis biondii* Pamp.

大麻科朴属。落叶乔木。幼枝密被柔毛,后渐脱落。冬芽黑褐色,芽鳞被柔毛。叶薄革质,宽卵形、卵形或卵状椭圆形,长2.5~7 cm,两面被微糙毛。果序单生叶腋,具(1)2(3)个果,总梗极短,果柄较长,梗连同果柄长1~2 cm,被糙毛。果幼时被柔毛,后渐脱落,近球形,直径约5 mm,黄色或红色。花期4—5月,果期9—10月。

油桐 *Vernicia fordii* (Hemsl.) Airy Shaw

大戟科油桐属。落叶乔木。叶卵圆形,长8~18 cm,全缘,稀1~3浅裂,老叶上面无毛,下面被贴伏柔毛,掌状脉5(~7)条.;叶柄与叶片近等长,顶端有2扁球形无柄腺体。花雌雄同株,先叶或与叶同时开放;萼2(3)裂,被褐色微毛,花瓣白色,有淡红色脉纹,倒卵形,长2~3 cm;雄花雄蕊8~12枚;雌花子房3~5(~8)室。核果近球形,直径4~6(~8) cm,果皮平滑。种子3~4(~8)粒。花期3—4月,果期8—9月。油桐为我国最重要的特用工业油料树种,为优良干性油,供制油漆、涂料、人造橡胶、塑料、颜料及医药等用。

柿 柿树,*Diospyros kaki* Thunb.

柿科柿属。落叶大乔木。叶卵状椭圆形至倒卵形。雌雄异株,雄花序小,弯垂,雄花小;雌花单生叶腋,长约2 cm,花萼绿色。果呈球形、扁球形,果肉较脆硬,老熟时果肉变得柔软多汁,呈橙红色或大红色。花期5—6月,果期9—10月。柿是我国栽培悠久的果树,有许多品种。柿子能止血润便，缓解痔疾肿痛，降血压；柿霜饼和柿霜能润肺生津，祛痰镇咳，压胃热，解酒，疗口疮；柿蒂治呃逆和夜尿症。

马兰 田边菊，***Aster indicus* L.**

菊科紫菀属。茎直立，高30~70 cm，有分枝。基部叶在花期枯萎；茎部叶倒披针形或倒卵状矩圆形，长3~6(~10) cm，边缘从中部以上具有小尖头的钝齿或尖齿或有羽状裂片，上部叶小，全缘，中脉在下面凸起。头状花序单生于枝端并排列成疏伞房状；总苞片白色，2~3层，覆瓦状排列；舌状花浅紫色；管状花黄色，被短密毛。瘦果。

茜草 ***Rubia cordifolia* L.**

茜草科茜草属。草质攀缘藤本。茎数至多条，有4棱，棱有倒生皮刺，多分枝。叶4片轮生，纸质，披针形或长圆状披针形，长0.7~3.5 cm，先端渐尖或钝尖，基部心形，边缘有皮刺，两面粗糙，脉有小皮刺，基出脉3，稀外侧有1对很小的基出脉；叶柄长1~2.5 cm，有倒生皮刺。聚伞花序腋生和顶生，多4分枝，有花十余朵至数十朵，花序梗和分枝有小皮刺；花冠淡黄色，干后淡褐色，裂片近卵形，微伸展，长1.3~1.5 mm，无毛。果球形，径4~5 mm，成熟时橘黄色。花期8—9月，果期10—11月。

赤楠 ***Syzygium buxifolium* Hook. et Arn.**

桃金娘科蒲桃属。灌木。分枝多，小枝四棱形。叶对生，革质，形状变异很大，椭圆形、倒卵形或狭倒卵形，通常长1~3 cm，宽1~2 cm，无毛，侧脉不明显，在近叶缘处汇合成一边脉。聚伞花序顶生或腋生，长2~4 cm；花白色，直径约4 mm；花萼倒圆锥形，长约3 mm；花瓣4片，小，逐片脱落；雄蕊多数，长3~4 mm。浆果卵球形，直径6~10 mm，成熟时紫黑色。花期6—8月。

藤黄檀 ***Dalbergia hancei* Benth.**

豆科黄檀属。藤本。幼枝疏生白色柔毛。羽状复叶长5~8 cm；托叶披针形。圆锥花序腋生；花序梗与花梗、花萼与小苞片均被褐色短绒毛；花冠绿白色，花瓣具长瓣柄；雄蕊9枚，单体；子房具短柄。荚果扁平，长圆形或带状，无毛，长3~7 cm，宽0.8~1.4 cm，具1(2~4)粒种子。花期4—5月。根有强筋壮骨、舒筋活络的功能，茎有行气、止痛、破积的作用。

蚊母树 ***Distylium racemosum* Siebold et Zucc.**

金缕梅科蚊母树属。常绿灌木或小乔木。小枝和芽有垢状鳞毛。叶厚革质，椭圆形或倒卵形，长3~7 cm，宽1.5~3 cm，顶端钝或稍圆，基部宽楔形，全缘，下面无毛。总状花序长2 cm；苞片披针形；萼片有鳞毛；无花瓣；雄蕊5~6枚；子房上位，有星状毛，花柱2。蒴果卵圆形，密生星状毛。

日本黄杨 ***Buxus microphylla* Siebold et Zucc.**

黄杨科黄杨属。小乔木或灌木状。小枝被短毛，节间长1~2 cm。叶厚革质或革质，卵状椭圆形、宽椭圆形或长圆形，长1.5~3.5 cm，宽0.8~2 cm，先端圆钝，常微凹，基部圆或宽楔形，上面中脉凸起，侧脉不明显；叶柄长1~2 mm，常被毛。花序头状，腋生，具花约10朵；苞片稍被毛；子房稍长于花柱。蒴果近球形，直径0.6~1 cm，宿存花柱长2~3 mm。花期3月，果期5—6月。

乌蔹莓 *Causonis japonica*（Thunb.）Raf.

葡萄科乌蔹莓属。草质藤本。小枝圆柱形，有纵棱纹。卷须2~3个叉分枝，相隔2节间断与叶对生。叶为鸟足状5小叶，边缘每侧有6~15个锯齿；叶柄长1.5~10 cm。花序腋生，复二歧聚伞花序；花序梗长1~13 cm，无毛或微被毛；雄蕊4枚；花盘发达，4浅裂。果实近球形，直径约1 cm，有种子2~4颗。花期3—8月，果期8—11月。全草入药，有凉血解毒、利尿消肿之功效。

刺楸 *Kalopanax septemlobus*（Thunb.）Koidz.

五加科刺楸属。落叶乔木。叶在长枝上互生，短枝上簇生，直径9~25 cm或更大，掌状5~7裂，边缘有细锯齿。伞形花序聚生为顶生圆锥花序，长15~25 cm；花白色或淡黄绿色；萼边缘有5齿；花瓣5片；雄蕊5枚，花丝较花瓣长一倍以上；子房下位，2室；花柱2个，合生成柱状，先端分离。果球形，成熟时蓝黑色，直径约5 mm。材质优良，供建筑、乐器、雕刻、家具等用；树皮及根药用，可清热祛痰，收敛镇痛。

齿叶冬青 钝齿冬青，*Ilex crenata* Thunb.

冬青科冬青属。常绿灌木。小枝密被柔毛。叶倒卵形或椭圆形，长1~3.5 cm，宽0.5~1.5 cm，先端圆钝或尖，基部楔形，具钝齿或锯齿，下面密被褐色腺点，侧脉3~5对；叶柄长2~3 mm，被柔毛。雄花1~7朵组成聚伞花序；花4基数，白色。雌花单生叶腋，稀为2~3朵花的腋生聚伞花序。果球形，径6~8 mm，熟时黑色，宿存柱头厚盘状；分核4个，内果皮革质。花期5—6月，果期8—10月。常栽培观赏。

白栎 *Quercus fabri* Hance

壳斗科栎属。落叶乔木或灌木状。小枝密被绒毛。叶倒卵形或倒卵状椭圆形，长7~15 cm，先端短钝尖，基部窄楔形或窄圆，锯齿波状或粗钝，幼叶两面被毛，老叶下面被灰黄色星状毛，侧脉8~12对；叶柄长3~5 mm，密被绒毛。壳斗杯状，高4~8 mm，直径0.8~1.1 cm，小苞片卵状披针形，紧贴；果卵状椭圆形，长1.7~2 cm，直径0.7~1.2 cm，无毛。花期4月，果期10月。种子含淀粉；木材坚硬，可制农具及培养香菇。

星宿菜 *Lysimachia fortunei* Maxim.

报春花科珍珠菜属。多年生草本。高30~70 cm，全株无毛；具横走根茎。叶互生，近无柄；叶长4~11 cm，两面均有黑色腺点，干后成粒状突起。顶生总状花序长10~20 cm，苞片披针形，长2~3 mm；花萼裂片有黑色腺点；雄蕊内藏，花丝贴生花冠裂片下部。蒴果直径2~2.5 mm。花期6—8月，果期8—11月。全草药用，治感冒、肝炎、支气管哮喘、毒蛇咬伤。

牛筋草 *Eleusine indica*（L.）Gaertn.

禾本科䅟属。一年生草本。鞘两侧扁而具脊，根系发达。秆丛生，高10~90 cm。叶松散，线形，长10~15 cm，宽3~5 mm，无毛或上面被疣基柔毛。穗状花序2~7个指状着生秆顶，稀单生，长3~10 cm，宽3~5 mm；小穗长4~7 mm，宽2~3 mm。囊果卵圆形，长约1.5 mm。全草煎水服，防治乙型脑炎。为优良保土植物。

升马唐 *Digitaria ciliaris*（Retz.）Koel.

禾本科马唐属。一年生草本。秆基部横卧地面，节处生根和分枝，高30~90 cm。叶鞘常短于其节间，多少具柔毛；叶舌长约2 mm；叶片线形或披针形，长5~20 cm，宽3~10 mm，上面散生柔毛，边缘稍厚，微粗糙。总状花序5~8枚，长5~12 cm，呈指状排列于茎顶。花果期5—10月。是果园和旱田的主要杂草之一。

酢浆草 *Oxalis corniculata* L.

酢浆草科酢浆草属。草本。高达35 cm，全株被柔毛。根茎稍肥厚。叶基生，茎生叶互生；小叶3枚，倒心形，长0.4~1.6 cm，宽0.4~2.2 cm，先端凹下，基部宽楔形，两面被柔毛，边缘具贴伏缘毛。花单生或数朵组成伞形花序状；花瓣5片，黄色；雄蕊10枚；子房5室，被伏毛，花柱5个。蒴果长圆柱形，长1~2.5 cm，5条棱。花、果期2—9月。全草药用，可解热、利尿，消肿散瘀；茎叶含草酸，可用以摩擦铜器，使其具光泽。牛羊食过多，可中毒致死。

铺地柏 *Juniperus procumbens*（Siebold ex Endl.）Miq.

柏科刺柏属。匍匐灌木。高达75 cm；枝条沿地面扩展，褐色，密生小枝，枝梢及小枝向上斜展。

凌霄 *Campsis grandiflora*（Thunb.）Schum.

紫葳科凌霄属。攀缘藤本。奇数羽状复叶，小叶7~9枚，长3~9 cm，两面无毛，有粗齿；叶轴长4~13 cm。花序长15~20 cm；花萼钟状，长3 cm，裂至中部；花冠内面鲜红色，外面橙黄色，长约5 cm；雄蕊着生花冠筒近基部，花丝长2~2.5 cm，花药黄色，个字形着生；花柱线形，长约3 cm，柱头扁平，2裂。蒴果顶端钝。花期5—8月。供观赏及药用，花可通经、利尿，根可治跌打损伤。

山茶 *Camellia japonica* L.

山茶科山茶属。灌木或小乔木。叶倒卵形或椭圆形，长5~10.5 cm，宽2.5~6 cm，短钝渐尖，基部楔形，有细锯齿。花单生或对生于叶腋或枝顶，大红色，花瓣5~6个，栽培品种花大多数为红色或淡红色，亦有白色，多为重瓣；花丝无毛；子房无毛，花柱顶端3裂。蒴果近球形，直径2.2~3.2 cm。为我国名贵花木，南方各地广泛栽培，供观赏及药用，花有止血功效；种子榨油，供工业用。

小二仙草 *Gonocarpus micranthus* Thunberg

小二仙草科小二仙草属。多年生草本。高5~45 cm；茎直立或下部平卧，具纵槽，多分枝，多少粗糙。叶对生；茎上部的叶有时互生，逐渐缩小而变为苞片。圆锥花序顶生；花两性，极小，直径约1 mm；花瓣4片，淡红色；雄蕊8枚；子房下位，2~4室。坚果近球形，小型，有8条纵钝棱。花期4—8

月，果期5—10月。全草入药，能清热解毒，利水除湿，散瘀消肿，治毒蛇咬伤。全草为羊的好饲料。

垂序商陆　*Phytolacca americana* L.

商陆科商陆属。多年生草本。高达2 m。叶椭圆状卵形或卵状披针形，长9~18 cm，先端尖，基部楔形；叶柄长1~4 cm。总状花序顶生或与叶对生，长5~20 cm。花白色，微带红晕；花被片5枚，雄蕊、心皮及花柱数目均为10，心皮连合。果序下垂，浆果扁球形，紫黑色。花期6—8月，果期8—10月。根药用，治水肿、白带、风湿，有催吐作用；种子利尿；叶可解毒，治脚气；外用治肿毒及皮肤寄生虫病；全草可作农药。

鸡屎藤　鸡矢藤，*Paederia foetida* L.

茜草科鸡屎藤属。藤状灌木。叶对生，膜质。圆锥花序腋生或顶生，长6~18 cm；花有小梗，生于柔弱的三歧常作蝎尾状的聚伞花序上；花萼钟形；花冠外面蓝白色，内面红色，通常被绒毛。果阔椭圆形，压扁，长和宽6~8 mm，光亮，顶部冠以圆锥形的花盘和微小宿存的萼檐裂片；小坚果浅黑色，具1阔翅。花期5—6月。

盐麸木　盐肤木，*Rhus chinensis* Mill.

漆树科盐麸木属。灌木或小乔木。小枝、叶、叶柄及花序都密生褐色柔毛。单数羽状复叶互生，叶轴及叶柄常有翅；小叶7~13枚，边有粗锯齿。大型圆锥花序顶生；花小，杂性，黄白色；萼片5~6枚，花瓣5~6片。核果近扁圆形，直径约5 mm，红色。幼枝及叶生虫瘿，称五倍子，富含鞣质，为医药、制革、塑料、墨水等工业原料。树皮含鞣质约3.5%；种子含油量20%~25%，可榨油供工业用；虫瘿可药用，为收敛剂、止血剂及解毒药，叶煎液可治疮。

白背叶　*Mallotus apelta*（Lour.）Muell. Arg.

大戟科野桐属。小乔木或灌木状。小枝、叶柄及花序均密被淡黄色星状柔毛。叶互生，卵形或宽卵形，下面被灰白色星状绒毛。穗状花序或雄花序有时为圆锥状，长15~30 cm。雄蕊50~75枚。蒴果近球形，密生长0.5~1 cm线形软刺，密被灰白色星状毛。花期6—9月，果期8—11月。种子含油率达30%，供制油漆、杀虫剂等用。

毛桐　*Mallotus barbatus*（Wall.）Muell. Arg.

大戟科野桐属。小乔木。幼枝、叶及花序均密被黄褐色星状绒毛。叶互生，纸质，卵状三角形或卵状菱形，长13~35 cm，上部有时具粗齿或2裂片，下面散生黄色腺体；叶柄盾状着生，长5~22 cm。雌雄异株，总状花序顶生；雄花序长11~36 cm，多分枝；雌花序长10~25 cm。蒴果在总果梗上排列较稀疏，球形，直径1.3~2 cm，密被淡黄色星状毛和长约6 mm紫红色软刺。花期4—5月，果期9—10月。种子油可作工业用油。

芒　*Miscanthus sinensis* Anderss.

禾本科芒属。多年生草本。秆高1~2 m。叶片条形，宽6~10 mm。圆锥花序扇形，长5~40 cm，主轴长不超过花序的1/2；总状花序长10~30 cm；穗轴不断落；节间与小穗柄都无毛；小穗成对生于各节，一柄长一柄短，均结实且同形，长5~7 mm，含2朵小花，仅第二小花结实。幼茎药用，有散血去毒之效。

南蛇藤 ***Celastrus orbiculatus*** **Thunb.**

卫矛科南蛇藤属。藤状灌木。叶宽倒卵形、近圆形或椭圆形，长5~13 cm，先端圆，具小尖头或短渐尖，具锯齿；叶柄长1~2 cm。聚伞花序腋生，间有顶生，花序长1~3 cm，有1~3朵花；花瓣长3~4 cm；花盘浅杯状；雌花花冠较雄花窄小；子房近球形。蒴果近球形，直径0.8~1 cm。花期5—6月，果期7—10月。茎有祛风除湿、活血脉的功能；根及根皮治跌打、风湿、带状疱疹、肿毒；叶治湿疹、痈疮、蛇咬；果有调理心脾、安神的功效。

糯米团 ***Gonostegia hirta*** **(Blume) Miq.**

荨麻科糯米团属。多年生草本。茎蔓生、铺地或渐升，长达1(~1.6) m，上部四棱形，被柔毛。叶对生，长(1.2~)3~10 cm，宽(0.7~)1.2~2.8 cm，先端渐尖。花雌雄异株；团伞花序直径2~9 mm。瘦果卵球形。花期5—9月。茎皮纤维可制人造棉；全草药用，治积食、胃痛；全草可饲猪。

冻绿 ***Rhamnus utilis*** **Decne.**

鼠李科鼠李属。灌木或小乔木。幼枝无毛，枝端具刺；无顶芽，腋芽小，鳞片有白色缘毛。叶先端突尖或尖，具细齿或圆齿，下面干后黄色，沿脉或脉腋有金黄色柔毛。花单性异株；雄花数朵簇生叶腋或小枝下部；雌花2~6朵簇生叶腋或小枝下部。核果近球形，熟时黑色，具2个分核，萼筒宿存；果柄长0.5~1.2 cm。花期4—6月，果期5—8月。果、树皮及叶含黄色染料。

通脱木 ***Tetrapanax papyrifer*** **(Hook.) K. Koch**

五加科通脱木属。灌木或小乔木。无刺，高1~3.5 m；茎髓大，白色。叶大，集生茎顶，直径50~70 cm，基部心形，掌状5~11裂，每一裂片常又有2~3个小裂片，全缘或有粗齿，上面无毛，下面有白色星状绒毛；叶柄粗壮，长30~50 cm；托叶膜质，有星状厚绒毛。伞形花序聚生成顶生或近顶生大型复圆锥花序，长达50 cm以上；苞片和花萼密生星状绒毛；花白色。果球形，熟时紫黑色。花期10—12月，果期次年1—2月。茎髓即中药"通草"，为利尿剂，并有清热解毒、消肿通乳等功效。

胡枝子 ***Lespedeza bicolor*** **Turcz.**

豆科胡枝子属。灌木；小枝疏被短毛。叶具3枚小叶；叶柄长2~7(~9) cm；小叶草质，卵形、倒卵形或卵状长圆形，长1.5~6 cm，先端圆钝或微凹，具短刺尖，下面被疏柔毛。总状花序比叶长，常构成大型、较疏散的圆锥花序；花序梗长4~10 cm。花梗密被毛；花冠红紫色。荚果长约1 cm，宽约5 mm，具网纹，密被短柔毛。茎、叶有清热润肺、利水通淋的功能。

大叶白纸扇 ***Mussaenda shikokiana*** **Makino**

茜草科玉叶金花属 。直立或攀缘灌木。高1~3 m；嫩枝密被短柔毛。叶对生，薄纸质，广卵形或广椭圆形,长10~20 cm,宽5~10 cm。聚伞花序顶生;有白色叶状苞片,后脱落;萼裂片近叶状,白色,长达1 cm;花冠黄色。浆果近球形,直径约1 cm。花期5—7月,果期7—10月。我国特有。植物含胶液。

槲栎 *Quercus aliena* Blume

壳斗科栎属。落叶乔木。小枝粗,无毛。叶长椭圆状倒卵形或倒卵形,长10~20(~30) cm,先端短钝尖,基部宽楔形或近圆,具波状钝齿,老叶下面被灰褐色细绒毛或近无毛,侧脉10~15对;叶柄长1~1.3 cm,无毛。壳斗杯状,高1~1.5 cm,直径1.2~2 cm,小苞片卵状披针形,长约2 mm,紧贴,被灰白色短柔毛;果卵圆形或椭圆形,长1.7~2.5 cm,径1.3~1.8 cm。花期3—5月,果期9—10月。种子富含淀粉;壳斗、树皮富含单宁。

粉叶首冠藤 粉叶羊蹄甲,*Cheniella glauca* (Benth.) R. Clark et Mackinder

豆科首冠藤属。木质藤本。单叶互生,叶近圆形,先端分裂达叶长的1/2。伞房花序式的总状花序顶生于侧枝上,花冠白色,芳香,花瓣5,花丝紫红色,长于花瓣。荚果扁平,成熟后变黑色。花期5—7月,果期8—11月。常栽培观赏。

羊蹄甲 *Bauhinia purpurea* L.

豆科羊蹄甲属。乔木或灌木。叶近圆形,长10~15 cm,先端分裂达叶长的1/3~1/2。总状花序侧生或顶生,少花,长6~12 cm,有时2~4朵序生于枝顶而成复总状花序;花瓣桃红色,倒披针形,长4~5 cm,具脉纹和长瓣柄。荚果带状,扁平,长12~15 cm,宽2~2.5 cm。花期9—11月,果期翌年2—3月。树皮、花和根供药用,为烫伤及脓疮的洗涤剂。

双荚决明 *Senna bicapsularis* (L.) Roxb.

豆科决明属。直立灌木。多分枝。叶长7~12 cm,有小叶3~4对;叶柄长2.5~4 cm;小叶倒卵形或倒卵状长圆形,膜质,长2.5~3.5 cm,宽约1.5 cm,在最下方有黑褐色腺体1枚。总状花序生于枝条顶端的叶腋间,常集成伞房花序状,长度约与叶相等,花鲜黄色,直径约2 cm;雄蕊10枚,7枚能育,3枚退化而无花药,能育雄蕊中有3枚特大,高出于花瓣,4枚较小,短于花瓣。荚果长13~17 cm,直径1.6 cm。种子二列。花期9—11月,果期11月至翌年3月。栽培观赏。

粉团蔷薇 *Rosa multiflora* var. *cathayensis* Rehder et E. H. Wilson

本变种与野蔷薇(*Rosa multiflora*)的区别:花单瓣,粉红色。栽培作绿篱、护坡及绿化。

君迁子 *Diospyros lotus* L.

柿科柿属。落叶乔木。幼枝褐色或棕色;冬芽带棕色,平滑无毛。叶椭圆形至长椭圆形。果几无柄,近球形,直径1~2 cm,初熟时黄色,渐变蓝黑色,常被白色薄蜡层,宿存萼裂片4,先端钝圆。花期5—6月,果期10—11月。

千里光 *Senecio scandens* Buch.-Ham. ex D. Don

菊科千里光属。多年生攀缘草本。茎长2~5 m,多分枝。叶卵状披针形或长三角形,长2.5~

12 cm，边缘常具齿，近基部具1~3对较小侧裂片；上部叶变小。头状花序有舌状花，排成复聚伞圆锥花序；分枝和花序梗被柔毛，花序梗具苞片，小苞片1~10枚；总苞片12~13枚。舌状花8~10朵，黄色；管状花多数，花冠黄色。瘦果，冠毛白色。花期8月至翌年4月。

攀倒甑 白花败酱，*Patrinia villosa*（Thunb.）Juss.

忍冬科败酱属。多年生草本。高50~100 cm。根茎及根有腐臭味。茎枝被倒生粗白毛，毛渐脱落。基生叶丛生，边缘有粗齿；茎生叶对生，1~2对羽状分裂，上部叶不分裂或有1~2对窄裂片，两面疏生长毛，脉上尤密。花序顶生者宽大，成伞房状圆锥聚伞花序；花白色。瘦果倒卵形，与宿存增大苞片贴生。根茎为消炎利尿药。

海金沙 *Lygodium japonicum*（Thunb.）Sw.

海金沙科海金沙属。植株攀缘。长可达4 m。叶多数，对生于茎上的短枝两侧；叶二型，纸质，连同叶轴和羽轴有疏短毛；不育叶尖三角形，长宽各10~12 cm，二回羽状，小羽片掌状或三裂，边缘有不整齐的浅钝齿；能育叶卵状三角形，长宽各10~20 cm，小羽片边缘生流苏状的孢子囊穗，穗长2~4 mm，宽1~1.5 mm，排列稀疏，暗褐色。全草药用，利湿热、通淋；鲜叶捣烂调茶油治烫火伤；孢子为利尿药。

野鸦椿 *Euscaphis japonica*（Thunb.）Dippel

省沽油科野鸦椿属。落叶灌木或小乔木。高3~8 m；小枝及芽红紫色，枝叶揉碎后有恶臭气味。叶对生，单数羽状复叶，长13~32 cm，小叶（~3）5~9（~11）。圆锥花序顶生，花黄白色；花盘盘状；心皮3枚，分离。蓇葖果，果皮软革质，紫红色；种子近圆形，假种皮肉质，黑色。

黄连木 黄连树，*Pistacia chinensis* Bunge

漆树科黄连木属。落叶乔木。冬芽红色，有特殊气味；小枝有柔毛。偶数羽状复叶互生；小叶10~12枚，长5~8 cm，宽约2 cm。花单性，雌雄异株，雄花排成密总状花序，长5~8 cm，雌花排成疏松的圆锥花序，长18~22 cm；花小，无花瓣。核果直径约6 mm，端具小尖头，初为黄白色，成熟时变红色、紫蓝色。木材黄色，坚重致密，供建筑、家具、雕刻及细木工等用。

香椿 *Toona sinensis*（A. Juss.）Roem.

楝科香椿属。落叶乔木。树皮片状剥落。偶数羽状复叶，长30~50 cm；小叶16~20枚，长9~15 cm，宽2.5~4 cm。聚伞圆锥花序；花瓣5片，白色；花盘近念珠状。蒴果长2~3.5 cm，具苍白色小皮孔。种子上端具膜质长翅。花期6—8月，果期10—11月。木材红褐色，坚韧富弹性，不翘不裂，耐腐力强，为高级家具、室内装修优良木材；根皮及果可止血、止痛。幼芽嫩叶可食，芳香可口。

桤木 *Alnus cremastogyne* Burk.

桦木科桤木属。乔木。小枝无毛，芽具柄，芽鳞2个，无毛。叶倒卵形、倒卵状椭圆形、长圆形或倒披针形，长4~14 cm，先端骤尖，上面疏被腺点，下面密被腺点，脉腋具髯毛，疏生不明显钝齿；

叶柄长1~2 cm。花单性，雌雄同株；雄花序单生于上一年枝条的顶端；雌花序单生叶腋，序梗细，下垂，长3~8 cm。果序球果状；果苞木质，鳞片状，宿存，由3枚苞片、2枚小苞片愈合而成，顶端具5枚浅裂片，每个果苞内具2枚小坚果。小坚果的翅膜质，翅宽约为果直径的1/2。树皮、果序可提取栲胶；树叶及幼芽药用，治腹泻及止血；树叶含氮量达2.7%，可施入稻田沤肥。

杠板归　***Persicaria perfoliata*** **(L.) H. Gross**

蓼科蓼属。一年生攀缘草本。长达2 m。茎具纵棱，沿棱疏生倒刺。叶三角形，长3~7 cm，下面沿叶脉疏生皮刺；叶柄长3~7 cm，被倒生皮刺，近基部盾状着生，托叶鞘叶状，草质，绿色，穿叶，直径1.5~3 cm。花序短穗状，长1~3 cm，顶生或腋生；花绿白色或淡红色；花被5深裂，裂片在果时增大，肉质，由绿白色或淡红色变为深蓝色。瘦果球形，黑色，包于宿存肉质花被内。花期6—8月，果期7—10月。茎叶供药用，有散瘀解毒、止痒之效。

枳椇　**鸡爪树，*Hovenia acerba*** **Lindl.**

鼠李科枳椇属。落叶乔木。叶片椭圆状卵形、宽卵形或心状卵形，长8~16 cm，宽6~11 cm，顶端渐尖，基部圆形或心形，常不对称，边缘有细锯齿。聚伞花序顶生和腋生，花小，黄绿色，直径约4.5 mm。果柄肉质，扭曲，红褐色。果实近球形，灰褐色。花期6月，果期8—10月。果序轴肥厚，含丰富的糖，可生食、酿酒、熬糖，民间常用以浸制“拐枣酒”，能治风湿；种子为利尿药，能解酒。

茅栗　***Castanea seguinii*** **Dode**

壳斗科栗属。乔木或呈灌木状。叶长椭圆形或倒卵状椭圆形，长6.5~14 cm，宽4~5 cm，先端短尖或渐尖，疏生粗锯齿，下面被灰黄色腺鳞，幼叶下面疏被单毛；叶柄长5~9 mm，托叶窄，长0.7~1.5 cm，花期仍未脱落。雄花序长5.5~11 cm；2~3枚总苞散生雄花序基部，每总苞具3~5朵雌花。壳斗径3~4 cm，密被尖刺，每壳斗具(1~)3(~5)个果；果长1.5~2 cm，直径1.3~2.5 cm。花期5—7月，果期9—11月。果可食；南方用作嫁接板栗的砧木。

城口桤叶树　**壮丽桤叶树，*Clethra fargesii*** **Franch.**

桤叶树科桤叶树属。落叶灌木或乔木。高2.5~12 m；当年生枝有密星状柔毛。叶披针状椭圆形，长7~14 cm，宽3~5 cm，顶端渐尖，上面无毛，下面沿中脉和侧脉有白色星状长柔毛，腋内有髯毛，边缘有具短尖头的尖锯齿；叶柄长14~17 mm，有疏星状柔毛。总状花序3~7枝形成大型近伞形圆锥花序；总轴有密棕色毛；雄蕊花丝近基部有疏长硬毛；花柱无毛，顶端3深裂。蒴果近圆球形，直径3 mm，宿存花柱长5 mm；果梗长12~13 mm。

红豆杉　***Taxus chinensis*** **(Pilg.) Rehder**

红豆杉科红豆杉属。常绿乔木。叶线形，较短直，长1~3(多为1.5~2.2) cm，宽2~4(多为3) mm，上部微宽，先端微急尖或急尖，中脉带上有密生均匀而微小的圆形角质乳头状突起点，常与气孔带同色。种子生于杯状红色肉质的假种皮中。

八角枫 *Alangium chinense* (Lour.) Harms

山茱萸科八角枫属。落叶灌木或小乔木。高3~6 m;树皮平滑;枝有黄色疏柔毛。叶互生,纸质,叶近圆形或卵形,长13~19(~26) cm,3~7裂或不裂,先端渐尖或急尖,基部两侧常不对称;不定芽长出的叶常5(7)裂。花8~30朵组成腋生2歧聚伞花序;花瓣6~8片,白色,常外卷。核果熟时黑色。根、茎有祛风除湿、舒筋活络、散瘀痛的功能。

石楠 *Photinia serratifolia* (Desf.) Kalkman

蔷薇科石楠属。常绿灌木或小乔木。小枝无毛。叶革质,长椭圆形、长倒卵形或倒卵状椭圆形,长9~22 cm,先端尾尖,基部圆或宽楔形,疏生细腺齿。复伞房花序顶生,直径10~16 cm;花序梗和花梗均无毛;花梗长3~5 mm;花径6~8 mm;花瓣白色;雄蕊20枚,花药带紫色;花柱2(3)个。果球形,直径5~6 mm,成熟时红色,后褐紫色。种子1。

檫木 *Sassafras tzumu* (Hemsl.) Hemsl.

樟科檫木属。乔木。树皮幼时黄绿色,平滑,老时灰褐色,不规则纵裂。叶卵形或倒卵形,长9~18 cm,全缘或2~3浅裂,羽状脉或离基三出脉;叶柄长2~7 cm,无毛或稍被毛。花序长4~5 cm,花序梗与序轴密被褐色柔毛。果近球形,直径达8 mm,蓝黑色被白蜡粉;果托浅杯状;果柄长1.5~2 cm,与果托均红色。花期3—4月,果期8—9月。根及树皮入药,能活血散瘀、祛风湿,治扭挫伤及腰肌劳损;果、叶及根含芳香油。

杜茎山 *Maesa japonica* (Thunb.) Moritzi. ex Zoll.

报春花科杜茎山属。灌木。小枝无毛。叶革质,长(5~)10(~15) cm,宽(2)3(~5) cm,两面无毛。总状或圆锥花序,无毛;苞片卵形;花梗长2~3 mm;花冠白色,长钟形,花冠筒具脉状腺纹;雄蕊生于冠筒中部,内藏;柱头分裂。果球形,直径4~6 mm,肉质,具脉状腺纹,宿萼包果顶端,花柱宿存。花期1—3月,果期10月或5月。果微甜可食;全株药用,可祛风寒及消肿;茎叶外敷,治跌打损伤,止血。

宜昌润楠 *Machilus ichangensis* Rehder et E. H. Wilson

樟科润楠属。乔木。小枝较细,无毛。顶芽近球形,芽鳞被灰白色柔毛,后脱落,边缘密被绢状缘毛。叶长圆状披针形或长圆状倒披针形,长10~24 cm,宽3~6 cm,上面无毛,下面带白粉,被平伏柔毛或脱落无毛,上面中脉凹下;叶柄长1~2 cm。花序生于新枝基部,长5~9 cm,被灰黄色平伏绢毛或脱落无毛。花长5~6 mm,花被片外面被毛,内面上被柔毛。果近球形,黑色,直径约1 cm。花期4月,果期8月。

里白 *Diplopterygium glaucum* (Thunb. ex Houtt.) Nakai

里白科里白属。多年生草本。植株高约1.5 m。根状茎横走,被鳞片。叶柄长约60 cm;叶柄有1个密被棕色鳞片的大顶芽,不断发育形成新羽片;二回羽裂,一回羽片对生,小羽片互生,平展,与羽轴几成直角。叶纸质，上面绿色，下面灰白色。

腹水草 *Veronicastrum stenostachyum* subsp. *plukenetii*（T.Yamazaki）D.Y.Hong

车前科草灵仙属。茎弓曲，顶端着地生根，长达1 m，多少被黄色倒生卷毛。叶长卵形至卵状披针形。穗状花序腋生，近无柄，长1.5~3 cm，花密集；苞片钻形，疏具睫毛；花萼5深裂，钻形，无毛或疏具睫毛；花冠筒状，白色，少紫色。蒴果卵形，长3 mm，4瓣裂。

合欢 *Albizia julibrissin* Durazz.

豆科合欢属。落叶乔木。小枝有棱角，嫩枝、花序和叶轴被绒毛或短柔毛。二回羽状复叶，总叶柄近基部及最顶一对羽片着生处各有1个腺体；羽片4~12对（栽培的可达20对）；小叶10~30对。头状花序于枝顶排成圆锥花序；花序轴蜿蜒状。花粉红色；花丝长2.5 cm。荚果带状。花期6—7月，果期8—10月。开花如绒簇，美观可爱，常植为城市行道树和观赏树。树皮供药用，有解郁安神、活血消肿之效。

第二节 康龙自然保护区实习

一、康龙自然保护区简介

康龙自然保护区是1996年经湖南省人民政府批准设立的省级自然保护区，位于怀化市中方县境内，东经110°04′50″~110°10′48″，北纬27°27′45″~27°34′34″，保护区总面积7 087 hm^2；是典型的自然生态系统类森林生态系统类型的自然保护区；属亚热带湿润季风气候，四季分明，冬暖春早，气候温和，降水充沛，垂直差异较大，小气候明显；土壤类型以山地黄壤为主，大部分土层深厚肥沃。

本保护区内有蕨类植物35科183种，种子植物173科715属1 645种，其中木本植物96科278属763种。根据2021年9月7日调整后的《国家重点保护野生植物名录》，本保护区共有国家重点保护野生植物22种（变种），其中国家一级保护植物有银杏 *Ginkgo biloba* 和南方红豆杉 *Taxus mairei*；国家二级保护植物有蛇足石杉 *Huperzia serrata*、金毛狗 *Cibotium barometz*、篦子三尖杉 *Cephalotaxus oliveri*、马蹄香 *Saruma henryi*、中华猕猴桃 *Actinidia chinensis*、伯乐树（钟萼木）*Bretschneidera sinensis*、八角莲 *Dysosma versipellis*、闽楠 *Phoebe bournei*、野大豆 *Glycine soja*、鹅掌楸 *Liriodendron chinense*、厚朴 *Houpoea officinalis*、红椿 *Toona ciliata*、华重楼 *Paris polyphylla* var. *chinensis*、白及 *Bletilla striata*、春兰 *Cymbidium goeringii*、伞花木 *Eurycorymbus cavaleriei*、大果五味子 *Schisandra macrocarpa*、大叶榉树 *Zelkova schneideriana*、香果树 *Emmenopterys henryi*、圆叶天女花 *Oyama sinensis* 等20种（变种）。伯乐树在保护区内存在4个小群，分布面积40 hm^2；南方红豆杉散生株分布面积60多公顷。该保护区还拥有丰富的野生动物资源，其中国家重点保护野生动物有26种。

二、康龙自然保护区管理处附近的野生植物

为了便于同学们观察和识别植物种类，现按照实习路线依次对有关植物进行介绍。

半边旗 *Pteris semipinnata* L.

凤尾蕨科凤尾蕨属。多年生草本。植株高0.3~0.8(1.2) m；根茎长而横走，被黑褐色鳞片。叶簇生，近一型；叶柄长15~55 cm，连同叶轴均栗红色；叶片长圆状披针形，长15~40(60) cm，奇数二回半边深羽裂；顶生羽片宽披针形或长三角形，长10~18 cm，基部宽3~10 cm，篦齿状深羽裂几达叶轴；侧生羽片4~8对，两侧极不对称。酸性土指示植物。全草入药，性凉味苦，能清热解毒，消肿止血。

芒 *Miscanthus sinensis* Anderss.

禾本科芒属。见“中坡国家森林公园西门附近的植物”中的简介。

灰白毛莓 *Rubus tephrodes* Hance

蔷薇科悬钩子属。攀缘灌木。枝密被灰白色绒毛，疏生微弯皮刺，并具刺毛和腺毛。单叶，近圆形，长宽均5~8(11) cm，基部心形，上面有疏柔毛或疏腺毛，下面密被灰白色线毛，基脉掌状5出，有5~7钝圆裂片和不整齐锯齿。大型圆锥花序顶生，花轴和花梗密被绒毛或绒毛状柔毛。花萼密被灰白色绒毛；花瓣白色；雌蕊30~50枚。果球形，直径1~1.5 cm，成熟时紫黑色，无毛。花期6—8月，果期8—10月。根入药，能祛风湿、活血调经，叶可止血，种子为强壮剂。

醉鱼草 *Buddleja lindleyana* Fort.

玄参科醉鱼草属。直立灌木。高达3 m。小枝有4个棱，具窄翅。幼枝、幼叶下面，叶柄及花序均被星状毛及腺毛。叶对生(萌条叶互生或近轮生)。穗状聚伞花序顶生，长4~40 cm；苞片长达1 cm。小苞片长2~3.5 mm；花紫色，芳香；花萼钟状，长约4 mm，与花冠均被星状毛及小鳞片。蒴果长圆形或椭圆形，长5~6 mm，无毛，被鳞片，花萼宿存。种子小，淡褐色，无翅。花期4—10月，果期8月至翌年4月。全株有小毒，捣碎投入河中能使鱼麻醉，故称“醉鱼草”。花、叶及根入药可活血、止咳化痰、祛风除湿；全株作农药，能杀孑孓等；花芳香美丽，为常见观赏植物。

鹿藿 *Rhynchosia volubilis* Lour.

豆科鹿藿属。缠绕草质藤本。全株各部多少被灰色至淡黄色柔毛。小叶3枚，顶生小叶卵状菱形或菱形，长2.5~6 cm，宽2~5.5 cm，侧生小叶偏斜而较小，两面密生白色长柔毛，下面有红褐色腺点。总状花序腋生，1个或2~3个花序同生一叶腋间；花冠黄色；雄蕊(9+1)二组；子房有毛和密集的腺点。荚果长椭圆形，红褐色；种子1~2粒。药用，能镇咳祛痰、祛风和血、解毒杀虫。

翠云草 *Selaginella uncinata* (Desv.) Spring

卷柏科卷柏属。多年生草本。主茎伏地蔓生，长30~60 cm，禾秆色，有棱，分枝处常生不定根，

叶卵形,翠绿色,二列疏生;侧枝通常疏生,多回分叉;营养叶二型。孢子囊穗四棱形;孢子叶卵状三角形,孢子囊卵形。我国特有。

山姜 *Alpinia japonica* (Thunb.) Miq.

姜科山姜属。多年生草本。植株高达70 cm,具横生、分枝根茎。叶常2~5片,长25~40 cm,宽4~7 cm,先端具小尖头,两面被柔毛;叶柄长0~2 cm,叶舌2裂,被柔毛。总状花序顶生,长15~30 cm,花序轴被柔毛;总苞片披针形,长约9 cm,开花时脱落。花常2朵聚生;花萼、花冠被柔毛;唇瓣白色,具红色脉纹;雄蕊长1.2~1.4 cm。蒴果球形或椭圆形,径1~1.5 cm,被柔毛,成熟时橙红色,顶端有宿存萼筒。种子有樟脑味。花期4—8月,果期7—12月。果药用,为芳香性健胃药,治消化不良、腹痛、慢性下痢。

鼠曲草 清明菜,*Pseudognaphalium affine* (D. Don) Anderberg

菊科鼠曲草属。一年生草本。茎高10~40 cm或更高,被白色厚棉毛。叶两面被白色棉毛。头状花序,直径2~3 mm,在枝顶密集成伞房花序,花黄色至淡黄色;总苞钟形,金黄色或柠檬黄色。雌花多数。瘦果有乳头状突起。冠毛粗糙,污白色,易脱落。花期1—4月,果期8—11月。茎叶入药,为镇咳、祛痰、治气喘和支气管炎以及非传染性溃疡、创伤之寻常用药,内服还有降血压疗效。

冷水花 *Pilea notata* C. H. Wright

荨麻科冷水花属。多年生草本。茎密布线形钟乳体。叶纸质,卵形或卵状披针形,长4~11 cm,有浅锯齿,两面密布线形钟乳体;叶柄长1~7 cm,托叶长圆形,长0.8~1.2 cm。花雌雄异株;雄花序聚伞总状,长2~5 cm,少分枝;雌聚伞花序较短而密集。瘦果宽卵圆形,长0.8 mm,有刺状小疣;花被片宿存。花期6—9月,果期9—11月。全草药用,可清热利湿、生津止渴。

乌蔹莓 *Causonis japonica* (Thunb.) Raf.

葡萄科乌蔹莓属。见“中坡国家森林公园西门附近的植物”中的简介。

锐尖山香圆 *Turpinia arguta* (Lindl.) Seem.

省沽油科山香圆属。落叶灌木。高1~3 m;老枝灰褐色,绿色,幼枝具灰褐色斑点。单叶,对生,椭圆形或长椭圆形,长7~22 cm,宽26 cm,渐尖,基部全缘;托叶生叶柄内侧。圆锥花序顶生;花长1~2 cm,白色,花梗中部具2枚苞片;萼片绿色,边缘具睫毛;花瓣白色,无毛;子房及花柱均有柔毛。果近球形,直径10~12 mm,有种子2~3颗。

通脱木 *Tetrapanax papyrifer* (Hook.) K. Koch

五加科通脱木属。见“中坡国家森林公园西门附近的植物”中的简介。

蛇葡萄 *Ampelopsis glandulosa* (Wall.) Momiy.

葡萄科蛇葡萄属。木质藤本。小枝、叶柄、叶下面和花轴被锈色长柔毛,花梗、花萼和花瓣被锈色短柔毛。果实近球形,有种子2~4颗。

大叶白纸扇 ***Mussaenda shikokiana*** **Makino**

茜草科玉叶金花属。见“中坡国家森林公园西门附近的植物”中的简介。

羊蹄甲 ***Bauhinia purpurea*** **L.**

豆科羊蹄甲属。见“中坡国家森林公园西门附近的植物”中的简介。

糯米团 *Gonostegia hirta*（Bl.）Miq.

荨麻科糯米团属。见“中坡国家森林公园西门附近的植物”中的简介。

野茼蒿　革命菜，*Crassocephalum crepidioides*（Benth.）S. Moore

菊科野茼蒿属。直立草本。高0.2~1.2 m，无毛。叶膜质，椭圆形或长圆状椭圆形，长7~12 cm，边缘有锯齿，或基部羽裂，两面近无毛；叶柄长2~2.5 cm。头状花序伞房状，直径约3 cm；总苞钟状，长1~1.2 cm，先端有簇状毛。花冠红褐色或橙红色。瘦果红色，冠毛多数，白色，易脱落。花期7—12月。全草入药，有健脾、消肿之功效；嫩叶为味美野菜。

马爬儿 ***Zehneria japonica*** **（Thunb.）H. Y. Liu**

葫芦科马爬儿属。攀缘或平卧草本。茎、枝纤细。叶柄细，长2.5~3.5 cm；叶片膜质，多型。雌雄同株。雄花单生或稀2~3朵生于短的总状花序上；雌花在与雄花同一叶腋内单生或稀双生。果梗纤细，无毛，长2~3 cm；果实长1~1.5 cm，宽0.5~0.8（~1）cm，成熟后为橘红色或红色。花期4—7月，果期7—10月。

香花鸡血藤 ***Callerya dielsiana*** **（Harms）P. K. Loc ex Z. Wei et Pedley**

豆科鸡血藤属。攀缘灌木。羽状复叶长15~30 cm；小叶5枚；小托叶锥刺状。圆锥花序顶生，长达40 cm，花序轴多少被黄褐色柔毛；花长1.2~2.4 cm；花冠紫红色，密被锈色或银色绢毛；雄蕊二体。荚果线形至长圆形，长7~12 cm，宽1.5~2 cm，密被灰色绒毛，有种子3~5粒；种子长约8 cm，宽约6 cm，厚约2 cm。花期5—9月，果期6—11月。

紫弹树 ***Celtis biondii*** **Pamp.**

大麻科朴属。见“中坡国家森林公园西门附近的植物”中的简介。

淡竹叶 ***Lophatherum gracile*** **Brongn.**

禾本科淡竹叶属。多年生草本。秆高40~80 cm，5~6节。叶片长6~20 cm，宽1.5~2.5 cm，具横脉。圆锥花序长12~25 cm，宽5~10 cm。颖果长椭圆形。花果期6—10月。叶为清凉解热药。

少花海桐 ***Pittosporum pauciflorum*** **Hook. et Arn.**

海桐科海桐属。常绿灌木。幼枝无毛。叶有时呈假轮生状，革质；叶柄长0.8~1.5 cm。花3~5朵生于枝顶叶腋，呈伞状。蒴果椭圆形，长1.2 cm，被疏毛，3瓣裂，果瓣厚1 mm，胎座位于果瓣中部，种子约15粒；果柄长1.5 cm。种子长4 mm，红色，种柄长2 mm。

薯蓣 *Dioscorea polystachya* Turcz.

薯蓣科薯蓣属。缠绕草质藤本。块茎长圆柱形,垂直生长,长可达1 m多,断面干时白色。茎通常带紫红色,右旋,无毛。单叶,在茎下部的互生,中部以上的对生,很少3叶轮生;叶片变异大,卵状三角形至宽卵形或戟形,长3~9(~16) cm,宽2~7(~14) cm,边缘常3浅裂至3深裂。叶腋内常有珠芽。雌雄异株;雄花序为穗状花序,花序轴明显地呈"之"字状曲折;雌花序为穗状花序,1~3个着生于叶腋。蒴果三棱状扁圆形或三棱状圆形,长1.2~2 cm,宽1.5~3 cm,外面有白粉。种子着生于每室中轴中部,四周有膜质翅。花期6—9月,果期7—11月。

盐麸木 盐肤木,***Rhus chinensis* Mill.**

漆树科盐麸木属。见"中坡国家森林公园西门附近的植物"中的简介。

乌桕 *Triadica sebifera* (L.) Small

大戟科乌桕属。落叶乔木。各部均无毛而具乳汁。叶互生,纸质,叶片阔卵形,长6~10 cm,宽5~9 cm,顶端短渐尖,全缘;叶柄顶端具2个腺体;托叶三角形。雌雄同株,聚集成顶生、长3~12 mm的总状花序;雌花生于花序轴下部,雄花生于花序轴上部或有时整个花序全为雄花。蒴果近球形,成熟时黑色,外薄被白色、蜡质的假种皮。花期4—8月,果期8—12月。叶为黑色染料,可染衣物;根皮治毒蛇咬伤;白色之蜡质层(假种皮)可制肥皂、蜡烛;种子油适于涂料,可涂油纸、油伞等。

葛 *Pueraria montana* var. *lobata* (Willd.) Maesen et S. M. Almeida ex Sanjappa et Predeep

豆科葛属。见"中坡国家森林公园西门附近的植物"中的简介。

博落回 *Macleaya cordata*(Willd.) R. Br.

罂粟科博落回属。茎高达2 m,粗达1 cm,光滑,有白粉,上部分枝含橙色液汁。叶宽卵形或近圆形,7或9浅裂,下面有白粉。圆锥花序长15~30 cm,具多数花;蒴果长1.7~2.3 cm,具4~6颗种子。全草有大毒,外用治跌打损伤、关节炎、汗斑、恶疮、蜂螫伤,麻醉镇痛、消肿。

白背叶 *Mallotus apelta* (Lour.) Muell. Arg.

大戟科野桐属。见"中坡国家森林公园西门附近的植物"中的简介。

南五味子 *Kadsura longipedunculata* Finet et Gagnep.

五味子科冷饭藤属。藤本。叶长5~13 cm,疏生齿,上面具淡褐色透明腺点。花单生叶腋,雌雄异株;花被片白或淡黄色,8~17片;雄花花梗长0.7~4.5 cm;雄蕊30~70枚;雌花花梗细,长3~13 cm,雌蕊群椭圆形或球形,直径约1 cm,单雌蕊40~60枚。聚合果球形,直径1.5~3.5 cm;小浆果倒卵圆形,外果皮薄革质,干时显出种子。花期6—9月,果期9—12月。根、茎、叶、种子入药,种子为滋补强壮剂及镇咳药,治神经衰弱、支气管炎等症;茎、叶、果可提取芳香油。

毛桐 *Mallotus barbatus* (Wall.) Muell. Arg.

大戟科野桐属。见"中坡国家森林公园西门附近的植物"中的简介。

水麻 *Debregeasia orientalis* C. J. Chen

荨麻科水麻属。灌木。小枝被贴生白色柔毛，后无毛。叶纸质或薄纸质，长圆状披针形或线状披针形，长5~18(~25) cm，有不等细锯齿或细牙齿，上面常泡状隆起，疏生糙毛，钟乳体点状，下面被白或灰绿色毡毛；叶柄长0.3~1 cm，被贴生柔毛。雌雄异株，稀同株，生于去年生枝和老枝叶腋，二回二歧分枝或二叉分枝，分枝顶端生球状团伞花簇。瘦果倒卵圆形，鲜时橙黄色，宿存花被肉质紧贴生于果实。花期3—4月，果期5—7月。为纤维植物，果可食，叶可作饲料。

奇蒿 *Artemisia anomala* S. Moore

菊科蒿属。多年生草本。茎单生，高达1.5 m，初被微柔毛。叶上面初微被疏柔毛，下面初微被蛛丝状绵毛；下部叶卵形或长卵形，具细锯齿，叶柄长3~5 mm；中部叶长于上部叶与苞片叶。头状花序排成密穗状花序，在茎上端组成窄或稍开展的圆锥花序，雌花4~6朵，两性花6~8朵。瘦果。花果期6—11月。全草入药，活血、通经、清热、消炎、止痛、消食。

野漆 野漆树，*Toxicodendron succedaneum* (L.)Kuntze

漆树科漆树属。乔木。各部无毛。顶芽紫褐色，小枝粗。复叶长25~35 cm，具9~15枚小叶，无毛，叶轴及叶柄圆，叶柄长6~9 cm；小叶长5~16 cm，宽2~5.5 cm，下面常被白粉。圆锥花序长7~15 cm，为叶长之半；花黄绿色，直径约2 mm。核果斜卵形，直径0.7~1 cm，稍侧扁，不裂。种子油可制皂或掺和干性油作油漆。树干乳液可代生漆用。

小槐花 *Ohwia caudata* (Thunb.) H. Ohashi

豆科小槐花属。直立灌木或亚灌木。高1~2 m。茎分枝多。叶为羽状三出复叶；托叶具条纹，宿存，叶柄长1.5~4 cm，多少被柔毛，两侧具极窄的翅；小叶近革质或纸质。总状花序顶生或腋生，长5~30 cm，花序轴密被柔毛并混生小钩状毛，每节生2朵花；苞片、花萼被贴伏柔毛和钩状毛；花冠绿白或黄白色；雄蕊二体。荚果线形，扁平，长5~7 cm，被伸展的钩状毛，腹背缝线浅缢缩，有荚节4~8个。花期7—9月，果期9—11月。根、叶供药用，能祛风活血、利尿、杀虫，亦可作牧草。

十字薹草 *Carex cruciata* Wahlenb.

莎草科薹草属。根状茎粗壮。秆丛生，高40~90 cm。叶基生和秆生，平展，宽0.4~1.3 cm，基部具暗褐色宿存叶鞘。圆锥花序复出，长20~40 cm；支圆锥花序长4~15 cm；支花序轴密被短粗毛。枝先出叶囊状，内无花，被短粗毛。小穗多数，全部从枝先出叶中生出，横展，长0.5~1.2 cm。果囊长于鳞片，淡褐白色，具棕褐色斑点和短线，喙长及果囊1/3。小坚果。花果期5—11月。

高粱藨 高粱泡，*Rubus lambertianus* Ser.

蔷薇科悬钩子属。半落叶藤状灌木。幼枝有小皮刺。单叶，宽卵形，长5~10(12) cm，上面疏生柔毛或沿叶脉有柔毛，下面被疏柔毛，中脉常疏生小皮刺，3~5裂或呈波状，有细锯齿；叶柄长2~4(5) cm，疏生小皮刺。圆锥花序顶生，生于枝上部叶腋，花序常近总状，有时仅数花簇生叶腋；花序轴、花梗和花萼均被柔毛。雄蕊多数；雌蕊15~20枚。果近球形，直径6~8 mm，无毛，成熟时红色；核长约2 mm，有皱纹。花期7—8月，果期9—11月。果食用及酿酒；根、叶供药用，有清热散瘀、止血之效。

八角枫 *Alangium chinense*（Lour.）Harms

山茱萸科八角枫属。见“中坡国家森林公园西门附近的植物”中的简介。

胡枝子 *Lespedeza bicolor* Turcz.

豆科胡枝子属。见“中坡国家森林公园西门附近的植物”中的简介。

南酸枣 *Choerospondias axillaris*（Roxb.）B. L. Burtt & A. W. Hill

漆树科南酸枣属。落叶乔木。奇数羽状复叶互生，长2.5~40 cm，小叶7~13片，全缘，下面脉腋具簇生毛。花单性或杂性异株，雄花和假两性花组成圆锥花序，雌花单生上部叶腋。子房5室，每室1个胚珠。核果黄色，长2.5~3 cm，中果皮肉质浆状，果核顶端具5个小孔。花期4月，果期8—10月。为速生用材树种。果肉可食，果核制活性炭，树皮及叶富含鞣质；树皮及果核药用，可消炎、止血，外用可治烫伤。

刺楸 *Kalopanax septemlobus*（Thunb.）Koidz.

五加科刺楸属。见“中坡国家森林公园西门附近的植物”中的简介。

薜荔 *Ficus pumila* L.

桑科榕属。攀缘或匍匐灌木。幼时以不定根攀缘于墙壁或树上。叶二型，在不生花序托的枝上者小而薄，在生花序托的枝上者较大而近革质，卵状椭圆形，长4~10 cm，网脉凸起成蜂窝状。雌雄同株或异株，花有雄花、瘿花和雌花之分，生于肉质壶形花序托内壁，雄花和瘿花同生于一花序托中，雌花生于另一花序托中（瘿花相似于雌花，为膜翅目榕黄蜂科昆虫所栖息）。果实属于隐花果（又称“榕果”），单生叶腋，瘿花果梨形，雌花果近球形，长4~8 cm，直径3~5 cm。果可做凉粉食用；根、茎、叶、果药用，有祛风除湿、活血通络、消肿解毒、补肾、通乳之效；体内胶乳可提取橡胶。

细枝柃 *Eurya loquaiana* Dunn

五列木科柃属。小乔木或灌木状。幼枝圆，密被微毛。顶芽密被微毛，兼有柔毛。叶薄革质，窄椭圆形或椭圆状披针形，长4~9 cm，宽1.5~2.8 cm，先端长渐尖，基部楔形或宽楔形，下面干后为红褐色；叶柄长3~4 mm，被微毛。花1~4朵簇生叶腋，花梗长2~3 mm，被微毛；花单性，雌、雄花的花瓣均为白色；子房3室。果球形，直径3~4 mm，黑色。花期10—12月，果期翌年7—9月。

南烛 乌饭树，*Vaccinium bracteatum* Thunb.

杜鹃花科越橘属。常绿灌木或小乔木。枝无毛。叶长4~9 cm，宽2~4 cm，薄革质，有细齿，两面无毛；叶柄长2~8 mm。总状花序长4~10 cm，多花，序轴密被柔毛；苞片边缘有齿；花冠白色，密被柔毛；雄蕊内藏。浆果紫黑色，直径5~8 mm，被毛。花期6—7月，果期8—10月。叶渍汁浸米，煮成乌饭;果入药,称“南烛子”,强筋益气。

海金沙 *Lygodium japonicum*(Thunb.)Sw.

海金沙科海金沙属。见“中坡国家森林公园西门附近的植物”中的简介。

满树星 *Ilex aculeolata* Nakai

冬青科冬青属。落叶灌木。有长枝和短枝。叶薄纸质,倒卵形,长2~5 cm,宽1~3 cm,两面有短毛,侧脉3~4对,稍突出;叶柄长10~12 mm。花白色,有香气,4或5基数,雌雄异株,花序单生于长枝和短枝叶腋或鳞片腋内,雄花序具1~3朵花,雌花序具1朵花。果球形,直径7 mm,熟时黑色;分核4粒,有网状条纹和槽,内果皮骨质。根皮药用,可清热解毒、止咳化痰。

乌蕨 *Odontosoria chinensis* J. Sm.

鳞始蕨科乌蕨属。叶近生,叶柄禾秆色至褐禾秆色,有光泽;叶片披针形,先端渐尖,基部不变狭,四回羽状;叶坚草质,干后棕褐色,通体光滑。孢子囊群边缘着生,每裂片上一枚或二枚,顶生1~2条细脉上;囊群盖灰棕色,革质,半杯形,宽,与叶缘等长,近全缘或多少啮蚀,宿存。

山橿 *Lindera reflexa* Hemsl.

樟科山胡椒属。落叶小乔木或灌木。幼时有绢状短柔毛。叶互生,纸质,圆卵形,倒卵状椭圆形,长6.5~15 cm,宽4~6.5 cm,上面无毛,下面带苍绿白色,有柔毛;叶柄长6~13 mm,无毛。雌雄异株;伞形花序有短梗,约有5朵花;总苞早落;花先叶开放;花梗长7~9 mm;花被片6枚,黄色,宽倒卵状矩圆形或匙形,长约4 mm,有柔毛和透明腺点;能育雄蕊6枚,花药2室,有腺点,内向瓣裂。果实球形,直径约7 mm;果梗细,长1.5 cm,有疏柔毛。根药用,可止血、消肿、止痛,治胃气痛、疥癣、风疹、刀伤出血。

枳椇 鸡爪树,*Hovenia acerba* Lindl.

鼠李科枳椇属。见“中坡国家森林公园西门附近的植物”中的简介。

油桐 *Vernicia fordii*(Hemsl.)Airy Shaw

大戟科油桐属。见“中坡国家森林公园西门附近的植物”中的简介。

山樱花 *Prunus serrulata* Lindl.

蔷薇科李属。乔木。叶卵形、矩圆状倒卵形或椭圆形,长4~9 cm,宽3~5 cm,边缘有重或单而微带刺芒的锯齿,两面无毛或下面沿中肋被短柔毛;叶柄长1~1.5 cm,无毛,有2~4个腺体。花3~5朵成有柄的伞房状或总状花序;花梗无毛;叶状苞片篦形或近圆形,边缘有腺齿;花直径2~3 cm;萼筒有锯齿;花瓣白色或粉红色;雄蕊多数;心皮1枚,无毛。核果球形,无沟,直径6~8 mm,黑色。核仁入药,可透发麻疹。

第三节 昆明植物园实习

一、昆明植物园简介

昆明植物园隶属于中国科学院昆明植物研究所，包括丽江园区和昆明园区，占地面积5 091亩（亩，面积单位，1亩≈666.7 m²，下同）。它立足云贵高原、横断山及邻近地区，面向青藏高原和喜马拉雅山脉，是以迁地保育该区域的珍稀濒危植物、特有类群和重要经济植物等为主业，以资源植物的引种驯化和种质资源的迁地保护为主要研究方向，集科学研究、物种保存、科普与公众认知于一体的综合性植物园。

昆明园区始建于1938年，地处"植物王国"云南省的省会昆明市北郊黑龙潭风景区，海拔1 914~1 990 m。属中亚热带内陆高原气候，年平均气温14.7 ℃，年平均降雨量1 006.5 mm。昆明园区开放面积44 hm²，分为东、西两个园区，东园区建有山茶园、水生植物园、中乌全球葱园和竹园，西园区建有观叶观果园、羽西杜鹃园、百草园、蔷薇园、极小种群野生植物专类园、扶荔宫温室群、木兰园、裸子植物园等16个专类园，收集保育来自全球（尤其以我国西南地区为多）的重要资源植物8 840余种。

建园以来，昆明植物园共承担国家自然科学基金重点项目、中国科学院重点部署项目、国家科技重大专项、国家重点研发计划项目、国际合作、省部级重点项目等190余项，获省部级以上奖励50余项，发表论文1 000余篇，获授权发明专利120余项，培育植物新品种150余个，出版专著90余部，获计算机软件著作权9项，制定国家行业标准3个。昆明植物园是云南省极小种群野生植物综合保护重点实验室的依托单位，其积极推动极小种群野生植物的抢救性保护和系统研究，成为我国极小种群野生植物综合保护研究中心，引领全球极小种群野生植物的科学拯救与有效保护。

昆明植物园于2001年建成了全国首个面积320 m²的植物科普馆，并于2020年6月完成升级改造，2021年新建种子博物馆和生物多样性书吧1 800 m²。昆明植物园先后获得"全国科普教育基地""中国科普研学联盟十佳品牌基地""国际杰出茶花园""云南省科学普及教育基地""昆明市极小种群野生植物综合保护精品科普基地"等17个荣誉称号，每年到昆明植物园开展科研合作、教学实习、科普活动和观光休闲的人数达80余万人次。

（资料来源：昆明植物园网站，数据截至2022年5月1日）

二、观叶观果园

观叶观果园是国内第一个隶属于园艺学范畴的、以观赏植物的叶片及果实形态和色彩为主要内容的特色专类园。其始建于2005年，占地面积42亩，用游道、人行栈道及观景台、人工溪流分割为银杏黄叶区、槭漆红叶区、忍冬荚蒾观果区、蓝果树油橄榄色叶区、水景飘叶溯流区、木瓜品种收集区、种质保育区等7个功能区。已定植了70科160属的观叶观果植物400余种。

实习时，从植物园西园的东门进，先往左走一百多米后返回，然后沿游道由外向内呈反写的"Z"字形行走，依次进行植物观察和识别。

常绿大戟 *Euphorbia characias* L.

大戟科大戟属。以丛生灌木的形式生长，具有很多茎。杯状聚伞花序黄绿色。果实呈光滑胶囊状。原产地为地中海地区，我国一些地区引种栽培，供观赏。耐干旱和耐高盐环境。其有毒的白色黏稠汁液用于治疗皮肤瘤、皮肤疣等疾病。

早花百子莲 *Agapanthus praecox* Willd.

石蒜科百子莲属。多年生草本。具鳞茎。叶带状，下垂，宽3 cm以上，近革质，从根状茎上抽生而出。伞形花序，花50朵以上，花瓣狭窄，条形。国内常见栽培。花期7—8月，果期秋季。

百子莲 *Agapanthus africanus* Hoffmanns.

石蒜科百子莲属。叶条形，斜展而不下垂，宽约2 cm；花20~30朵，花瓣倒卵状长圆形。

绵毛水苏 *Stachys byzantina* C. Koch

唇形科水苏属。多年生草本。高约60 cm；茎直立，四棱形，密被有灰白色丝状绵毛；基生叶及茎生叶长圆状椭圆形，边缘具小圆齿，质厚，两面均密被灰白色丝状绵毛，叶柄密被灰白色丝状绵毛；轮伞花序多花，向上密集组成顶生长10~22 cm的穗状花序。我国常引种栽培，供观赏。

红花酢浆草 *Oxalis corymbosa* DC.

酢浆草科酢浆草属。多年生直立草本。无地上茎，地下部分有球状鳞茎。叶基生；叶柄长5~30 cm或更长，被毛；小叶3枚，扁圆状倒心形，顶端凹入；托叶与叶柄基部合生。总花梗基生，二歧聚伞花序，通常排列成伞形花序式，总花梗长10~40 cm或更长；花梗、苞片、萼片均被毛；花梗长5~25 mm，每花梗有披针形干膜质苞片2枚；萼片5枚；花瓣5片，倒心形，淡紫色至紫红色；雄蕊10枚；子房5室，花柱5个，柱头浅2裂。花、果期3—12月。是优良的地被观赏花卉；全草入药，治跌打损伤、赤白痢，止血。

南天竹 *Nandina domestica* Thunb.

小檗科南天竹属。常绿小灌木。茎常丛生而少分枝，光滑无毛，幼枝常为红色，老后呈灰色。叶互生，集生于茎的上部，三回羽状复叶，长30~50 cm。圆锥花序直立，长20~35 cm；花小，白色，具芳香；浆果球形，直径5~8 mm，熟时鲜红色，稀橙红色。种子扁圆形。花期3—6月，果期5—11月。

根、叶具有强筋活络，消炎解毒之效，果为镇咳药，但过量会中毒。各地庭院常有栽培，为优良观赏植物。

芸香 *Ruta graveolens* L.

芸香科芸香属。多年生草本。高达1 m；全株有浓烈气味。叶二至三回羽状复叶，长6~12 cm。花金黄色，花径约2 cm；萼片4片；花瓣4片；雄蕊8枚，花初开放时与花瓣对生的4枚贴附于花瓣上，与萼片对生的另4枚斜展且外露，较长，花盛开时全部并列一起，挺直且等长，花柱短，子房通常4室，每室有胚珠多颗。蒴果球形，果长6~10 mm，由顶端开裂至中部，果皮有凸起的油点；种子甚多。花期3—6月，果期7—9月。茎枝及叶药用，治感冒发热、风火牙痛、头痛、跌打扭伤，又治小儿急性支气管炎和支气管黏膜炎；种子为镇痉剂及驱蛔虫剂。

圆锥绣球 *Hydrangea paniculata* Siebold

绣球花科绣球属。灌木或小乔木。枝暗红褐色或灰褐色，具凹条纹和圆形浅色皮孔。叶纸质，2~3片对生或轮生，叶边缘有密集稍内弯的小锯齿，上面无毛或有稀疏糙伏毛，下面于叶脉和侧脉上被紧贴长柔毛。圆锥状聚伞花序尖塔形，长达26 cm，序轴及分枝密被短柔毛；不育花较多，白色；萼片4枚；孕性花萼筒陀螺状，花瓣白色，卵形或卵状披针形，花柱3。蒴果椭圆形；种子褐色，两端具翅。花期7—8月，果期10—11月。

铺地龙柏 *Juniperus chinensis* 'Kaizuka Procumbens'

柏科刺柏属。灌木。植株无直立主干，枝匍匐平行而上，常匍地生长，叶大多为针叶，3片轮生。球果扁球形。为圆柏的栽培变异。为园林绿化覆盖地面的理想材料。

华西小石积 *Osteomeles schwerinae* Schneid.

蔷薇科小石积属。落叶或半常绿灌木。枝条开展密集；小枝细弱，幼时密被灰白色柔毛。奇数羽状复叶，连叶柄长2~4.5 cm。顶生伞房花序，有花3~5朵，直径2~3 cm；总花梗和花梗均密被灰白色柔毛，萼筒及萼片近于无毛或有散生柔毛。果实直径6~8 mm，蓝黑色，具宿存反折萼片。花期4—5月，果期7月。

小石积 *Osteomeles anthyllidifolia* Lindl.

蔷薇科小石积属。叶片和果实均比华西小石积（*Osteomeles schwerinae* Schneid.）的大，小叶片倒卵形或倒卵长圆形，萼筒及萼片均密被柔毛。

毛蕊花 *Verbascum thapsus* L.

玄参科毛蕊花属。二年生草本。高达1.5 m，全株被密而厚的浅灰黄色星状毛。基生叶和下部的茎生叶倒披针状矩圆形，长达15 cm，宽达6 cm，边缘具浅圆齿，上部茎生叶逐渐缩小而渐变为矩圆形至卵状矩圆形，基部下延成狭翅。穗状花序圆柱状，长达30 cm，直径达2 cm，结果时还可伸长和变粗，花密集，数朵簇生在一起；花冠黄色，直径1~2 cm。蒴果卵形，约与宿存的花萼等长。花期6—8月，果期7—10月。

玉兰 *Yulania denudata* (Desr.) D. L. Fu

木兰科玉兰属。落叶乔木。嫩枝有毛，冬芽密生灰绿色长绒毛。叶互生，倒卵形至倒卵状矩圆形。花大，钟形，先叶开放；花被片9枚，3轮，白色，矩圆状倒卵形；聚合成圆筒形，褐色；蓇葖果成熟后开裂，种子红色。花期2—3月(亦常于7—9月再开一次花)，果期8—9月。为驰名中外的庭院观赏树种，全国各大城市广泛栽培，早春白花满树，艳丽芳香。材质优良，供家具、细木工等用；花蕾入药；花含芳香油；花被片食用或用以熏茶；种子榨油供工业用。

山木兰 山玉兰，*Lirianthe delavayi* (Franchet) N. H. Xia et C. Y. Wu

木兰科长喙木兰属。常绿乔木。树皮粗糙而开裂。嫩枝榄绿色，被淡黄褐色平伏柔毛，老枝粗壮，具圆点状皮孔。叶厚革质，卵形，卵状长圆形，边缘波状，叶面初被卷曲长毛，后无毛，叶背密被交织长绒毛及白粉，后仅脉上残留有毛。花顶生，芳香，杯状，直径15~20 cm；花被片9~10片，外轮3片淡绿色，长圆形，向外反卷，内两轮乳白色，倒卵状匙形。聚合果卵状长圆体形，蓇葖狭椭圆体形，背缝线两瓣全裂，被细黄色柔毛，顶端缘外弯。花期4—6月，果期8—10月。本种树冠婆娑，入夏乳白而芳香的大花盛开，衬以光绿大叶，为珍贵的庭院观赏树种。

含笑花 *Michelia figo* (Lour.) Spreng.

木兰科含笑属。常绿灌木。分枝很密；芽、幼枝、花梗和叶柄均密生黄褐色绒毛。叶革质，狭椭圆形或倒卵状椭圆形，全缘；托叶痕长达叶柄顶端。花单生于叶腋，直径约12 mm，淡黄色而边缘有时红色或紫色，芳香；花被片6片，长椭圆形，长12~20 mm；雄蕊药隔顶端急尖；雌蕊柄长约6 mm。聚合果长2~3.5 cm；蓇葖卵圆形或圆形，顶端有短喙。花期3—5月，果期7—8月。本种除供观赏外，花有水果甜香，花瓣可拌入茶叶制成花茶，亦可提取芳香油和供药用。本种花开放时含蕾不尽开，故称“含笑花”。

垂丝海棠 *Malus halliana* Koehne

蔷薇科苹果属。落叶小乔木。树冠宽阔，小枝细弱。叶卵形，叶柄带紫红色。伞房花序，具花4~6朵，花粉红色，花梗细长，紫色，下垂。果实梨形或倒卵形，略带紫色；果梗长2~5 cm。花期3—4月，果期9—10月。各地常见栽培供观赏用，有重瓣、白花等变种。

欧洲云杉 *Picea abies* (L.) H. Karsten

松科云杉属。乔木。老树树皮厚，裂成小块薄片。大枝斜展，小枝通常下垂，幼枝淡红褐色或橘红色，无毛或有疏毛。叶四棱状条形，四边有气孔线。球果圆柱形，长10~15 cm，成熟时褐色；种鳞较薄；种子长约4 mm，种翅长约16 mm。

日本五针松 *Pinus parviflora* Siebold et Zucc.

松科松属。乔木。枝平展，树冠圆锥形；一年生枝幼嫩时绿色，后呈黄褐色，密生淡黄色柔毛。

针叶5针一束,腹面每侧有3~6条灰白色气孔线。球果卵圆形或卵状椭圆形,熟时种鳞张开;种子为不规则倒卵圆形,近褐色,具黑色斑纹,种翅宽6~8 mm,连种子长1.8~2 cm。作庭院树或盆景。生长较慢。

连香树　*Cercidiphyllum japonicum* Siebold et Zucc.

连香树科连香树属。落叶乔木。短枝在长枝上对生;芽鳞片褐色。长枝上的叶椭圆形或三角形,长4~7 cm,宽3.5~6 cm,先端圆钝或急尖,边缘有圆钝锯齿,先端具腺体,两面无毛,下面灰绿色带粉霜,掌状脉7条直达边缘。雄花常4朵丛生,近无梗;苞片在花期红色,膜质,卵形;雌花2~6朵,丛生。蓇葖果2~4个,荚果状,有宿存花柱。种子数个,扁平四角形,先端有透明翅。花期4月,果期8月。观赏,药用,材用;树皮及叶均含鞣质,可提制栲胶。国家二级保护植物。

锈鳞木樨榄　*Olea europaea* subsp. *cuspidata*（Wall. ex G. Don）Cif.

木樨科木樨榄属。灌木或小乔木。枝灰褐色,圆柱形,粗糙,小枝褐色或灰色,近四棱形,无毛,密被细小鳞片。叶片革质,长3~10 cm,宽1~2 cm,先端具长凸尖头,叶下面密被锈色鳞片;叶柄长3~5 mm,被锈色鳞片。圆锥花序腋生,长1~4 cm,宽1~2 cm;花序梗长4~11 mm,具棱,稍被锈色鳞片;苞片线形或鳞片状;花白色,两性。果为宽椭圆形或近球形,长7~9 mm,直径4~6 mm,成熟时呈暗褐色。花期4—8月,果期8—11月。

天门冬　*Asparagus cochinchinensis*（Lour.）Merr.

天门冬科天门冬属。茎攀缘有刺。根在中部或近末端具纺锤状肉质膨大。叶状枝通常每3枚成簇,扁平或略呈锐三棱形。花通常每2朵腋生,淡绿色;花梗长2~6 mm。浆果直径6~7 mm,熟时红色,有1颗种子。花期5—6月,果期8—10月。块根是常用的中药,有滋阴润燥、清火止咳之效。

梧桐　*Firmiana simplex*（L.）W. Wight

梧桐科梧桐属。落叶乔木。树皮青绿色,平滑。叶心形,掌状3~5裂,直径15~30 cm,裂片三角形。圆锥花序顶生,长20~50 cm,花淡黄绿色;花梗与花几等长;雄花的雌雄蕊柄与萼等长,花药15个不规则地聚集在雌雄蕊柄的顶端,退化子房梨形且甚小;雌花的子房圆球形,被毛。蓇葖果膜质,有柄,成熟前开裂成叶状,长6 ~11 cm、宽1.5~2.5 cm,每蓇葖果有种子2~4粒;种子圆球形,表面有皱纹。花期6月。可供观赏;木材轻软,为制木匣和乐器的良材;种子炒熟可食或榨油,油为不干性油。茎、叶、花、果和种子均可药用,有清热解毒的功效。

栾　栾树,*Koelreuteria paniculata* Laxm.

无患子科栾树属。落叶乔木或灌木。叶丛生于当年生枝上,一回、不完全二回或偶有二回羽状复叶,长可达50 cm;小叶(7~)11~18片,边缘有不规则的钝锯齿。聚伞圆锥花序长25~40 cm,密被微柔毛,分枝长而广展,在末次分枝上的聚伞花序具花3~6朵,密集呈头状;苞片狭披针形,被小粗毛;花淡黄色;花瓣4片,开花时向外反折。蒴果圆锥形,具3棱,长4~6 cm,顶端渐尖,果瓣卵形,外面有网纹,内面平滑且略有光泽;种子近球形。花期6—8月,果期9—10月。常栽培作庭院观赏树。木材可制家具;叶可作蓝色染料;花供药用,亦可作黄色染料。

梓 *Catalpa ovata* G. Don

紫葳科梓属。乔木;树冠伞形。叶阔卵形,长宽近相等,长约25 cm,常3浅裂,叶片上下两面均粗糙,微被柔毛或近于无毛;叶柄长6~18 cm。顶生圆锥花序;花序梗长12~28 cm。花冠淡黄色,内面具2条黄色条纹及紫色斑点。蒴果线形,下垂,长20~30 cm,粗5~7 mm。种子长椭圆形。叶或树皮可作农药;果实入药,有显著利尿作用。根皮亦可入药,消肿毒,外用煎洗治疥疮。

粗糠树 *Ehretia dicksonii* Hance

紫草科厚壳树属。落叶乔木;小枝被柔毛。叶长8~25 cm,宽5~15 cm,边缘具开展的锯齿,上面密生具基盘的短硬毛,极粗糙,下面密生短柔毛;叶柄长1~4 cm,被柔毛。聚伞花序顶生,宽6~9 cm,具苞片或无;花冠筒状钟形,白色至淡黄色。核果黄色,近球形,内果皮成熟时分裂为2个具2粒种子的分核。花期3—5月,果期6—7月。可供观赏。

鸡爪槭 *Acer palmatum* Thunb.

无患子科槭属。落叶小乔木。单叶对生,叶纸质,直径7~10 cm,5~9掌状分裂,通常7裂,裂深常为全叶片的1/3~1/2,基部心形,先端尖,有细锐重锯齿。伞房花序直径6~8 mm,萼片暗红色,花瓣紫色。翅果嫩时紫红色,成熟时淡棕黄色;小坚果球形。花期5月,果期9月。本种在各国早已引种栽培,变种和变型很多,例如:羽毛槭、小鸡爪槭、红枫。

a. 羽毛槭(细叶鸡爪槭,var. *dissectum*):本变种的叶片掌状深裂几达基部,裂片狭长,又羽状细裂,树体较小。

b. 小鸡爪槭(var. *thunbergii*):本变种的叶较小,直径约4 cm,常很深的7裂,裂片狭窄,边缘具锐尖的重锯齿,小坚果卵圆形,具短小的翅。

c. 红枫(红槭、红鸡爪槭,'Atropurpureum'):本品种的小枝细瘦,紫红色。叶茂密,掌状,常年红色或紫红色,极为绚丽。花期5月,果期9—10月。为珍贵彩叶树木,广泛应用于公园、庭院和小区绿化。

蓝果树 *Nyssa sinensis* Oliv.

蓝果树科蓝果树属。落叶乔木。树皮粗糙,薄片状脱落;幼枝紫绿色;老枝褐色,有明显皮孔。叶互生,纸质,椭圆形或长卵形,长12~15 cm,宽5~6 cm,边缘波状,下面疏生微柔毛;叶柄长1.5~2 cm,有短柔毛。花雌雄异株,聚伞状短总状花序,总花梗长3~5 cm,有柔毛;花梗长约2 mm;花萼5裂,裂片小;花瓣5片;雄蕊5~10枚,着生于肉质花盘周围;雌花有小苞片,花柱细长。核果矩圆形或倒卵形,紫绿色至暗褐色。花期4月下旬,果期9月。

鹅掌楸 *Liriodendron chinense* (Hemsl.) Sarg.

木兰科鹅掌楸属。落叶乔木。叶马褂状,长4~12(18) cm,近基部每边具1裂片,先端具2浅裂，下面苍白色，叶柄长4~8(~16) cm。花杯状，花被片9片，花药长10~16 mm，花丝长5~6 mm，花期时雌蕊群超出花被之上，心皮黄绿色。聚合果长7~9 cm，具翅的小坚果长约6 mm，顶端钝或钝尖，具种子1~2颗。花期5月，果期9—10月。叶形奇特，是庭院常见树种。树皮入药，祛水湿风寒。国家二级保护植物。

溪畔白千层 黄金串钱柳，*Melaleuca bracteata* F. Muell.

桃金娘科白千层属。常绿灌木或小乔木。主干直立，小枝细柔至下垂，微红色，被柔毛。叶互生，革质，金黄色，披针形或狭长圆形，长1~2 cm，宽2~3 mm，两端尖，基出脉5，具油腺点，香气浓郁。穗状花序生于枝顶，花后花序轴能继续伸长；花白色；萼管卵形，先端5小圆齿裂；花瓣5片；雄蕊多数，分成5束；花柱略长于雄蕊。蒴果近球形，3裂。著名观叶植物，耐修剪，可修剪成球形、伞形、金字塔形等各式各样的形状点缀园林空间；枝叶含芳香油，是高档化妆品原料。

冬青卫矛 *Euonymus japonicus* Thunb.

卫矛科卫矛属。常绿灌木。小枝略为四棱形，枝叶密生，树冠球形。单叶对生，倒卵形或椭圆形，边缘具钝齿，表面深绿色，有光泽。聚伞花序腋生，具长梗，花绿白色。蒴果球形，淡红色，假种皮橘红色。花期6—7月，果期9—10月。

枸杞 *Lycium chinense* Miller

茄科枸杞属。枝细长，柔弱，常弯曲下垂，有棘刺。叶互生或簇生于短枝上，卵形、卵状菱形或卵状披针形，长1.5~5 cm，宽5~17 mm，全缘；叶柄长3~10 mm。花常1~4朵簇生于叶腋；花梗细，长5~16 mm；花萼钟状，长3~4 mm，3~5裂；花冠漏斗状，筒部稍宽但短于檐部裂片，长9~12 mm，淡紫色，裂片有缘毛；雄蕊5枚，花丝基部密生绒毛。浆果红色，长7~15 mm，栽培的长可达2.2 cm。花果期6—11月。在我国除普遍野生外，各地也有作药用、蔬菜或绿化栽培。果实的药用功能与宁夏枸杞同；根皮（中药称“地骨皮”）有解热止咳之效用；嫩叶可作蔬菜。

清香木 *Pistacia weinmanniifolia* J. Poiss. ex Franch.

漆树科黄连木属。灌木或小乔木。偶数羽状复叶互生，有香气，有小叶4~9对，叶轴具狭翅。圆锥花序腋生，与叶同出，被黄棕色柔毛和红色腺毛；雄花的花被片5~8片，雄蕊5枚，稀7枚；不育雌蕊存在；雌花的花被片7~10枚，子房圆球形，花柱极短，柱头3裂。核果球形，成熟时红色。叶可提芳香油，民间常用叶碾粉制“香”。叶及树皮供药用，有消炎解毒、收敛止泻之效。

紫竹梅 紫鸭跖草，*Tradescantia pallida*（Rose）D. R. Hunt

鸭跖草科紫露草属。多年生草本。株高30~50 cm，匍匐或下垂。叶长椭圆形，卷曲，先端渐尖，基部抱茎，叶紫色，具白色短绒毛。聚伞花序顶生或腋生，花桃红色。蒴果。为著名的观叶植物。原产墨西哥，我国栽培观赏。

鳞斑荚蒾 *Viburnum punctatum* Buch.-Ham. ex D. Don

五福花科荚蒾属。常绿灌木或小乔木。幼枝、芽、叶下面、花序、苞片和小苞片、萼筒、花冠外面及果实均密被铁锈色圆形小鳞片；当年小枝密生褐色点状皮孔，初时有鳞片，后变光秃。冬芽裸露。叶硬革质。聚伞花序复伞形式，平顶，直径7~10 cm，总花梗无或极短，第一级辐射枝4~5条，长约2 cm，第二级辐射枝长达8 mm，花生于第三至第四级辐射枝上。果实先红色后转黑色。花期4—5月，果熟期10月。此种以遍体密被铁锈色圆形小鳞片和冬芽裸露为主要特征，明显地有异于同组内的其他种。

金沙槭 *Acer paxii* Franch.

无患子科槭属。常绿乔木。叶厚革质，全缘或3裂。花绿色，杂性，雄花与两性花同株，多数常成长3~4 cm的伞房花序，总花梗长2~3 cm；萼片5枚，黄绿色；花瓣5片，白色，子房初被白色绒毛。翅果嫩时黄绿色或绿褐色。花期3月，果期8月。

小叶栒子 *Cotoneaster microphyllus* Wall. ex Lindl.

蔷薇科栒子属。常绿矮生灌木。枝条开展，小枝圆柱形，红褐色至黑褐色，幼时具黄色柔毛，逐渐脱落。叶片厚革质，倒卵形至长圆倒卵形，长4~10 mm，宽3.5~7 mm。花通常单生，稀2~3朵，直径约1 cm，花梗甚短；花瓣白色；雄蕊15~20枚；花柱2个；子房先端有短柔毛。果实球形，直径5~6 mm，红色，内常具2小核。花期5—6月，果期8—9月。是点缀岩石园的良好植物。

本种植株叶形变异性强，与矮生栒子(*C. dammerii*)相近似，唯后者枝上易生不定根，叶片较大，下面无毛或仅有稀柔毛，小核常为4~5个，易于识别。

薏苡 *Coix lacryma-jobi* L.

禾本科薏苡属。一年生粗壮草本。秆高1~1.5 m。叶条状披针形，宽1.5~3 cm。总状花序腋生成束；小穗单性；雄小穗着生于总状花序上部；雌小穗位于总状花序的下部，外面包以骨质念珠状之总苞，2~3枚生于一节，只1枚结实。花果期6—12月。野生或栽培。

风车草 旱伞草，*Cyperus involucratus* Rottb.

莎草科莎草属。多年生湿生、挺水草本植物。叶状苞片显著，约有20枚，呈螺旋状排列在茎秆的顶端，向四面辐射开展，扩散呈伞状。生长在河岸、湖旁灌丛中。我国南北各省均栽培观赏。

菖蒲 *Acorus calamus* L.

菖蒲科菖蒲属。多年生草本。根状茎粗壮，直径达1.5 cm。叶剑形，长50~80 cm，宽6~15 mm，具明显突起的中脉。花葶基出，短于叶片；佛焰苞叶状，长30~40 cm，宽5~10 mm；肉穗花序圆柱形，长4~7 cm，直径6~10 mm；花两性，花被片6片；雄蕊6枚；子房顶端圆锥状，3室，每室具数个胚珠。果紧密靠合，红色。花期(2—)6—9月。根茎药用，能开窍化痰，辟秽杀虫，主治痰涎壅闭、慢性气管炎、痢疾、肠炎、腹胀腹痛、食欲不振、风寒湿痹，外用敷疮疥。

黄荆 *Vitex negundo* L.

唇形科牡荆属。灌木或小乔木。枝四方形。掌状复叶对生；小叶5片，少有3片，卵状披针形。圆锥花序顶生；萼钟形，5齿瓣；花冠淡紫色或淡蓝色，先端5裂，2唇形，外面有绒毛。核果近球形。花期4—6月，果期7—10月。茎、叶治痢疾，根可驱蛲虫，种子为镇静药；茎皮可造纸，叶、花、枝可提取芳香油。

黄连木 *Pistacia chinensis* Bunge

漆树科黄连木属。落叶乔木。树干扭曲，树皮呈鳞片状剥落。奇数羽状复叶互生，有小叶5~6对。花单性异株，先花后叶，圆锥花序腋生，雄花序排列紧密，长6~7 cm，雌花序排列疏松，长15~20 cm，均被微柔毛。核果成熟时紫红色，干后具纵向细条纹，先端细尖。木材鲜黄色，可提黄色染料，材质坚硬致密，可供家具和细工用材；种子榨油可作润滑油。

琼花 *Viburnum keteleeri* Carrière

五福花科荚蒾属。落叶或半常绿灌木。芽、幼枝、叶柄及花序均密被灰白色或黄白色簇状短毛，后渐变无毛。叶临冬至翌年春季逐渐落尽，纸质，边缘有小齿，上面初时密被簇状短毛，后仅中脉有毛，下面被簇状短毛。聚伞花序仅周围具大型的不孕花，花冠直径3~4.2 cm；可孕花的花冠白色。果实红色而后变黑色。花期4月，果熟期9—10月。观赏。

长圆叶梾木 *Cornus oblonga* Wall.

山茱萸科梾木属。常绿灌木或小乔木。叶互生，革质，长圆形或长椭圆形。伞房状聚伞花序顶生；花小，白色，萼齿小，三角状卵形；花瓣4片，雄蕊4枚。核果椭圆形或近于球形，黑色。花期9—10月，果期次年5—6月。果实可以榨油，并可代枣皮作药用；树皮含芳香油和丹宁，可以提取供工业用。

樟叶槭 *Acer coriaceifolium* Lévl

无患子科槭属。常绿乔木。叶革质，长椭圆形或长圆披针形，全缘或近于全缘，被白粉和淡褐色绒毛。翅果淡黄褐色，常成被绒毛的伞房果序；翅和小坚果长2.8~3.2 cm；果梗长2~2.5 cm，被绒毛。花期3月，果期7—9月。

锡金槭 *Acer sikkimense* Miq.

无患子科槭属。落叶乔木。叶革质或厚纸质，长圆卵形，长9~12 cm，宽5~6 cm，基部心脏形或近于心脏形，稀圆形，全缘或近先端有紧密的锐尖细锯齿。花黄绿色，单性，雌雄异株，40~50朵组成长6~8 cm的总状花序，生于着叶的嫩枝顶端，叶长大后花始开放；萼片5片，长约3 mm；花瓣5片，与萼片等长；雄蕊8枚，与花瓣等长或略长于花瓣。翅果嫩时深紫色，成熟后黄褐色，35~45个果实常成长13~15 cm的下垂总状果序。花期4月，果期9月。

尖尾槭 *Acer caudatifolium* Hayata

无患子科槭属。落叶乔木。叶纸质或膜质，近于长圆卵形，长5~11 cm，宽3~5 cm，基部近于心脏形，先端尾状锐尖，有长尖尾不分裂或略微3~5浅裂；裂片很细小，边缘有密而锐尖的细锯齿。雄花与两性花同株，常呈下垂的总状花序。花杂性，雄花与两性花同株，开花与叶的生长同时。翅果黄褐色；翅镰刀形。花期3月，果期7—8月。

四蕊朴 *Celtis tetrandra* Roxb.

大麻科朴属。乔木。叶厚纸质至近革质，通常卵状椭圆形或带菱形，长5~13 cm，宽3~5.5 cm，基部多偏斜，先端渐尖至短尾状渐尖，边缘变异较大，近全缘至具钝齿，幼时叶背常和幼枝、叶柄一样，密生黄褐色短柔毛，老时或脱净或残存，变异也较大。果梗常2~3枚(少有单生)生于叶腋，其中一枚果梗(实为总梗)常有2果(少有多至具4果)，其他的具1果；果成熟时黄色至橙黄色，近球形，直径约8 mm。花期3—4月，果期9—10月。

金银忍冬 *Lonicera maackii* (Rupr.) Maxim.

忍冬科忍冬属。落叶灌木。茎干直径达10 cm；凡幼枝、叶两面脉上、叶柄、苞片、小苞片及萼檐外面都被短柔毛和微腺毛，叶纸质，形状变化较大，通常卵状椭圆形至卵状披针形，生于幼枝叶腋；花冠先白色后变黄色，外被短伏毛或无毛，唇形，筒长约为唇瓣的1/2，内被柔毛；花丝中部以下和花柱均有向上的柔毛；果实暗红色，圆形；种子具蜂窝状微小浅凹点；花期5—6月，果期8—10月。花可提取芳香油，种子榨油可制肥皂。

三角槭 *Acer buergerianum* Miq.

无患子科槭属。落叶乔木。叶纸质，通常浅3裂，中央裂片三角卵形，急尖、锐尖或短渐尖；裂片边缘通常全缘，稀具少数锯齿。花多数常成顶生被短柔毛的伞房花序，开花在叶长大以后；萼片和花瓣5片；翅果张开成钝角至近于直立。花期4月，果期8月。

锦带花 *Weigela florida* (Bunge) A. DC.

忍冬科锦带花属。落叶灌木。幼枝有柔毛。单叶对生，叶片椭圆形或卵状椭圆形，边缘有锯齿；叶面深绿色，背面青白色，脉上有短柔毛或绒毛，背面尤密。花单生或成聚伞花序生于侧生短枝的叶腋或枝顶；花冠紫红至淡粉红色、玫瑰红色，花径约3 cm，萼筒绿色。蒴果柱状，种子细小。花期5—6月，果期10月。观赏。

化香树 *Platycarya strobilacea* Siebold et Zucc.

胡桃科化香树属。落叶小乔木。奇数羽状复叶，互生，小叶卵状披针形。花单性或两性，雌雄同株；两性花序和雄花序着生于小枝顶端或叶腋，中央的一条常为两性花序，雄花序在上，雌花序在下；果序球果状。5—6月开花，7—8月果成熟。可提制栲胶；叶可作农药，根部及老木含有芳香油，种子可榨油。

构　构树，*Broussonetia papyrifera*（L.）L'Hér. ex Vent.

桑科构属。乔木。树干常屈曲；树皮暗灰色，平滑；叶互生或对生，叶广卵形至椭圆状卵形；托叶分离，卵状披针形，早落。花雌雄异株，雄花序圆柱形；雌花极多，密集成头状花序；聚花果球形，小核果扁球形。花期4—5月，果期6—7月。韧皮纤维可作造纸原料，果（楮实子）及根皮入药，补肾利尿，强筋骨；叶及乳汁治疮癣。

蜘蛛抱蛋　*Aspidistra elatior* Blume

天门冬科蜘蛛抱蛋属。多年生常绿草本。根状茎横生。叶单生于根状茎的各节，近革质，叶片近椭圆形至长圆状披针形，先端急尖，基部楔形，两面绿色，叶柄粗壮。总花梗从根状茎中抽出，花梗短。花与地面接近，紫色，肉质，钟状。花期5— 6月。

君迁子　*Diospyros lotus* L.

柿科柿属。落叶乔木；幼枝褐色或棕色；冬芽带棕色，平滑无毛；叶椭圆形至长椭圆形。果几无柄，近球形，直径1~2 cm，初熟时黄色，渐变蓝黑色，常被白色薄蜡层，宿存萼裂片4，先端钝圆。花期5—6月，果期10—11月。

珊瑚樱　*Solanum pseudocapsicum* var. *diflorum*（Vell.）Bitter

茄科茄属。直立分枝小灌木。小枝幼时被簇绒毛，后渐脱落。叶双生，叶下面和叶柄常有簇绒毛。花序短，腋生，通常1~3朵，单生或成蝎尾状花序。浆果单生，球状，珊瑚红色或橘黄色，直径1~2 cm。花期4—7月，果熟期8—12月。观赏。

青榨槭　*Acer davidii* Franch.

无患子科槭属。落叶乔木。树皮绿色，有蛇皮状白色条纹。叶广卵形或卵形，长6~14 cm，宽7~14 cm，基部心形，先端长尾状，边缘有钝尖二重锯齿。小坚果卵圆形，果翅展开成钝角或近于平角。花期4月，果期9月。可用作绿化和造林树种。树皮纤维较长，又含丹宁，可作工业原料。

荚蒾　*Viburnum dilatatum* Thunb.

五福花科荚蒾属。落叶灌木。幼枝、叶柄和花序均密被刚毛状糙毛；叶干后不变灰黑色或黑色。叶纸质，边缘有牙齿状锯齿，齿端突尖，上面被叉状或简单伏毛，下面被带黄色叉状或簇状毛，脉上毛尤密，脉腋集聚簇状毛。复伞形式聚伞花序稠密，生于具1对叶的短枝之顶。果实红色。花期5—6月，果熟期9—11月。韧皮纤维可制绳和人造棉。种子含油量为10% ~12.9%，可制肥皂和润滑油。果可食，亦可酿酒。

绢毛蔷薇　*Rosa sericea* Lindl.

蔷薇科蔷薇属。直立灌木。枝粗壮，弓形；皮刺散生或对生。小叶(5)7~11片，连叶柄长3.5~8 cm；小叶片边缘仅上半部有锯齿，基部全缘，上面无毛，有褶皱，下面被丝状长柔毛；叶轴、叶柄有极稀疏皮刺和腺毛。花单生于叶腋，无苞片；花瓣白色；花柱离生，被长柔毛，比雄蕊短。果倒卵球形或球形，直径8~15 mm，红色或紫褐色，无毛，有宿存直立萼片。花期5—6月，果期7—8月。

大花卫矛 *Euonymus grandiflorus* Wall.

卫矛科卫矛属。灌木或乔木，半常绿。叶近革质，窄长椭圆形或窄倒卵形，长4~10 cm，宽1~5 cm，先端圆形或急尖，基部常渐窄成楔形，边缘具细密极浅锯齿；叶柄长达1 cm。疏松聚伞花序3~9朵花，花序梗长3~6 cm；花黄白色，直径达1.5 cm；子房四棱锥状，每室有胚珠6~12个。蒴果近球状，常具窄翅棱，宿存花萼圆盘状；种子黑红色，假种皮红色，覆盖种子的上半部。花期6—7月，果期9—10月。

阔叶小檗 *Berberis platyphylla*（Ahrendt）Ahrendt

小檗科小檗属。落叶灌木。幼枝暗紫色；茎刺细弱，三分叉，长约1 cm。叶纸质，阔倒卵形或椭圆形，长2~5 cm，宽1~2.4 cm，先端圆形，具1刺尖，全缘或每边具2~4刺齿。伞形状总状花序具3~7朵花，长3~5 cm，有时花序基部有簇生花；花梗长1.2~2 cm。浆果长圆形，长约10 mm，顶端无宿存花柱，不被白粉。花期6月，果期8—10月。

阔叶小檗与云南小檗（*B. yunnanensis* Franch.）和川西小檗（*B. tischleri* Schneid.）的主要区别：云南小檗的花通常2~4朵簇生；川西小檗的叶为长圆状倒卵形或倒卵形，花序为4~15朵花组成的松散伞形总状花序，浆果顶端具宿存花柱。

金花小檗 *Berberis wilsoniae* Hemsl.

小檗科小檗属。半常绿灌木。枝常弓弯，老枝棕灰色，幼枝暗红色，具棱，散生黑色疣点；茎刺细弱，三分叉，长1~2 cm，淡黄色或淡紫红色，有时单一或缺如。叶革质，长6~25 mm，宽2~6 mm，全缘或偶有1~2细刺齿；近无柄。花4~7朵簇生；花金黄色。浆果近球形，粉红色，顶端具明显宿存花柱，微被白粉。花期6—9月，果期翌年1—2月。根枝入药，可代黄连用，有清热、解毒、消炎之功效，用于止痢、治赤眼红肿。

粉叶小檗 *Berberis pruinosa* Franch.

小檗科小檗属。常绿灌木，高1~2 m。枝圆柱形，棕灰色或棕黄色，被黑色疣点；茎刺粗壮，三分叉，长2~3.5 cm。叶硬革质，长2~6 cm，宽1~2.5 cm，先端钝尖或短渐尖，基部楔形，上面亮黄绿色或灰绿色，背面被白粉或无白粉，中脉明显隆起，通常具1~6刺锯齿或刺齿。花（8~）10~20朵簇生；浆果椭圆形或近球形，顶端通常无宿存花柱，密被或微被白粉。花期3—4月，果期6—8月。

齿叶薰衣草 *Lavandula dentata* L.

唇形科薰衣草属。幼株草本状，成株为小灌木，多作草本栽培；丛生，株高约60 cm，全株被白色绒毛。叶对生，披针形，叶羽状分裂，灰绿色。穗状花序，花小，具芳香，紫蓝色。花期夏季，果期秋季。观赏。

长序虎皮楠　*Daphniphyllum longeracemosum* Rosenth.

虎皮楠科虎皮楠属。乔木。小枝粗壮，具明显突起皮孔，直径约5 mm。叶大，长圆状椭圆形，长16~26 cm，宽6~9 cm，叶背通常无粉，无乳突体。总状花序腋生；果序长10~16 cm。花期4—5月，果期8—11月。

梁王茶　掌叶梁王茶，*Metapanax delavayi*（Franch.）J. Wen et Frodin

五加科梁王茶属。灌木。叶为掌状复叶；叶柄长4~12 cm；小叶片3~5片，稀2或7片，长圆状披针形至椭圆状披针形，长6~12 cm，宽1~2.5 cm，小叶柄长1~10 mm。圆锥花序顶生，长约15 cm；伞形花序直径约2 cm，有花10余朵；子房2室；花柱2，基部合生，先端离生。果实球形；宿存花柱长2.5~3 mm。花期9—10月，果期12月至次年1月。本种为民间草药，茎皮有清热消炎、生津止泻之效，主治喉炎。

异叶梁王茶　*Metapanax davidii*（Franch.）J. Wen et Frodin

五加科梁王茶属。灌木式乔木，高2~12 m。叶为单叶，叶片不分裂或掌状分裂，稀掌状复叶，如为掌状复叶则其小叶3片，小叶片宽度多在2.5 cm以上，无小叶柄或几无小叶柄。

华中枸骨　*Ilex centrochinensis* S. Y. Hu

冬青科冬青属。常绿灌木。叶片革质，椭圆状披针形，稀卵状椭圆形，长4~9 cm，宽1.5~2.8 cm，具刺状尖头，边缘具3~10对刺齿，叶面深绿色，具光泽。花序簇生于二年生的叶腋内，花4基数。果1~3个1束，生于叶腋内，球形，直径6~7 mm，基部具平展的宿存花萼，顶端具宿存的薄盘状、4裂的柱头。花期3—4月，果期8—9月。

漾濞槭　*Acer yangbiense* Y. S. Chen et Q. E. Yang

无患子科槭属。落叶乔木。当年生小枝绿色；冬芽呈深褐色，卵形。叶对生，浅5裂，基部心形，叶片背面有灰白色密绒毛，叶柄长4~17 cm，被短柔毛。总状花序下垂。坚果直径约7 mm，有显著凸起；翅与坚果长4.7~5.5 cm。花期4月，果期9月。树形优美、枝叶浓绿，秋色金黄，是优良的观叶树种。此外，漾濞槭还具有较高的科研价值，2002年仅在云南省漾濞彝族自治县境内发现残存的4株，是国家二级保护植物。

山麻秆　*Alchornea davidii* Franch.

大戟科山麻秆属。落叶灌木。叶薄纸质，阔卵形或近圆形，长8~15 cm，宽7~14 cm，边缘具粗锯齿或具细齿，基部具小托叶2枚，叶柄长2~10 cm。雌雄异株，雄花序穗状，1~3个生于一年生枝已落叶腋部，长1.5~2.5（~3.5）cm，花序梗几无，呈柔荑花序状，苞片卵形，长约2 mm；雄花的雄蕊6~8枚；雌花序总状，顶生。蒴果密生柔毛。花期3—5月，果期6—7月。叶可作饲料。

杨叶木姜子 *Litsea populifolia* (Hemsl.) Gamble

樟科,木姜子属。落叶小乔木。芽卵形。叶薄革质,矩圆形或圆形。花序聚生在顶端;每花序有数朵花;雄花的花被裂片卵形或椭圆形,雄蕊9枚,雌花与雄花相似而较小。果圆球形。花期4—5月,果期8—9月。叶、果实可提芳香油,用于化妆品及皂用香精。

复羽叶栾 复羽叶栾树,*Koelreuteria bipinnata* Franch.

无患子科栾树属。二回羽状复叶,小叶边缘有内弯的小锯齿,无缺刻;蒴果椭圆形或近球形,顶端钝或圆。根入药,有消肿、止痛、活血、驱蛔之功,亦治风热咳嗽,花能清肝明目,清热止咳,又为黄色染料。

头状四照花 *Cornus capitata* Wall.

山茱萸科四照花属。常绿小乔木。嫩枝密被白色柔毛。叶对生,革质或薄革质,长5.5~10 cm,宽2~3.4 cm,顶端锐尖,基部楔形,两面均被贴生白色柔毛,下面极为稠密。头状花序近球形,直径约1.2 cm,具4枚白色花瓣状总苞片;花萼筒状,4裂;花瓣4片,黄色;雄蕊4枚;花盘环状;子房下位,2室。果序扁球形,紫红色;总果柄粗壮,长4~7 cm。花期5—7月,果期8—10月。树皮可供药用;枝、叶可提取单宁;果供食用。

西南栒子 *Cotoneaster franchetii* Bois

蔷薇科栒子属。半常绿灌木。枝呈弓形弯曲,嫩枝密被糙伏毛,老时逐渐脱落。叶片厚,椭圆形至卵形,长2~3 cm,宽1~1.5 cm,全缘,下面密被带黄色或白色绒毛。花5~11朵,成聚伞花序,生于短侧枝顶端,总花梗和花梗密被短柔毛;苞片线形,具柔毛;花瓣粉红色;雄蕊20枚;花柱2~3个,短于雄蕊;子房先端有柔毛。果实卵球形,直径6~7mm,橘红色,常具3小核,有时多至5核。花期6—7月,果期9—10月。

尖叶桂樱 *Prunus urdulata* Buch.-Ham. ex D.Don

蔷薇科李属。常绿灌木或小乔木。叶片椭圆形至长圆状披针形,长6~15 cm,宽3~5 cm,叶边全缘或中部以上有少数锯齿;总状花序单生或2~4个簇生于叶腋,长5~19 cm,具花10至30余朵;子房具柔毛。核果卵圆形或椭圆形,长10~16 mm,宽7~11 mm。花期8—10月,果期冬季至翌年春季。

紫叶美人蕉 *Canna warscewiezii* A. Dietr.

美人蕉科美人蕉属。茎、叶紫色,粗壮。叶密集,长达50 cm,宽达20 cm。总状花序长15 cm;苞片紫色;萼片紫色;花冠深红色,外稍染蓝色;外轮退化雄蕊2枚;唇瓣红色;发育雄蕊较药室略长:子房深红色,密被小疣状突起;花柱较药室长。蒴果,成熟时黑色。

杜英 *Elaeocarpus decipiens* Hemsl.

杜英科杜英属。常绿乔木。叶革质,长7~12 cm,宽2~3.5 cm,上面深绿色;叶脱落前变红色。

总状花序多生于叶腋及无叶的去年枝条上，长5~10 cm，花序轴纤细，有微毛；花柄长4~5 mm；花白色；雄蕊25~30枚；花盘5裂。核果椭圆形，长2~2.5 cm，宽1.3~2 cm，外果皮无毛，内果皮坚骨质，表面有多数沟纹，1室，种子1颗，长1.5 cm。花期6—7月。

独龙江枳椇　俅江枳椇，*Hovenia acerba* var. *kiukiangensis*（Hu et Cheng）C.Y.Wu ex Y.L.Chen

鼠李科枳椇属。高大乔木。叶互生，厚纸质至纸质，宽卵形、椭圆状卵形或心形，边缘常具整齐浅而钝的细锯齿。二歧式聚伞圆锥花序，顶生和腋生；花柱下部被疏柔毛。浆果状核果近球形，被疏柔毛。花期6—7月，果期9—10月。

黄檗　*Phellodendron amurense* Rupr.

芸香科黄檗属。落叶乔木。成年树的树皮有厚木栓层，内皮薄，鲜黄色，味苦，黏质，小枝暗紫红色。叶对生，奇数羽状复叶。花单性，雌雄异株，圆锥状聚伞花序顶生；花、果序轴较纤细。果圆球形，蓝黑色，通常有5~8(~10)浅纵沟；种子通常5粒。花期5—6月，果期9—10月。木材是枪托和家具的优良材；果实可作驱虫剂及染料；种子含油量为7.7%，可制肥皂和润滑油；树皮的内层经炮制后入药称为“黄檗”，清热解毒，泻火燥湿，主治急性细菌性痢疾、泌尿系统感染、急性黄疸型肝炎，外用治火烫伤、中耳炎、急性结膜炎等。国家二级保护植物。

黄药大头茶　*Polyspora chrysandra*（Cowan）Hu ex B. M. Barthol. et T. L. Ming

山茶科大头茶属。叶薄革质，倒卵形，长5~12 cm，宽2.5~4.5 cm，先端钝，边缘大部分有尖锯齿。花着生于枝顶叶腋，直径5~8 cm，萼片圆形，长1 cm，苞片6片，早落。蒴果长3.5~4 cm。花期12月。

木樨榄　油橄榄，*Olea europaea* L.

木樨科木樨榄属。常绿小乔木。小枝具棱角，密被银灰色鳞片。叶片革质，叶背密被银灰色鳞片。圆锥花序腋生或顶生，长2~4 cm；花序梗长0.5~1 cm，被银灰色鳞片。果椭圆形，长1.6~2.5 cm，直径1~2 cm，成熟时呈蓝黑色。花期4—5月，果期6—9月。果可榨油，供食用，也可制蜜饯。

马蹄荷　*Exbucklandia populnea*（R. Br. ex Griff.）R. W. Br.

金缕梅科马蹄荷属。乔木。小枝被短柔毛，节膨大。叶革质，阔卵圆形，全缘，或嫩叶有掌状3浅裂，长10~17 cm，宽9~13 cm；先端尖锐，基部心形。托叶椭圆形或倒卵形，长2~3 cm，宽1~2 cm，有明显的脉纹。头状花序单生或数枝排成总状花序，有花8~12朵；花两性或单性。头状果序直径约2 cm，有蒴果8~12个；蒴果椭圆形，上半部2片裂开，果皮表面平滑，不具小瘤状突起。种子具窄翅。

银边黄杨　银边冬青卫矛，*Euonymus japonicus* var. *albo-marginatus* Hort.

卫矛科卫矛属。是冬青卫矛的变种。

鱼尾葵 *Caryota maxima* Blume ex Martius

棕榈科鱼尾葵属。乔木状，高10~15(~20) m，直径15~35 cm，茎绿色，被白色的毡状绒毛，具环状叶痕。叶长3~4 m，幼叶近革质，老叶厚革质；羽片长15~60 cm，宽3~10 cm，互生，最上部的1羽片大，楔形，先端2~3裂，侧边的羽片小，菱形。花序长3~3.5(~5) m，具多数穗状的分枝花序，长1.5~2.5 m。果实球形，成熟时红色，直径1.5~2 cm。种子1颗，罕为2颗，胚乳嚼烂状。花期5—7月，果期8—11月。树形美丽，可作庭院绿化植物；茎髓含淀粉，可作桄榔粉的代用品。

散尾葵 *Dypsis lutescens* (H. Wendl.) Beentje et J. Dransf.

棕榈科散尾葵属。常绿丛生性灌木。茎干光滑，黄绿色，叶痕明显，似竹节。叶羽状全裂，长约1.5 m，羽片40~60对，平滑细长，叶柄尾部稍弯曲，亮绿色，小叶线形或披针形，长约30 cm，宽1~2 cm。圆锥花序生于叶鞘之下，长约80 cm。果实鲜时土黄色，干时紫黑色。原产马达加斯加，我国南方常见栽培。树形优美，是良好的庭院绿化树。

大叶紫珠 *Callicarpa macrophylla* Vahl

唇形科紫珠属。灌木至小乔木。小枝近四方形，密被灰白色树枝状长绒毛；叶大型，椭圆形或长圆形，叶背密被灰白色树枝状长绒毛，两面具黄色腺点；聚伞花序宽大，6次分歧，密被灰白色树枝状长绒毛，花冠紫色，具黄色腺点，长约2.5 mm，核果。叶或根可作内外止血药。

盐麸木 盐肤木，*Rhus chinensis* Mill.

漆树科盐麸木属。叶柄及花序均密生褐色柔毛；单数羽状复叶互生，叶轴及叶柄常有翅；圆锥花序顶生；花小，杂性，黄白色，萼片5~6片。核果近扁圆形，直径约5 mm，红色，有灰白色短柔毛。幼枝及叶生虫瘿，称五倍子，富含鞣质，为医药、制革、塑料、墨水等工业原料。树皮含鞣质约3.5%；种子含油量20%~25%，可榨油供工业用；虫瘿可药用，为收敛剂、止血剂及解毒药，叶煎液可治疮。

大叶榉树 榉树，*Zelkova schneideriana* Hand.-Mazz.

榆科榉属。落叶乔木。树皮呈不规则的片状剥落；当年生枝密生柔毛；冬芽常2个并生。叶厚纸质，叶面被糙毛，叶背密被柔毛，边缘具圆齿状锯齿。雄花簇生于新枝下部的叶腋，雌花1~3朵生于新枝上部的叶腋。坚果。花期4月，果期9—11月。木材纹理细，坚实耐用，可供造船、桥梁用材。其老树材常带红色，故有“血榉”之称。国家二级保护植物。

五裂槭 *Acer oliverianum* Pax

无患子科槭属。落叶乔木。叶纸质，卵形或三角卵形，叶片5裂；中央裂片三角形、卵形，先端尾状锐尖；侧裂片卵形。总状花序，雌雄异株，花黄绿色。翅果紫色，成熟后黄褐色；小坚果稍扁平。花期5月，果期9月。

商陆 *Phytolacca acinosa* Roxb.

商陆科商陆属。多年生草本。根肥大肉质，圆锥形；茎绿色或紫红色；叶互生，纸质，椭圆形至长椭圆形，全缘。总状花序顶生或与叶对生；花两性，白色或带粉红色。浆果扁球形，熟时紫黑色。

花期5—8月,果期6—10月。根有毒,入药,泻水利尿,外敷治痈肿疔疮、跌打损伤;也可作农药;果实可提栲胶。

蓪梗花 小叶六道木,*Abelia uniflora* R. Br.

忍冬科六道木属。落叶灌木或小乔木。枝纤细,多分枝,幼枝红褐色,被短柔毛,夹杂散生的糙硬毛和腺毛。叶有时3枚轮生,近全缘或具2~3对不明显的浅圆齿,边缘内卷。具1~2朵花的聚伞花序生于侧枝上部叶腋;花冠粉红色至浅紫色,狭钟形。果实长约6 mm,被短柔毛,冠以2枚略增大的宿存萼裂片。革质瘦果;种子近圆柱形。花期4—5月,果熟期8—9月。

绣线菊 *Spiraea salicifolia* L.

蔷薇科绣线菊属。直立灌木。叶片长圆状披针形至倒卵形。圆锥花序具花16~25朵,花白色;花瓣近圆形;雄蕊50枚,短于花瓣或与花瓣等长。蓇葖果直立,常具反折萼片。花期6—8月,果期8—9月。栽培供观赏,又为蜜源植物。

金丝梅 *Hypericum patulum* Thunb.

金丝桃科金丝桃属。灌木,丛状。茎开张,具2棱。叶长1.5~6 cm,先端钝或圆,具小突尖,基部宽楔形,下面微苍白色,侧脉3对;叶柄长0.5~2 mm。花序伞房状,具1~15朵花。花径2.5~4 cm;花梗长2~4(~7) mm;萼片离生,常具小突尖;花瓣金黄色,内弯;雄蕊5束,每束具50~70枚雄蕊。蒴果宽卵形,长0.9~1.1 cm。花期6—7月,果期8—10月。花供观赏;根药用,能舒筋活血、催乳、利尿。

大叶胡枝子 *Lespedeza davidii* Franch.

豆科胡枝子属。直立灌木。枝条较粗壮,有明显的条棱,密被长柔毛。托叶2片,卵状披针形;叶柄长1~4 cm,密被短硬毛;小叶宽卵圆形或宽倒卵形,长3.5~7(~13) cm,宽2.5~5(~8) cm,全缘,两面密被黄白色绢毛。总状花序腋生或于枝顶形成圆锥花序,花稍密集,比叶长;总花梗长4~7 cm,密被长柔毛;花红紫色,子房密被毛。荚果卵形。花期7—9月,果期9—10月。本种耐干旱,可作水土保持植物。

锦鸡儿 *Caragana sinica* (Buc'hoz) Rehder

豆科锦鸡儿属。灌木。小枝有棱,无毛。托叶三角形,硬化成针刺;叶轴脱落或硬化成针刺,针刺长7~15(25) mm;小叶2对,羽状,有时假掌状,上部1对常较下部的为大。花单生;花冠黄色,常带红色,长2.8~3 cm。荚果圆筒状,长3~3.5 cm,宽约5 mm。花期4—5月,果期7月。供观赏或作绿篱;根皮供药用,能祛风活血、舒筋、除湿利尿、止咳化痰。

梣叶槭 复叶槭,*Acer negundo* L.

无患子科槭属。落叶乔木。树皮黄褐色或灰褐色。奇数羽状复叶,有3~7枚小叶;小叶纸质,卵形或椭圆状披针形,先端渐尖,基部阔楔形,叶缘有不规则锯齿。花单性异株,雄花的花序聚伞状,雌花的花序总状,均由无叶的小枝旁边生出,常下垂;花无花瓣及花盘。小坚果凸起,具明显肋纹；果翅狭长，张开成锐角或近于直角。花期4—5月，果期9月。

滇蜡瓣花 云南蜡瓣花，*Corylopsis yunnanensis* Diels

金缕梅科蜡瓣花属。落叶灌木。叶倒卵圆形，长5~8 cm，宽3~6 cm，先端圆形，有1个三角状小尖头，边缘有锯齿，叶下面仅在脉上有毛，叶柄长1 cm。总状花序长1.5~2.5 cm，花序轴有黄褐色长绒毛，花序柄长不到1 cm，被褐色绒毛，基部有叶片2片；总苞状鳞片卵圆形，长1~1.8 cm，外面无毛。萼筒有星毛，萼齿有绒毛，花瓣长6~7 mm，宽5 mm，退化雄蕊2裂，先端平截或钝；花柱长2~2.5 mm，果序长3.5~4.5 cm，有蒴果14~20个；宿存花柱稍弯曲。

蜡瓣花 *C. sinensis* Hemsl.

与滇蜡瓣花的主要区别在于：蜡瓣花的总苞有柔毛，花柱突出花冠之外，退化雄蕊先端尖，萼齿无毛。

叶下珠 *Phyllanthus urinaria* L.

叶下珠科叶下珠属。一年生草本。高10~60 cm，茎基部多分枝；枝具翅状纵棱。叶片纸质，因叶柄扭转而呈羽状排列。花雌雄同株；雄花2~4朵簇生于叶腋，通常仅上面1朵开花；雌花单生于小枝中下部的叶腋内。蒴果圆球状，直径1~2 mm，红色，有宿存的花柱和萼片。花期4—6月，果期7—11月。全草有解毒、消炎、清热止泻、利尿之效，可治赤目肿痛、肠炎腹泻、痢疾、肝炎、小儿疳积、肾炎水肿、尿路感染等。

秤锤树 *Sinojackia xylocarpa* Hu

安息香科秤锤树属。乔木。嫩枝密被星状短柔毛，成长后红褐色而无毛，表皮常呈纤维状脱落。叶纸质，倒卵形或椭圆形，顶端急尖，边缘具硬质锯齿，生于具花小枝基部的叶卵形而较小。总状聚伞花序有花3~5朵；花梗柔弱而下垂，疏被星状短柔毛，长达3 cm；花冠白色，两面均密被星状绒毛。果实卵形，连喙长2~2.5 cm，宽1~1.3 cm，红褐色，有浅棕色的皮孔，无毛，顶端具圆锥状的喙，外果皮木质，中果皮木栓质，内果皮木质，坚硬；种子1颗。花期3—4月，果期7—9月。国家二级保护植物。

火炬花 *Kniphofia uvaria*（L.）Oken

阿福花科火把莲属。多年生草本；株高80~120 cm；茎直立；叶丛生、草质、剑形，多数宽2.0~2.5 cm，长60~90 cm；花通常在叶片中部或中上部开始向下弯曲下垂，很少有直立的；叶片的基部常内折，抱合成假茎，假茎横断面呈菱形；总状花序着生数百朵筒状小花，呈火炬形，花冠橘红色，花期6—10月。蒴果黄褐色，果期9月。原产南非，中国广泛种植。花茎挺拔，花序大，状如火炬，壮丽可观，适合布置花境和在建筑物前配置，也可作切花。

珍珠荚蒾 *Viburnum foetidum* var. *ceanothoides*（C.H.Wright）Hand.-Mazz.

五福花科荚蒾属。落叶灌木，直立或攀缘状；枝披散，侧生小枝较短。叶较密，倒卵状椭圆形至倒卵形，长2~5 cm，边缘中部以上具少数不规则、圆或钝的粗牙齿或缺刻，很少近全缘，下面常散生棕色腺点，脉腋集聚簇状毛。总花梗长1~2.5（~8）cm。花期4—6（—10）月，果熟期9—12月。种子含油量约10%，供制润滑油、油漆和肥皂。

大花野茉莉　*Styrax grandiflorus* Griff.

安息香科安息香属。灌木或小乔木。叶纸质或近革质，长3~7(~9) cm，宽2~4 cm，顶端急尖，边近全缘或有时上部具疏离锯齿，两面均被稀疏星状短柔毛。总状花序顶生，有花3~9朵，长3~4 cm，有时1~2朵花生于下部叶腋；花序梗和小苞片密被黄褐色星状柔毛；花白色，长1.5~2.5(~3) cm；花梗长2.5~5 cm，密被灰黄色星状绒毛和黄褐色稀疏星状柔毛；花冠裂片卵状长圆形或椭圆形，长12~20 cm，宽4~6 mm，两面均密被星状细柔毛。果实卵形，长1~1.5 cm，直径8~10 mm，顶端具短尖头，密被灰黄色星状绒毛，干时具皱纹。花期4—6月，果期8—10月。

贴梗海棠　皱皮木瓜，*Chaenomeles speciosa*（Sweet）Nakai

蔷薇科木瓜属。落叶灌木。枝干丛生，有刺。叶椭圆形至长卵形，缘有尖锐锯齿，托叶膨大呈肾形至半圆形，缘有尖锐重锯齿。花3~5朵簇生于2年生枝上，先花后叶，朱红色或粉红色，稀白色。梨果卵形或球形，直径4~6 cm，黄色而有香气，几无梗。花期3—5月，果期9—10月。各地习见栽培。枝密多刺可作绿篱。果实干制后入药，有祛风、舒筋、活络、镇痛、消肿、顺气之效。

糯米条　*Abelia chinensis* R. Br.

忍冬科糯米条属。落叶多分枝灌木，株高约2 m。幼枝红褐色，老干树皮撕裂状。叶对生，卵形或卵状椭圆形，边缘具疏浅齿，叶背中脉基部密被柔毛。聚伞花序顶生或腋生，花冠漏斗状，粉红色或白色，具芳香。萼片5片，粉红色。花期7—8月，果期10月。为优美的观赏植物。

木蓝　*Indigofera tinctoria* L.

豆科木蓝属。小灌木，高0.5~1 m。小枝扭曲，被白色丁字毛。羽状复叶长2.5~11 cm；叶柄长1.3~2.5 cm，被丁字毛；小叶4~6对，倒卵状长圆形或倒卵形。总状花序长2.5~5（~9）cm，花疏生，近无总花梗；花冠伸出萼外，红色。荚果线形，长2.5~3 cm，外形似串珠状，有种子5~10粒。花期几乎全年，果期10月。叶供提取蓝靛染料，又可入药，能凉血解毒、泻火散郁；根及茎叶外敷，可治肿毒。

野花椒　*Zanthoxylum simulans* Hance

芸香科花椒属。灌木或小乔木。枝干散生基部宽扁锐刺，幼枝被柔毛或无毛。奇数羽状复叶，叶轴具窄翅：小叶5~9(15)，对生，密被油腺点，上面疏被细刺，下面疏生浅钝齿。聚伞状圆锥花序顶生；花被片5~8片；雄花具5~8(~10)枚雄蕊；雌花具2~3枚心皮。果红褐色，果瓣基部骤缢窄成长1~2 mm短柄，密被微凸油腺点。花期3—5月，果期7—9月。果、叶及根药用，为健胃药，可止吐泻及利尿；叶及果可作食品调味料；果皮及种子可提取芳香油。

野柿 *Diospyros kaki* var. *silvestris* Makino

本变种是山野自生柿树。小枝及叶柄常密被黄褐色柔毛，叶较栽培柿树的叶小，叶片下面的毛较多，花较小，果亦较小，直径2~5 cm。未成熟野柿子用于提取柿漆。果脱涩后可食。木材用途同柿树。树皮亦含鞣质。实生苗可作嫁接柿树的砧木。

枸骨 *Ilex cornuta* Lindl. et Paxton

冬青科冬青属。常绿灌木或小乔木。叶片厚革质，四角状长圆形，稀卵形，全缘或波状，每边具1~3个坚挺的刺；聚伞花序簇生于二年生枝的叶腋内，果梗长8~14 mm。花期4—5月，果期10—12月。树形美丽，果实秋冬红色，十分美丽。其根、枝叶和果入药，根有滋补强壮、活络、清风热、祛风湿之功效；枝叶用于肺痨咳嗽、劳伤失血、腰膝痿弱、风湿痹痛；果实用于阴虚身热、淋浊、崩带、筋骨疼痛等症。

直杆蓝桉 *Eucalyptus maidenii* F. Muell.

桃金娘科桉属。大乔木。树干挺直；树皮光滑，灰蓝色，逐年脱落。成熟叶片披针形，长20 cm，宽2.5 cm，革质，两面多黑腺点。伞形花序有花3~7朵。蒴果，果缘较宽，果瓣3~5瓣，先端突出萼管外。原产澳大利亚，我国云南及四川引种栽培。

牛筋条 *Dichotomanthes tristaniicarpa* Kurz

蔷薇科牛筋条属。常绿灌木至小乔木。枝条丛生；树皮光滑，密被皮孔。叶片长圆披针形，全缘，光亮，下面幼时密被白色绒毛；叶柄粗壮，密被黄白色绒毛。花多数，密集成顶生复伞房花序，总花梗和花梗被黄白色绒毛；萼片边有腺齿，外面密被绒毛。果期心皮干燥，褐色至黑褐色，突出于肉质红色杯状萼筒之中。花期4—5月，果期7—11月。

全缘石楠 *Photinia integrifolia* Lindl.

蔷薇科石楠属。常绿乔木。叶片革质，长6~12 cm，宽3~5 cm，全缘，两面皆无毛，侧脉12~17对；叶柄粗壮，长10~15 mm，无毛。花多数，成顶生复伞房花序，直径8~12 cm；花瓣白色，有短爪，无毛；雄蕊20，约与花瓣等长；花柱2，子房顶部有柔毛。果实近球形，紫红色。花期5—6月，果期7—10月。

三、百草园

百草园因“神农尝百草”而得名，始建于1979年，是一个收集、保育和展示我国西南地区特色药用植物资源的专类园。园区占地45亩，已收集三七、滇重楼、川芎等重要药用植物171科592属1000余种。该园按中国传统园林布局设计，通过曲径通幽的游览步道、休憩曲廊、景观水池将园区自然分割成“神农本草”“滇南本草”“传统药用植物”“芳香药用植物”“牡丹芍药”等10余个风格独特的药用植物定植区。园区环境幽雅，科学内涵丰富，文化底蕴浓厚，是科研观察、教学实习、药用植物学知识传播和休闲的理想场所。

实习时，从百草园大门进，先往左走一百多米到达睡莲池后返回，然后沿游道由内向外呈“Z”字形行走，依次进行植物观察和识别。

卵果蔷薇 *Rosa helenae* Rehder et E. H. Wilson

蔷薇科蔷薇属。铺散灌木。有长匍匐枝，枝粗，无毛，紫棕色，有多数粗壮钩状皮刺。羽状复叶，小叶(5~) 7~9片，椭圆形至卵状披针形，长2.5~5 cm，宽1~3 cm，边缘有锐锯齿；叶柄和叶轴有柔毛和疏生钩状小皮刺；托叶大部附着于叶柄上。伞房花序顶生，有多数花，直径6~15 cm；花白色，直径3~4 cm，芳香。蔷薇果长1~1.5 cm，深红色。花期5—7月，果期9—10月。

结香 *Edgeworthia chrysantha* Lindl.

瑞香科结香属。落叶灌木，高0.7~1.5 m，小枝常作三叉分枝，幼枝常被短柔毛，韧皮极坚韧，叶痕大，直径约5 mm。叶在花前凋落，两面均被银灰色绢状毛。头状花序顶生或侧生，具花30~50朵成绒球状，外围以10枚左右被长毛而早落的总苞。花期冬末春初，果期春夏间。茎皮纤维可作高级纸及人造棉原料；全株入药能舒筋活络、消炎止痛，可治跌打损伤、风湿病。亦可栽培供观赏。

石榴 *Punica granatum* L.

石榴科石榴属。落叶灌木或小乔木。枝顶常呈尖锐长刺，幼枝具棱角。叶通常对生。花大，1~5朵生枝顶。浆果近球形，直径5~12 cm。种子多数，钝角形，红色至乳白色。花期4—7月，果期8—9月。原产巴尔干半岛至伊朗，我国南北都有栽培，并培育出一些优良品种。肉质的外种皮供食用；果皮入药，称“石榴皮”，治慢性下痢及肠痔出血等症；根皮可驱绦虫和蛔虫；树皮、根皮和果皮均含较多鞣质(20%~30%)，可提制栲胶。

野扇花 *Sarcococca ruscifolia* Stapf

黄杨科野扇花属。灌木。分枝较密，有一主轴及发达的纤维状根系；小枝被密或疏的短柔毛。叶型变化很大，但常见的为卵形或椭圆状披针形，长3.5~5.5 cm，宽1~2.5 cm。宿存花柱3(~2)个；果猩红色至黑褐色。花、果期10月至翌年2月。

轮叶沙参 *Adenophora tetraphylla* (Thunb.) Fisch.

桔梗科沙参属。多年生草本。高可达1.5 m，不分枝。茎生叶3~6枚轮生。花冠小而细长，花萼裂片短小；花盘细长。聚伞花序狭圆锥状，大多轮生。蒴果。花期7—9月。

八角莲 *Dysosma versipellis* (Hance) M. Cheng ex Ying

小檗科鬼臼属。多年生草本。株高20~30 cm。茎生叶1或2片，盾状，圆形，直径达30 cm，4~9浅裂，顶端锐尖，边缘有针刺状细齿；叶柄长10~15 cm。花深红色，5~8朵簇生于近叶柄顶部。花期3—6月，果期5—9月。全草药用，能散风祛痰、解毒消肿、杀虫。国家二级保护植物。

贵州八角莲 *Podophyllum majoense* Gagnep.

小檗科鬼臼属。多年生草本，株高约50 cm。2叶互生，盾状着生，叶片轮廓近扁圆形，长10~20 cm，宽约20 cm，4~6掌状深裂，叶裂片顶部3小裂，边缘具极稀疏刺齿；叶柄长4~20 cm。花紫色，2~5朵排成伞形状，着生于近叶基处。国家二级保护植物。

虎耳草 *Saxifraga stolonifera* Curt.

虎耳草科虎耳草属。多年生常绿草本。高8~45 cm，全株密被绒毛；匍匐茎细长，紫红色，先端着地长出幼株。叶基生，肾形，叶表沿脉具白色斑纹，叶背紫红色。圆锥花序松散，小花两侧对称，花瓣5枚，白色，上方3片较小，有深红色斑点。花期4—6月。蒴果卵圆形。有小毒，全草入药，祛风清热，凉血解毒。

鹿蹄橐吾 *Ligularia hodgsonii* Hook.

菊科橐吾属。多年生草本。根肉质，多数。茎直立，高达100 cm，上部及花序被白色蛛丝状柔毛和黄褐色有节短柔毛，下部光滑，具棱，基部直径3~5 mm，被枯叶柄纤维包围。头状花序1至多数；总苞长大于宽，总苞片先端钝，宽三角形，背部光滑或有疏的白色柔毛；冠毛与管状花花冠等长。瘦果圆柱形。花果期7—10月。

林当归 *Angelica sylvestris* L.

伞形科当归属。多年生草本。茎中空。叶二至三回羽状全裂。复伞形花序，直径10~20 cm。

茶 *Camellia sinensis*(L.) Kuntze

山茶科山茶属。灌木或小乔木。嫩枝无毛。叶革质，长圆形或椭圆形，边缘有锯齿。花1~3朵腋生，白色；花瓣5~6片；子房密生白毛；花柱先端3裂。蒴果3球形或1~2球形，每球有种子1~2粒。花期10月至翌年2月，果期翌年10月。广泛栽培，茶叶可作饮品，含有多种有益成分，有保健功效。野生种遍见于长江以南各省的山区，为小乔木状，叶片较大，常超过10 cm长，长期以来，经广泛栽培，毛被及叶型变化很大。国家二级保护植物。

凹脉金花茶 *Camellia impressinervis* Chang et S. Y. Liang

山茶科山茶属。灌木。嫩枝有短粗毛，老枝变秃。叶革质，椭圆形，长12~22 cm，宽5.5~8.5 cm，先端急尖，基部阔楔形或窄而圆，上面深绿色，背面有毛，侧脉及网脉强烈凹下，侧脉多达14对。花瓣12片；蒴果扁圆形，2~3室，每室有种子1~2粒。花期1月。国家二级保护植物。

长瓣短柱茶 *Camellia grijsii* Hance

山茶科山茶属。灌木或小乔木，嫩枝较纤细，有短柔毛。叶革质，长圆形，长6~9 cm，宽2.5~3.7 cm，边缘有尖锐锯齿。花顶生，白色，直径4~5 cm；苞被片9~10片；蒴果球形，直径2~2.5 cm。花期1—3月。

滇润楠 *Machilus yunnanensis* Lec.

樟科润楠属。乔木。叶通常为倒卵形或倒卵状椭圆形，长(5)7~9(12) cm，宽3.5~4(5) cm，下面淡绿色或粉绿色，干时常带浅棕色；由1~3朵花的聚伞花序组成圆锥花序；果椭圆形，长约1.4 cm，熟时黑蓝色。花期4—5月，果期6—10月。为建筑、家具的优良用材。

落新妇 *Astilbe chinensis* (Maxim.) Franch. et Savat.

虎耳草科落新妇属。多年生草本，高50~100 cm。基生叶为二至三回三出羽状复叶，叶片先端通常短渐尖至急尖。圆锥花序长8~37 cm，宽3~4(12) cm，花序轴密被褐色卷曲长柔毛；花瓣5片，线形，第一回分枝与花序轴通常成15~30°角斜上。蒴果长约3 mm。花果期6—9月。根和根状茎含岩白菜素；根状茎入药，散瘀止痛、祛风除湿、清热止咳。

阿里山十大功劳 *Mahonia oiwakensis* Hayata

小檗科十大功劳属。灌木。叶长椭圆形，长15~42 cm，宽8~15 cm，具12~20对无柄小叶。总状花序有时分枝，7~18个簇生，长9~25 cm；花瓣先端锐裂；胚珠2~3枚。浆果卵形。花期8—11月，果期11月至翌年5月。

水芹 *Oenanthe javanica* (Blume) DC.

伞形科水芹属。多年生草本。高15~80 cm，茎直立或基部匍匐。基生叶有柄，柄长达10 cm，基部有叶鞘，一至二回羽状分裂，边缘有牙齿或圆齿状锯齿；茎上部叶无柄，裂片和基生叶的裂片相似，较小。复伞形花序顶生；伞幅6~16枝，长1~3 cm；小伞形花序有花20余朵。花期6—7月，果期8—9月。茎叶可作蔬菜食用；全草民间也作药用，有降低血压的功效。

赪桐 *Clerodendrum japonicum* (Thunb.) Sweet

唇形科大青属。灌木。小枝四棱形。叶片圆心形，长8~35 cm，宽6~27 cm，叶片背面密具锈黄色盾形腺体。二歧聚伞花序组成大的圆锥花序。花萼红色，外面疏被短柔毛，深5裂；雄蕊长约达花冠管的3倍。浆果状核果。花果期5—11月。全株药用，有祛风利湿、消肿散瘀的功效。用根、叶作皮肤止痒药。

圆锥大青 龙船花，*C. paniculatum* L.

与赪桐很近似，唯圆锥大青叶片有3~7浅裂的角，可区别。

绿萼梅 *Prunus mume* f. *viridicalyx* (Makino) T. Y. Chen

蔷薇科李属。梅的变型，花碟形，单瓣至半重瓣，白色；花萼绿色。

龙柏 *Juniperus chinensis* 'Kaizuca'

柏科刺柏属。圆柏的栽培品种。小乔木。枝条向上直展，常有扭转上升之势，小枝密、在枝端成几相等长之密簇。鳞叶排列紧密，幼嫩时淡黄绿色，后呈翠绿色。球果蓝色，微被白粉。

厚皮香 *Ternstroemia gymnanthera* (Wight et Arn.) Bedd.

五列木科厚皮香属。灌木或小乔木。叶革质或薄革质，椭圆形、椭圆状倒卵形至长圆状倒卵形，长5.5~9(~12.5) cm，宽2~3.5 (~5.5) cm，全缘，偶有上半部疏生腺状齿突，齿尖具黑色小点或具细浅锯齿，或疏钝齿。果实圆球形，直径7~10 mm，小苞片和萼片均宿存。种子肾形，每室1个，成熟时肉质假种皮红色。花期5—7月，果期8—10月。

软雀花 *Sanicula elata* Buch.-Ham. ex D. Don

伞形科变豆菜属。多年生草本。高20~80 cm。茎通常单生，直立，无毛，有纵条纹，下部草绿色或紫褐色，上部为重复的叉式分枝。基生和枝生叶掌状3~5裂。花序2~4回叉式分枝；小伞形花序常有两性花2~3朵。果实长2.5~3 mm，皮刺基部不膨大；萼齿常为皮刺所掩盖；花柱明显地长于萼齿而向外反曲。花果期5—10月。全草可供药用。

泰山前胡 *Peucedanum wawrae* (Wolff) Su

伞形科前胡属。多年生草本，高30~100 cm。叶片轮廓三角状扁圆形，二至三回三出分裂，叶末回裂片楔状倒卵形，基部楔形或近圆形，长1.2~3.5 cm，宽0.8~2.5 cm。伞形花序较小，直径1~4 cm。分生果卵圆形至长圆形。花期8—10月，果期9—11月。根供药用，有镇咳祛痰的功效。

中华仙茅 *Curculigo sinensis* S. C. Chen

仙茅科仙茅属。多年生草本。根状茎粗短。叶长圆状披针形或宽线状披针形，长约85 cm，宽约4 cm，顶端渐尖，基部渐狭成柄，叶革质，强烈折扇状。花茎长约1.5 cm，被绒毛；总状花序不为头状，长9 cm，俯垂，密生40余朵花。浆果。花果期4—5月。

大叶仙茅 *Curculigo capitulata* (Lour.) Kuntze

仙茅科仙茅属。多年生草本。根状茎块状，具细长的走茎。叶通常4~7枚，长圆状披针形或近长圆形，长40~90 cm，宽5~14 cm，叶纸质，全缘，顶端长渐尖，具折扇状脉。花茎甚长，长（10~）15~30 cm，被褐色长柔毛，花丝极短，几不可见；总状花序强烈缩短成头状，球形或近卵形，长2.5~5 cm，具多数排列密集的花。浆果球形，直径4~5 mm。

短萼海桐 *Pittosporum brevicalyx* (Oliv.) Gagnep.

海桐科海桐属。乔木或灌木。枝条通常近轮生，无毛。叶薄革质，长5~14 cm，宽2~5 cm，全缘，无毛。花序圆锥状，有短毛；萼片长1~3 mm，无毛或有短柔毛；子房密生绢状柔毛。蒴果近球形，直径8~10 mm。种子长约2.5 mm，7~10粒。

软叶丝兰 *Yucca flaccida* Haw.

天门冬科丝兰属。与凤尾丝兰（*Yucca gloriosa* L.）的区别：本种近无茎；叶近地面丛生，宽2.5~4 cm，叶缘具白色丝状纤维；蒴果开裂；秋季开花。

剑麻 *Agave sisalana* Perr. ex Engelm.

天门冬科龙舌兰属。多年生草本。茎粗短。叶基生呈莲座状，幼叶被白霜，老时深蓝绿色，常200~250枚，肉质，剑形劲直，长1~1.5 m或更长，宽约10 cm，叶缘无刺或偶尔具刺。花茎粗壮，高达6 m，圆锥花序大型，具多花。花黄绿色，有浓烈气味，花后通常不结实而产生大量珠芽。花期秋冬。原产墨西哥，我国华南及西南各省区引种栽培，为世界著名的纤维植物，所含硬质纤维品质优良，具有坚韧、耐腐、耐碱、拉力大等特点，供制海上舰船绳缆、机器皮带、各种帆布、人造丝、高级纸、渔网、麻袋、绳索等原料；植株含甾体皂苷元，又是制药工业的重要原料。

龙舌兰　*Agave americana* L.

天门冬科龙舌兰属。多年生。叶呈莲座式排列，通常30~40枚，有时50~60枚，大型，肉质，倒披针状线形，长1~2 m，中部宽15~20 cm，叶缘具有疏刺，顶端有1硬尖刺。圆锥花序大型，长达6~12 m，多分枝；花黄绿色。蒴果长圆形。原产美洲热带，我国华南及西南各省份常引种栽培。叶纤维供制船缆、绳索、麻袋等，但其纤维的产量和质量均不及剑麻；总甾体皂苷元含量较高，是生产甾体激素药物的重要原料。

a. 金边龙舌兰　**var. *marginata* Trel.**

龙舌兰的变种。多年生大型肉质亚灌木，叶边缘有金色斑纹。

桃　*Prunus persica* L.

蔷薇科李属。落叶小乔木。树皮片状剥落；一年生枝条红褐色。单叶互生，叶多呈卵状披针形，叶缘有锯齿；叶柄基部常生蜜腺。花单生，无梗或极短，通常粉红色，单瓣。核果卵球形，肉厚，表面密被短柔毛。花期3—4月，果期6—9月。原产我国，各省份广泛栽培，世界许多地区均有栽植，有许多品种。果供生食或加工；桃仁为活血药；花利尿；树干分泌的桃胶可作黏接剂。

李　*Prunus salicina* Lindl.

蔷薇科李属。落叶乔木。树皮纵裂；小枝红褐色。叶片长圆状倒卵形或椭圆状倒卵形至倒披针形，边缘有细钝锯齿；叶柄无毛，具数个腺体，托叶线形。花2~3朵簇生；花瓣白色。核果卵球形，具1纵沟，黄色、血红色或绿色，被白粉。花期4月，果期7—8月。为重要温带果树之一。

梅　*Prunus mume* Siebold et Zucc.

蔷薇科李属。一年生枝绿色；叶边具小锐锯齿，幼时两面具短柔毛，老时仅下面脉腋间有短柔毛。果实黄色或绿白色，具短梗或几无梗；核具蜂窝状孔穴。花期冬春季，果期5—6月（在华北果期延至7—8月）。在我国有三千多年栽培历史，无论作观赏或果树均有许多品种。鲜花可提取香精；果可食、盐渍或干制，或制成乌梅入药；种仁也可入药，止咳，止泻。

杏　*Prunus armeniaca* L.

蔷薇科李属。落叶小乔木。单叶互生，宽卵形至近圆形，边缘有圆钝锯齿；近叶柄顶端有2个腺体。花单生，先叶开放；花瓣5片，白色或稍带红色。核果卵圆形，黄白色或黄红色；果肉多汁，核扁心形，沿腹两侧各有一棱。种子扁圆形。花期3—4月，果期5—6月。果供生食或加工；种仁供食用或入药，可止咳、祛痰、平喘、润肠。

地肤　扫帚菜，*Bassia scoparia*（L.）A.J.Scott

苋科沙冰藜属。一年生草本。茎直立，粗壮，基部分枝，淡绿色或带红色。叶互生，披针形或线状披针形，通常具3条脉。花单生或1~2朵生于叶腋，于枝上排列成稀疏的穗状花序。胞果扁球形，果皮膜质；种子卵形，黑褐色。花期7—9月，果期8—10月。幼苗可作蔬菜；果实药用称“地肤子”，可清湿热、利尿，治尿痛、尿急及荨麻疹，外用治皮肤癣；老株可用来作扫帚。

土人参 *Talinum paniculatum* (Jacq.) Gaertn.

土人参科土人参属。一年生草本。肉质，全体无毛，主根粗壮，分枝如人参，棕褐色。叶倒卵形或倒卵状披针形，全缘。圆锥花序顶生或侧生，多呈二歧分枝；花直径约6 mm；萼片2片；花瓣5片，淡红色；子房球形，柱头3深裂。果近球形，3瓣裂；种子多数，黑色，有突起。原产热带美洲，我国中部和南部均有栽培，或逸为野生。根供药用，滋补强壮，补中益气，润肺生津；叶消肿解毒，治疗疮疖肿。

苍耳 *Xanthium strumarium* L.

菊科苍耳属。一年生草本。茎直立，不分枝或少有分枝。叶互生，三角状卵形或心形，边缘具不明显的3~5浅裂；叶柄3~11 cm，常带暗紫色，疏被短伏毛。雄性头状花序近球形；雌性头状花序椭圆形；具瘦果的成熟总苞卵形或椭圆形，连喙长1.2~1.5 cm，背面疏生细钩刺，粗刺长1~1.5 mm。花期7—8月，果期8—9月。种子可榨油，与桐油的性质相仿，可掺和桐油制油漆，又可制硬化油及润滑油；果实供药用。

大车前 *Plantago major* L.

车前科车前属。多年生草本。具多数须根。叶基生，卵形或宽卵形，先端圆钝，边缘疏具齿牙状锯齿或全缘；叶柄基部成鞘状，密被白色长柔毛。花葶3至数条，直立，疏被白色柔毛；穗状花序具多数花，稍密集；苞片背面龙骨状突起较宽；花冠裂片三角状卵形或卵形。蒴果卵形或圆锥状卵形。种子6~8粒。花期6—7月，果期7—8月。全草和种子药用，有清热利尿作用。

黄花月见草 *Oenothera glazioviana* Mich.

柳叶菜科月见草属。二年生至多年生直立草本。基生叶倒披针形，长15~25 cm；茎生叶窄椭圆形或披针形，长5~13 cm。穗状花序，生茎枝顶，密被曲柔毛、长毛与短腺毛；苞片长1~3.5 cm；花瓣黄色，长4~5 cm。蒴果锥状圆柱形，具纵棱与红色的槽，被曲柔毛与腺毛。花期5—10月，果期8—12月。花大、美丽，花期长；种子榨油，食用与药用，用于治疗冠状动脉栓塞、动脉粥样硬化、脑血栓、肥胖病、精神分裂症、风湿性关节炎等。

射干 *Belamcanda chinensis* (L.) Redouté

鸢尾科射干属。多年生草本。根状茎为不规则的块状。茎直立，实心。叶互生，剑形，基部鞘状抱茎。花序顶生，叉状分枝，每分枝的顶端聚生有数朵花；花橙红色，散生紫褐色的斑点；花被2轮排列；子房下位，胚珠多数。蒴果常残存有凋萎的花被，中央有直立的果轴，成熟时3瓣裂。种子黑紫色。花期6—8月，果期7—9月。根状茎有清热解毒、止咳化痰、消炎止痛的功能。

千穗谷　*Amaranthus hypochondriacus* L.

苋科苋属。一年生草本。茎绿色或紫红色。叶片菱状卵形或矩圆状披针形，具凸尖，全缘或波状缘，无毛，上面常带紫色。圆锥花序顶生，长达25 cm，直径1~2.5 cm，由多数穗状花序形成，花簇在花序上排列极密；苞片、小苞片、花被片绿色或紫红色；柱头2~3。胞果。种子白色，边缘锐。花期7—8月，果期8—9月。栽培供观赏。

苘麻　*Abutilon theophrasti* Medik.

锦葵科苘麻属。一年生草本。高1~2 m，茎有柔毛。叶互生，圆心形，长3~12 cm，两面密生星状柔毛。花单生叶腋；花冠黄色；心皮15~20枚，排列成轮状。蒴果半球形，直径2 cm，分果爿15~20，有粗毛，顶端有2长芒。花期7—8月。茎皮纤维可作编织材料；种子油可作润滑剂；种子药用，利尿，通乳，全草及根可祛风解毒。

白芷　*Angelica anomala* Ave-Lall.

伞形科当归属。多年生草本。茎中空，有分枝，近花序处有柔毛。二至三回三出式羽状全裂；茎生叶简化成叶鞘。复伞形花序；花梗多数；花白色。双悬果矩圆卵形或圆形，无毛，背棱有狭翅。花期7—8月，果期8—9月。根部在东北称“大活”或“独活”，入药，可祛风除湿，治伤风头痛及风湿性关节疼痛；根煎水剂可杀虫、灭菌，对防治菜青虫、大豆蚜虫、小麦秆锈病有效。

知母　*Anemarrhena asphodeloides* Bunge

百合科知母属。多年生草本。根状茎粗0.5~1.5 cm，为残存的叶鞘所覆盖。叶长15~60 cm，宽1.5~11 mm。花葶比叶长得多；总状花序通常较长，可达20~50 cm；苞片小；花淡红色、淡紫色至白色；花被片宿存。蒴果顶端有短喙。花果期6—9月。根状茎具有清热泻火、滋阴润燥的功效。

虎杖　*Reynoutria japonica* Houtt.

蓼科虎杖属。多年生灌木状草本。根状茎横走；茎表面散生紫红色斑点。叶片宽卵状椭圆形。雌雄异株，圆锥花序腋生；花被5深裂，裂片2轮，外轮3片结果时增大。果实有3棱。花期8—9月，果期9—10月。根状茎有清热、除烦、滋阴功能。

地榆　*Sanguisorba officinalis* L.

蔷薇科地榆属。多年生草本。高达1.2 m；根粗壮；茎直立，有棱，无毛。单数羽状复叶，小叶2~5对，稀7对，矩圆状卵形至长椭圆形，长2~6 cm，宽0.8~3 cm，先端急尖或钝，基部近心形或近截形，边缘有圆而锐的锯齿，无毛；有小托叶；托叶包茎，近镰刀状，有齿。花小密集，成顶生、圆柱形的穗状花序；有小苞片；萼裂片4片，花瓣状，紫红色，基部具毛；无花瓣；雄蕊4枚；花柱比雄蕊短。瘦果褐色，有细毛，有纵棱，包藏在宿萼内。花果期7—10月。根为止血要药，治疗烧伤、烫伤。

钝钉头果　*Gomphocarpus physocarpus* E. Mey.

夹竹桃科钉头果属。常绿灌木。株高0.5~3 m。叶对生，线形，嫩绿色。聚伞花序顶生或腋生，五星状，白色或淡黄色，有香气。蓇葖果，卵圆形，黄绿色，外果皮具软刺。果实很薄，肿胀呈球形，用手轻轻挤压，似有空气溢出，极像小气球。花期6—10月，果熟期10—12月。栽培观赏，还用作切花材料。

飞廉 *Carduus nutans* L.

菊科飞廉属。二年生或多年生草本。茎单生或簇生，茎枝疏被蛛丝毛和长毛。中下部茎生叶长卵形或披针形，长(5~)10~40 cm，羽状半裂或深裂，侧裂片5~7对，两面沿脉被长毛。头状花序下垂或下倾，单生茎枝顶端；总苞钟状或宽钟状，直径4~7 cm，总苞片多层。小花紫色。瘦果灰黄色，有多数浅褐色纵纹及横纹，果缘全缘；冠毛白色，锯齿状。花果期6—10月。优良蜜源植物。

川续断 *Dipsacus asper* Wall. ex DC.

川续断科川续断属。多年生草本。主根黄褐色，稍肉质；茎中空，具棱，棱上疏生下弯粗短的硬刺。基生叶稀疏丛生，叶片琴状羽裂，长15~25 cm，顶端裂片大，卵形，叶面被刺毛，背面沿脉密被刺毛；茎生叶在茎之中下部为羽状深裂，茎上部叶披针形，不裂或基部3裂。头状花序直径2~3 cm，总花梗长达55 cm；总苞片5~7片，被硬毛；苞片倒卵形，长0.7~1.1 cm，被柔毛，先端喙尖长3~4 mm：小总苞4棱，每侧面具2纵沟；花冠淡黄或白色。瘦果。花期7—9月，果期9—11月。根入药，有行血消肿、生肌止痛、续筋接骨、补肝肾、强腰膝、安胎的功效。

假连翘 *Duranta erecta* L.

马鞭草科假连翘属。灌木。枝条有皮刺。叶多对生，叶片卵状椭圆形或卵状披针形，长2~6.5 cm，宽1.5~3.5 cm，基部楔形，全缘或中部以上有锯齿。总状花序顶生或腋生，常排成圆锥状；花萼管状，5裂，有5棱；花冠通常蓝紫色，稍不整齐，5裂。核果红黄色，有增大宿存花萼包围。花果期5—10月。花美丽，花期长，供观赏；可作绿篱；根、叶、果药用，治跌打损伤、肿痛。

何首乌 *Pleuropterus multiflorus* (Thunb.) Nakai

蓼科何首乌属。多年生草质藤本。块根肥大，质硬，不规则，表面黑褐色；地下根茎延伸萌发出新株，茎长3~4 m，多分枝。叶互生，卵形或卵状心形，有长柄；基部有托叶鞘。圆锥花序顶生或腋生，花白色。瘦果三角形，黑色。花期6—9月，果期10—11月。其块根入药，可安神、养血、活络、消痈；制何首乌可补益精血、乌须发、强筋骨。何首乌药效多，生用可能有不同程度的肝损伤，须遵医嘱适当食用。

四季秋海棠 *Begonia cucullata* Willd.

秋海棠科秋海棠属。多年生常绿草本。茎直立，稍肉质，高15~30 cm。单叶互生，有光泽，卵圆至广卵圆形，先端急尖或钝，基部稍心形而斜生，边缘有小齿和缘毛，绿色。聚伞花序腋生，具数花，花红色、淡红色或白色。蒴果具翅。花期3—12月。原产巴西。本种花期极长，且开花繁茂，成为重要的景观花卉。

秋海棠 *Begonia grandis* Dry.

秋海棠科秋海棠属。多年生草本，有球形块根；茎粗壮，多分枝，叶腋间生珠芽。叶片宽卵形，下面和叶柄都带紫红色。聚伞花序腋生；花大，淡红色，雄花花被片4，雌花花被片5。花期7月开始，果期8月开始。栽培观赏。

紫苏 *Perilla frutescens*（L.）Britt.

唇形科紫苏属。一年生草本。茎高30~200 cm，被长柔毛。叶片宽卵形或圆卵形，长7~13 cm，上面被疏柔毛，下面脉上被贴生柔毛；叶柄长3~5 cm，密被长柔毛。轮伞花序2花，组成顶生和腋生、偏向一侧、密被长柔毛的假总状花序，每花有1苞片；花萼钟状，下部被长柔毛，有黄色腺点，果时增大，基部一边肿胀，上唇宽大，3齿，下唇2齿，披针形，内面喉部具疏柔毛；花冠紫红色或粉红色至白色，长3~4 mm，上唇微缺，下唇3裂。小坚果近球形。花果期8—12月。全草供药用及作香料，叶可发汗、止咳、健胃、利尿、镇痛、镇静、解毒，对鱼蟹中毒腹痛呕吐有特效；茎、梗可安胎；种子可镇咳、祛痰、平喘，治精神抑郁症；叶可食用；种子油称苏子油，可食用及作防腐等用。

百部 *Stemona japonica*（Blume）Miq.

百部科百部属。块根肉质，成簇，常长圆状纺锤形，粗1~1.5 cm。茎长达1 m许，常有少数分枝，下部直立，上部攀缘状。叶2~4(~5)枚轮生，纸质或薄革质。花序柄完全贴生于叶片中脉上，花单生或数朵排成聚伞状花序。蒴果卵形，稍扁，长1~1.4 cm，宽4~8 mm，熟时裂为2瓣。种子椭圆形，紫褐色，具槽纹。花期5—7月，果期7—10月。根入药，外用于杀虫、止痒、灭虱；内服有润肺、止咳、祛痰之效。

睡莲 *Nymphaea tetragona* Georgi

睡莲科睡莲属。多年生水生草本。根茎粗短。叶漂浮，薄革质或纸质，心状卵形或卵状椭圆形，长5~12 cm，宽3.5~9 cm，基部具深弯缺，全缘，上面深绿色，光亮，下面带红或紫色，两面无毛，具小点；叶柄长达60 cm。花直径3~5 cm，花梗细长，萼片4片，宽披针形或窄卵形，长2~3 cm，宿存；花瓣8~17片，白色，宽披针形，长圆形或倒卵形，长2~3 cm；雄蕊约40枚；柱头辐射状裂片5~8片。浆果球形，直径2~2.5 cm，为宿萼包被。种子椭圆形，长2~3 mm，黑色。花期6—8月，果期8—10月。全草可作绿肥。

白睡莲 *Nymphaea alba* L.

睡莲科睡莲属。根状茎横走。叶漂浮水面，革质，近圆形，宽10~20 cm，基部裂片稍重叠、全缘或波状，两面无毛，有小点；叶柄盾状着生，直径约1 cm，长达50 cm，无毛。花直径10~20 cm，芳香，白天开放；萼片4片，披针形，长4.5~6 cm，具5脉；花瓣20~25片，白色，椭圆形至卵状椭圆形，长3~6 cm，内层渐小，并渐变态为雄蕊；花托圆柱形；内轮花丝和花药等宽，花粉粒具乳突；柱头辐射裂片14~22片。浆果卵形或近球形，长2.5~3 cm。种子椭圆形，长2~3 mm。花期6—8月，果期8—10月。

观赏;根状茎可食。

a. 红睡莲　var. *rubra* Lonnr.

是白睡莲的变种。根状茎圆柱形,粗2~3 cm。嫩叶的叶面淡红色,背面紫色。花大,花粉红或玫瑰红色。观赏;作饲料。

黄睡莲　*Nymphaea mexicana* Zucc.

睡莲科睡莲属。本种与白睡莲的区别:根茎直立,块状;叶上面具暗褐色斑纹,下面具黑色小斑点;花黄色,直径约10 cm。

白雪姬　*Tradescantia sillamontana* Matuda

鸭跖草科紫露草属。多年生肉质草本。株高15~20 cm。叶互生,绿色或褐绿色,稍具肉质,长卵形,上被有浓密的白色绢毛。花瓣3片,着生于茎的顶部,淡粉红色,花瓣中间有一条白色纵纹。为优良的观叶植物,常作小型盆栽,点缀几案、书桌、窗台等处。

醉蝶花　*Tarenaya hassleriana* (Chodat) Iltis

白花菜科醉蝶花属。一年生草本。高1~1.5 m,全株被黏质腺毛,有特殊臭味,有托叶刺。叶为具5~7小叶的掌状复叶,叶柄常有淡黄色皮刺。总状花序密被黏质腺毛,苞片1,叶状,花瓣粉红色,具爪,雄蕊6枚,雌蕊柄长4 cm。果圆柱形,长5.5~6.5 cm。花期初夏,果期夏末秋初。栽培观赏;也是优良的蜜源植物。

红萼苘麻　*Abutilon megapotamicum* (Spreng.) A.St.-Hil. et Naudin

锦葵科苘麻属。常绿软木质灌木。叶绿色,长5~10 cm,心形,叶端尖,叶缘有钝锯齿,有时分裂,有细细的叶柄;叶互生,掌状叶脉。花单生于叶腋,具长梗,下垂;花萼红色,钟状,裂片5片;花瓣5瓣,黄色;花蕊深棕色,伸出花瓣。蒴果近球形,灯笼状,分果爿8~20;种子肾形。全年都可开花。观赏。

厚萼凌霄　*Campsis radicans*(L.) Seem.

紫葳科凌霄属。攀缘藤本。具气生根,长达10 m。小叶9~11枚,椭圆形至卵状椭圆形,顶端尾状渐尖,基部楔形,边缘具齿,至少沿中肋被短柔毛。花萼钟状,长约2 cm,外向微卷,无凸起的纵肋。花冠筒细长,漏斗状,橙红色至鲜红色。蒴果长圆柱形,长8~12 cm,粗约2 mm,具柄,硬壳质。可供观赏及药用,花为通经利尿药,还可治跌打损伤等症。

胡椒木　*Zanthoxylum* 'Odorum'

芸香科花椒属。常绿灌木。枝叶密生,枝有刺,整株有浓烈的胡椒香气。叶为奇数羽状复叶,叶基有短刺2枚,叶轴有狭翼,小叶对生,11~19片,长0.7~1 cm,卵状披针形,具钝锯齿,革质,叶面浓绿富光泽,全叶密生腺体。聚伞状圆锥花序,雌雄异株,雄花黄色,雌花橙红色,子房3~4个。果实为椭圆形,绿褐色。花期4月,果期7—9月。

虾衣花 *Justicia brandegeeana* Wassh. et L. B. Smith

爵床科爵床属。多年生草本或常绿亚灌木。株高1~2 m，茎细弱，多分枝，全株被毛。叶卵形或椭圆形，全缘。穗状花序顶生、下垂，长6~9 cm，具棕、红、黄绿或黄色宿存苞片，花白色、唇形，花形似虾(苞片重叠成串下倾)，上唇全缘或梢2裂，下唇3浅裂，基部有3行紫色斑点。蒴果。观赏。

大叶海桐 *Pittosporum daphniphylloides* var. *adaphniphylloides* (H.H.Hu et F.T.Wang) W.T.Wang

海桐科海桐属。常绿小乔木。是国产海桐花中叶片最大而且厚的种类。叶簇生于枝顶，二年生，初时薄革质，两面无毛，以后变厚革质，长12~20 cm，宽4~8 cm。复伞房花序3~7条组成复伞形花序，生于枝顶叶腋内，长4~6 cm，花瓣长7 mm，子房被毛，蒴果扁球形，长9 mm，有种子17~23粒。

旱金莲 金丝莲，*Tropaeolum majus* L.

旱金莲科旱金莲属。蔓生一年生草本。叶互生；叶柄长6~31 cm，向上扭曲，盾状，叶圆形，直径3~10 cm，具波状浅缺刻，下面疏被毛或有乳点。花黄、紫、橘红或杂色，径2.5~6 cm；花托杯状；萼片5片，长椭圆状披针形，长1.5~2 cm，基部合生，其中1片成长距；花瓣5片，常圆形，边缘具缺刻，上部2片全缘，长2.5~5 cm，着生于距开口处，下部3片基部具爪，近爪处边缘具睫毛；雄蕊8枚，长短互间，分离。果扁球形，熟时分裂成3个具1粒种子的小果。花期6—10月，果期7—11月。原产南美洲，我国普遍引种作为庭院或温室观赏植物。

美人梅 *Prunus* × *blireana* 'Meiren'

蔷薇科李属。落叶小乔木或灌木。栽培品种，由重瓣粉型梅花与紫叶李杂交而成。叶片卵圆形，长5~9 cm，叶柄长1~1.5 cm，叶缘有细锯齿，叶被生有短柔毛。花粉红色，重瓣花，先叶开放；花瓣15~17片，花梗1.5 cm；萼筒宽钟状，萼片5枚，近圆形至扁圆；雄蕊多数。花期3—4月。观赏。

芍药 *Paeonia lactiflora* Pall.

芍药科芍药属。多年生草本。茎高40~70 cm。下部茎生叶为二回三出复叶，上部茎生叶为三出复叶；小叶叶缘具白色骨质细齿。花数朵，生茎顶和叶腋，有时仅顶端一朵开放，而近顶端叶腋处有发育不好的花芽；苞片4~5片；萼片4片；花瓣9~13片，白色(栽培者花瓣各色)，有时基部具深紫色斑块；蓇葖果3~5个。花期5—6月；果期8月。在我国分布于东北、华北、陕西及甘肃南部，多地引种栽培。根药用，称"白芍"，能镇痛、镇痉、祛瘀、通经。

牡丹 *Paeonia* × *suffruticosa* Andr.

芍药科芍药属。多年生落叶小灌木；叶互生，叶片通常为二回三出复叶，枝上部常为单叶，顶生小叶具柄，常为2~3裂。花单生枝顶，两性，花瓣为重瓣；花盘杯状，包被心皮；心皮5枚，少有8枚；边缘胎座，多数胚珠，蓇葖果长圆形，密生黄褐色硬毛。花期5月，果期6月。是中国特有的木本名贵花卉，有一千多年的栽培历史，并早已引种到世界各地。牡丹花被拥戴为"花中之王"，有关牡丹的文化和绘画作品很丰富。根皮供药用，称"丹皮"；为镇痉药，能凉血散瘀，治中风、腹痛等症。

滇牡丹 野牡丹,*Paeonia delavayi* Franch.

芍药科芍药属。亚灌木。全体无毛。茎高1.5 m,当年生小枝草质,小枝基部具数枚鳞片。花2~5朵,生枝顶和叶腋,直径6~8 cm;苞片3~4(~6),披针形,大小不等;萼片3~4,宽卵形,大小不等;花瓣9(~12),红色、红紫色,倒卵形;心皮2~4枚,稀至8枚。蓇葖果长3~3.5 cm,直径1.2~2 cm。花期5月,果期7—8月。观赏。国家二级保护植物。

大花黄牡丹 *Paeonia ludlowii* D.Y.Hong

芍药科芍药属。落叶灌木。它以植株高大(基部多分枝而成丛,高可达3.5 m)、花硕大而显著(花径10~12 cm)、心皮数较少(心皮大多单生,极少2枚)区别于滇牡丹。观赏。国家二级保护植物。

雷公藤 *Tripterygium wilfordii* Hook. f.

卫矛科雷公藤属。藤本灌木。高可达3 m,小枝被密毛及细密皮孔。叶长4~7.5 cm,宽3~4 cm,边缘有细锯齿。圆锥聚伞花序;花白色,萼片先端急尖;花瓣长方卵形;子房具3棱,花柱柱状,柱头稍膨大,3裂。翅果长圆状,小果梗细圆。种子细柱状。花期6—7月,果期7—8月。根、茎、叶有毒,作杀虫药或农药。

竹根七 *Disporopsis fuscopicta* Hance

天门冬科竹根七属。根状茎连珠状,粗1~1.5 cm。茎高25~50 cm。叶纸质,卵形、椭圆形或长圆状披针形,长4~9(~15) cm,宽2.3~4.5 cm,先端渐尖,基部宽楔形或稍心形,无毛,具柄。花1~2朵生于叶腋,白色,内带紫色;花梗长7~14 mm;花被钟形;副花冠裂片膜质。浆果近球形,直径7~14 mm,具2~8颗种子。花期4—5月,果期11月。根状茎有清热解毒、祛痰止咳、止血的功能。

骨碎补 *Davallia trichomanoides* Blume

骨碎补科骨碎补属。株高15~40 cm。根状茎长而横走,粗约4 mm,密被蓬松的红棕色鳞片。叶远生,相距1.5~7 cm,柄长6~12 cm;叶片五角形,长宽各18~20 cm或长稍过于宽,三回羽状;羽片8~10对,下部1~2对近对生并有短柄,向上的互生且无柄,斜展,彼此接近,基部一对最大,长7~10 cm,宽4~6 cm,二回羽状,向上的羽片逐渐缩小并为椭圆形,上部的羽裂达具狭翅的羽轴;一回小羽片8~10对。孢子囊群着生于小脉顶端,每裂片有1枚;囊群盖管状,长1.5~2 mm,外侧有长尖角,膜质,半透明。根状茎药用,有坚骨之效。

藿香 *Agastache rugosa* (Fisch. et C.A.Mey.) Kuntze

唇形科藿香属。多年生草本。茎直立,高0.5~1.5 m,四棱形,粗达7~8 mm。叶心状卵形至长圆状披针形,长4.5~11 cm,先端尾尖,基部心形,具粗齿,上面近无毛,下面被微柔毛及腺点;叶柄长1.5~3.5 cm。穗状花序密集,长2.5~12 cm;苞叶披针状线形,长不及5 mm;花萼稍带淡紫或紫红色,管状倒锥形,长约6 mm,被腺微柔毛及黄色腺点;花冠淡紫蓝色,长约8 mm。成熟小坚果卵状长圆形,长约1.8 mm。花期6—9月,果期9—11月。全草可止呕吐,治霍乱腹痛;茎、叶及果富含芳香油。

薄荷　*Mentha canadensis* L.

唇形科薄荷属。多年生草本。茎直立，四棱形。叶心状卵形至长圆状披针形，长4.5~11 cm，宽3~6.5 cm，边缘基部以上具粗的浅锯齿，上面被短的糙伏毛，背面沿脉被短柔毛。轮伞花序腋生，轮廓球形；苞叶披针形，具缘毛；萼齿5个，狭三角状钻形。花冠淡紫红色，花冠筒内喉部以下被疏柔毛，冠檐4裂，上裂片较大。花期6—9月，果期9—11月。全草可提取薄荷油，用于医药、牙膏、漱口剂等制品；幼嫩茎尖可食；全草又可入药，治感冒、发热、喉痛、头痛、目赤痛、皮肤风疹瘙痒等症，对痈、疽、疥、癣、漆疮亦有效。

罗勒　*Ocimun basilicum* L.

唇形科罗勒属。一年生草本。全株被稀疏柔毛，茎直立，钝四棱形，绿色，常染有红色，多分枝。叶卵圆形至卵圆状长圆形，长2.5~5 cm，宽1~2.5 cm，边缘具不规则牙齿或近于全缘，下面具腺点；叶柄多少具狭翅，被微柔毛。总状花序顶生，各部均被微柔毛，通常长10~20 cm，由多数具6朵花交互对生的轮伞花序组成。小坚果卵珠形，基部有1白色果脐。花期7—9月，果期9—12月。茎、叶及花穗含芳香油；嫩叶可食，亦可泡茶饮，有祛风、芳香、健胃及发汗作用。全草入药，治胃痛、胃肠胀气、消化不良、肠炎腹泻、外感风寒、头痛、胸痛、跌打损伤、瘀肿、肾炎，煎水洗治湿疹及皮炎；茎叶为产科要药，可使分娩前血行良好；种子名“光明子”，主治目翳。

侧卧前胡　*Peucedanum decumbens* Maxim.

伞形科前胡属。多年生直立草本。植株侧卧；叶片轮廓宽卵形或三角状卵形，三出式二至三回分裂，小叶边缘有锯齿。复伞形花序顶生或侧生。

野棉花　*Anemone vitifolia* Buch.-Ham.

毛茛科银莲花属。多年生草本。植株高达1.5 m；根状茎直径0.5~1.8 cm。基生叶3~4片，均为单叶；花葶与叶柄均被绒毛。聚伞花序长达38 cm，二至三回分枝；萼片5片，淡粉红或白色；雄蕊多数；心皮400~500枚，密被绒毛。瘦果，被绵毛。花期7—10月。根状茎供药用，治跌打损伤、风湿关节痛、肠炎、痢疾、蛔虫病等症，也可作土农药用来灭蝇蛆等。

大萼葵　*Cenocentrum tonkinense* Gagnep.

锦葵科大萼葵属。落叶灌木。全株密被星状长刺毛或单毛。叶圆形，具掌状5~9裂片，托叶卵形。花单生于叶腋，花梗长5~10 cm，密被星状长刺毛和单毛；小苞片4枚，基部合生，宿存；花萼膨大，钟状，直径达5 cm，长3~4 cm，裂片5枚，密被星状柔毛和长刺毛；花大，黄色，内面基部紫色，直径约10 cm，花瓣长约8 cm；雄蕊柱长约3.5 cm。蒴果近球形，直径3.5~4 cm，密被星状长刺毛，胞背10裂。种子肾形。花期9—11月。观赏。

硬毛山香圆　*Turpinia affinis* Merr. et Perry

省沽油科山香圆属。乔木。羽状复叶，叶轴长6~14 cm，小叶2~4，稀为5，革质；小叶柄长1~

1.5 cm。圆锥花序长30 cm,分枝开展,被短柔毛,花在花轴上成假总状花序或伞形花序,小花梗长约1.5 mm,花瓣长4 mm,子房和花柱具长硬毛;胚珠6~8枚。浆果近圆形,直径1~1.5 cm,有疤痕,花柱宿存,多数有硬毛。花期3—4月,果期8—11月。树干用于培养香菇、木耳。

黄精 *Polygonatum sibiricum* Redoute

天门冬科黄精属。根状茎圆柱状,结节处膨大。茎高50~90 cm,有时呈攀缘状。叶轮生,每轮4~6枚,条状披针形,长8~15 cm,先端拳卷或弯曲成钩。花序通常具2~4朵花,花序梗长1~2 cm;花被乳白色至淡黄色。浆果直径7~10 mm,黑色,具4~7颗种子。花期5—6月,果期8—9月。根状茎为常用中药材"黄精",根状茎有补脾润肺、益气养阴功能。

多花黄精 *Polygonatum cyrtonema* Hua

天门冬科黄精属。根状茎肥厚,通常连珠状或结节成块,少有近圆柱形的,直径1~2 cm。茎高50~100 cm,通常具10~15枚叶;叶互生。花序具2~7(~14)朵花,伞形,总花梗长1~4(~6) cm;花被黄绿色,全长18~25 mm。浆果黑色,具3~9颗种子。花期5—6月,果期8—10月。我国南方地区把其根状茎作"黄精"用。补气养阴,健脾,润肺,益肾。用于脾虚胃弱,体倦乏力,口干食少,肺虚燥咳,精血不足,内热消渴。

罗伞 *Brassaiopsis glomerulata* (Blume) Regel

五加科罗伞属。乔木。小枝具刺,幼时被锈红色绒毛。掌状复叶,叶柄长30~50 cm;小叶5~9片,长圆形、卵状椭圆形或宽披针形,长15~35 cm,全缘或疏生细齿,幼叶两面被锈红色星状绒毛,后脱落;小叶柄长2~9 cm。圆锥花序长30 cm以上,初被锈红色绒毛,后脱落,伞形花序直径2~3 cm,花序梗长2~5 cm;小苞片早落。花白色,芳香;子房2室。果扁球形或球形;宿存花柱长1~2 mm;果柄长1~3.5 cm。花期5—6月,果期翌年1—2月。根、树皮及叶药用,治风湿骨痛、跌打损伤、腰肌劳损。

浅裂掌叶树 浅裂罗伞,*Brassaiopsis hainla* (Buch.-Ham.) Seem.

五加科罗伞属。乔木。枝具圆锥状刺。叶纸质,宽17~35 cm,5~7掌状浅裂,裂片长不及叶长之半,先端尾尖,基部圆,具锐齿,上面初被柔毛,后脱落,下面疏被星状毛,掌状脉5~7条;叶柄长15~25 cm。圆锥花序顶生,密被柔毛,序轴疏生短刺,伞形花序直径2.5~3.5 cm,花序梗长1.5~2 cm。花梗长0.8~1 cm;萼具5个披针形齿;花瓣卵形。果扁球形,黑色,直径约8 mm,宿存花柱约2.5 mm。花期2—3月,果期7—8月。

紫薇 *Lagerstroemia indica* L.

千屈菜科紫薇属。落叶小乔木或灌木。树皮光滑,枝干多扭曲,小枝纤细,幼枝4棱。叶互生或对生,近无柄。花红色或紫色,直径3~4 cm,常组成7~20 cm的顶生圆锥花序;花瓣6片,皱缩,长12~20 mm,具长爪;雄蕊36~42枚,外面6枚着生于花萼上,比其余的长得多;子房3~6室。蒴果长1~1.3 cm,室背开裂。种子有翅,长约8 mm。花期6—9月,果期9—12月。花色鲜艳美丽,花期长,为优良观赏树,也可作盆景。

榔榆 *Ulmus parvifolia* Jacq.

榆科榆属。落叶乔木,或冬季叶变为黄色或红色宿存至第二年新叶开放后脱落;树皮斑驳;小枝无刺。叶质地厚,基部偏斜,边缘有单锯齿。花秋季开放,3~6朵在叶腋簇生或排成簇状聚伞花序,花被上部杯状,下部管状,花被片4枚,深裂至杯状花被的基部或近基部。翅果无毛,果核部分位于翅果的中上部,上端接近缺口。花果期8—10月。心材可作为制作家具、船橹、农具等的原料。树皮纤维纯细,可作蜡纸及人造棉原料,或织麻袋、编绳索,亦供药用。

大花木曼陀罗 *Brugmansia suaveolens*(Humb. et Bonpl. ex Willd.) Sweet

茄科木曼陀罗属。常绿灌木。高3~5 m,通常多分枝。叶丛生枝端,卵形,长达25 cm,宽达15 cm。花顶生,美丽而芳香,长达20~32 cm,喇叭状,下垂或近水平;花冠白色,或黄色、粉红色。全株有毒,可以入药作麻醉剂、止痛剂。

幌伞枫 *Heteropanax fragrans*(Roxb.) Seem.

五加科幌伞枫属。常绿乔木。叶大,三至五回羽状复叶,直径达50~100 cm;叶柄长15~30 cm;托叶小,和叶柄基部合生;小叶片在羽片轴上对生,纸质,椭圆形,长5.5~13 cm,宽3.5~6 cm。圆锥花序顶生,长30~40 cm,主轴及分枝密生锈色星状绒毛,后毛脱落;伞形花序头状,直径约1.2 cm,有花多数;花淡黄白色,芳香。果实卵球形,黑色,宿存花柱长约2 mm。花期10—12月,果期次年2—3月。木材供制家具等用;根及树皮药用,治烧伤、蛇伤、骨髓炎、骨折、扭伤、疮毒,髓心利尿。为优美观赏树种。

肾蕨 *Nephrolepis cordifolia*(L.) C. Presl

肾蕨科肾蕨属。为中型地生或附生蕨,株高30~60 cm。地下具根状茎,地上部分呈簇生披针形,叶长30~70 cm,宽3~5 cm,一回羽状分裂。初生的小复叶呈抱拳状,具有银白色的绒毛,展开后绒毛消失,成熟的叶片革质光滑。羽状复叶主脉明显而居中,侧脉对称地伸向两侧。孢子囊群生于小叶片各级侧脉的上侧小脉顶端,囊群肾形。本种为世界各地普遍栽培的观赏蕨类;块茎富含淀粉,可食,亦可供药用。

桑 *Morus alba* L.

桑科桑属。乔木。叶具乳汁。叶卵形或宽卵形,长5~15 cm,锯齿粗钝,有时缺裂,上面无毛,下面脉腋具簇生毛;叶柄长1.5~5.5 cm,被柔毛。雌雄异株,雄花序下垂,长2~3.5 cm,密被白色柔毛;雌花序长1~2 cm,被毛,花序梗长0.5~1 cm,被柔毛,无花柱,柱头2裂,内侧具乳头状突起。聚花果卵状椭圆形,长1~2.5 cm,红色至暗紫色。花期4—5月,果期5—7月。果可食及用于酿酒;枝、叶、果药用,可清肺热、祛风湿、补肝肾。

乌头 *Aconitum carmichaelii* Debeaux

毛茛科乌头属。草本。块根倒圆锥形,长2~4 cm。茎高60~150 cm。叶片五角形,长6~11 cm,

宽9~15 cm,3全裂,中央裂片宽菱形或菱形,急尖,近羽状分裂,小裂片三角形,侧生裂片斜扇形,不等地2深裂。总状花序狭长,密生反曲的微柔毛;小苞片狭条形;萼片5,蓝紫色,上萼片高盔形,高2~2.6 cm,侧萼片长1.5~2 cm;花瓣2片,无毛,有长爪,距长1~2.5 mm;雄蕊多数;心皮3~5枚,通常有微柔毛。蓇葖长1.5~1.8 cm;种子有膜质翅。9—10月开花。块根为镇痉、镇痛剂,主治关节痛、神经痛、风寒湿痹等症。

中华天胡荽 *Hydrocotyle hookeri* subsp. *chinensis* (Dunn ex R. H. Shan et S. L. Liou) M. F. Watson et M. L. Sheh

伞形科天胡荽属。多年生草本。单叶互生,圆肾形,掌状5~7浅裂,裂片宽卵形或近三角形,边缘有不规则锯齿。单伞形花序腋生或和叶对生;总苞片膜质,卵状披针形;花白色。双悬果近圆形。全草入药,镇痛、清热、利湿,治腹痛、小便不利、湿疹等。

白术 *Atractylodes macrocephala* Koidz.

菊科苍术属。多年生草本。根状茎结节状,茎无毛。中下部茎生叶3~5羽状全裂,侧裂片1~2对;中部茎生叶椭圆形或长椭圆形,无柄;或大部茎生叶不裂;叶纸质,两面绿色;边缘有长或短针刺状缘毛或细刺齿。头状花序单生茎枝顶端;苞叶绿色,长3~4 cm,针刺状羽状全裂;总苞直径3~4 cm,宽钟状,总苞片9~10层;苞片先端钝。小花紫红色。瘦果倒圆锥状,密被白色长直毛;冠毛刚毛羽毛状,污白色。花果期8—10月。根状茎为健脾药。

益母草 *Leonurus japonicus* Houtt.

唇形科益母草属。一年生或多年生直立草本。茎方形,密被糙伏毛。基生叶近圆形,5~9裂;中部以上的叶掌状3裂。轮伞花序;花冠唇形,紫红色或淡红色;雄蕊4枚,2强雄蕊;子房上位4裂,柱头2裂;坚果棕色。花果期6—9月。全草入药,有效成分为益母草素,内服可使血管扩张而使血压下降,并有拮抗肾上腺素的作用,可治动脉硬化性和神经性的高血压,又能增加子宫运动的频度,为产后促进子宫收缩药,并对长期子宫出血而引起衰弱者有效,故广泛用于治疗妇女闭经、痛经、月经不调、产后出血过多、恶露不尽、产后子宫收缩不全、胎动不安、子宫脱垂及赤白带下等症。近年来益母草用于肾炎水肿、尿血、便血、牙龈肿痛、乳腺炎、丹毒、痈肿疔疮均有效。

紫茉莉 *Mirabilis jalapa* L.

紫茉莉科紫茉莉属。一年生草本。主茎直立,具膨大的节。单叶对生,卵状或卵状三角形,翠绿,内有浅色叶脉,花顶生,苞片钟形;花被高脚碟状,花色多样,无毛,筒部细长,缘部扩大;雄蕊与花被片等长或稍长;花柱线形,与雄蕊近等长,柱头头状。瘦果球形,黑色,有棱,表面具皱纹,似地雷状。花果期6—9月。原产热带美洲,我国南北各地栽培,供观赏。根、叶药用,可清热解毒、活血调经、滋补;种子白粉可去面部斑痣、粉刺。

杜若 *Pollia japonica* Thunb.

鸭跖草科杜若属。多年生草本。株高50~90 cm,茎直立或基部匍匐。叶常聚集于茎顶,椭圆形或长圆形,顶端渐尖,基部渐狭,暗绿色,表面粗糙。轮生的聚伞花序组成顶生圆锥花序;花瓣白色或紫色。果圆球形,成熟时暗蓝色或黑色。花期6—7月,果期8—10月。药用,治蛇、虫咬伤及腰痛。

滇姜花 *Hedychium yunnanense* Gagnep.

姜科姜花属。茎粗壮。叶片卵状长圆形至长圆形,长20~40 cm,宽约10 cm,两面均无毛,顶端具尾状尖头,基部渐狭成槽状的短柄;叶舌长圆形,长1.5~2.5 cm,膜质。穗状花序长达20 cm,苞片披针形,长1.5~2.5 cm,内卷,内生一花;花萼管状,有缘毛;花冠管纤细,长3.5~5 cm,裂片线形;侧生退化雄蕊长圆状线形,基部收窄,较花冠裂片稍短,但较阔;唇瓣倒卵形,长约2 cm,2裂至中部,基部具瓣柄;花丝长3.5~4 cm,花药长1~1.2 cm;柱头具缘毛;子房被疏柔毛。蒴果具钝三棱,直径12~14 cm,无毛。种子多数,具红色、撕裂状假种皮。花期9月。

金丝桃 *Hypericum monogynum* L.

金丝桃科金丝桃属。灌木。高0.5~1.3 m。小枝纤细且多分枝,叶纸质,无柄,对生,长椭圆形。花序具1~15(~30)朵花,自茎端第1节生出,疏松的近伞房状,有时亦自茎端1~3节生出,稀有1~2对次生分枝;花瓣金黄色至柠檬黄色,雄蕊5束,每束有雄蕊25~35枚,雄蕊花丝灿若金丝。蒴果。本种的叶形、花序以及萼片大小上的变异幅度大。花期5—8月,果期8—9月。花美丽,供观赏;根及果药用,果可代连翘,祛风湿、止咳、下乳、调经补血,治跌打损伤。

厚朴 *Houpoea officinalis* (Rehder et E. H. Wilson) N. H. Xia et C. Y. Wu

木兰科厚朴属。落叶乔木。树皮厚,不开裂。叶大,近革质,7~9片聚生于枝端,长圆状倒卵形,长22~45 cm,宽10~24 cm,先端具短急尖或圆钝,基部楔形,全缘而微波状,上面无毛,下面被灰色柔毛,有白粉;叶柄粗壮,长2.5~4 cm,托叶痕长为叶柄的2/3。花白色,直径10~15 cm,芳香;花被片9~12(17)枚,厚肉质,基部具爪,最内轮7~8.5 cm;雄蕊约72枚;雌蕊群椭圆状卵圆形,长2.5~3 cm。聚合果长圆状卵圆形,长9~15 cm;蓇葖具长3~4 mm的喙。花期5—6月,果期8—10月。树皮为著名中药,有化湿导滞、行气平喘、化食消痰、祛风镇痛之效。木材供建筑和细木工等用。叶大荫浓,花大美丽,可作绿化观赏树种。国家二级保护植物。

川滇无患子 *Sapindus delavayi* (Franch.) Radlk.

无患子科无患子属。落叶乔木。小枝被柔毛。小叶4~6(7)对,对生或近互生,纸质,长6~14 cm,侧脉纤细,多达18对;小叶柄长不及1 cm。圆锥花序顶生,长12~25 cm,有黄色柔毛;花小,白色;萼片5枚;花瓣通常4片;花盘偏于一侧;雄蕊8枚,花丝有长柔毛。核果球形,直径15~18 mm,肉质,平滑;种子黑色。花期夏初,果期秋末。根和果入药,有小毒,功能清热解毒、化痰止咳;果皮含有皂素,可代肥皂;木材可做箱板和木梳等。

栎叶枇杷 *Eriobotrya prinoides* Rehder et E. H. Wilson

蔷薇科枇杷属。常绿小乔木。叶片革质,长圆形或椭圆形,稀卵形,长7~15 cm,宽3.5~7.5 cm;

叶边有波状齿，叶片下面密生灰色绒毛。圆锥花序顶生，长6~10 cm；总花梗和花梗有棕灰色绒毛；花柱2个，稀为3个。果实卵形至卵球形，直径6~7 mm。花期9—11月，果期4—5月。

枳 *Citrus trifoliata* L.

芸香科柑橘属。落叶小乔木。花有大、小二型，花径3.5~8 cm；花瓣5片，匙形；雄蕊通常20枚。果近圆球形或梨形，大小差异较大，通常纵径3~4.5 cm，横径3.5~6 cm，果心充实，瓢囊6~8瓣，汁胞有短柄，果肉含黏液，甚酸且苦，带涩味，有种子20~50粒。枳有疏肝止痛、破气散结、消食化滞、除痰镇咳的功效；枳实与其他中药配伍，对治疗子宫脱垂和脱肛有显著效果。

富民枳 *Citrus* × *polytrifolia* Govaerts

芸香科柑橘属。本种与枳（*Citrus trifoliata* L.）的区别：常绿小乔木；花瓣5~9片，宽椭圆形，被绒毛，雄蕊35~43枚；果扁球形，直径6~7 cm。仅产于云南省富民县，属于极小种群物种，国家二级保护植物。

月桂 *Laurus nobilis* L.

樟科月桂属。常绿小乔木或灌木状。树冠卵圆形，分枝较低，小枝绿色，全体有香气。叶互生，革质，广披针形，边缘波状，有醇香。单性花，雌雄异株，伞形花序簇生叶腋间，小花淡黄色。核果椭圆状球形，熟时呈紫褐色。花期3—5月，果熟期6—9月。叶和果含芳香油，用于食品及皂用香精；叶片可作调味香料；种子含植物油约30%，油供工业用。

丽江山荆子 *Malus rockii* Rehder

蔷薇科苹果属。乔木，枝多下垂；小枝圆柱形，嫩时被长柔毛，逐渐脱落，深褐色，有稀疏皮孔。叶片椭圆形、卵状椭圆形或长圆卵形，长6~12 cm，宽3.5~7 cm。近似伞形花序，具花4~8朵，花梗长2~4 cm，被柔毛。果实卵形或近球形；果梗长2~4 cm，有长柔毛。花期5—6月，果期9月。

黄金间碧竹 *Bambusa vulgaris* f. *vittata*（Riviere et C. Riviere）T. P. Yi

禾本科簕竹属。秆高6~15 m，直径4~6 cm，鲜黄色，间以绿色纵条纹。箨鞘草黄色，具细条纹，背部密被暗棕色短硬毛，边缘具细齿或条裂；箨叶直立，卵状三角形或三角形，腹面脉上密被短硬毛。叶披针形或线状披针形，长9~22 cm，两面无毛。观赏。

火把花 *Colquhounia coccinea* var. *mollis*（Schlecht.）Prain

唇形科火把花属。灌木。枝钝四棱形，密被锈色星状毛。叶卵圆形或卵状披针形，通常长7~11 cm，宽2.5~4.5 cm，边缘有小圆齿，被星状绒毛；叶柄长1~2 cm，密被星状绒毛。轮伞花序6~20朵花，常组成簇状、头状至总状花序，下承以苞片，各部均多少被星状毛。花萼管状钟形，外被星状毛。花冠橙红色至朱红色，长2~2.5 cm。雄蕊4枚。子房具腺点。小坚果具膜质翅。花期8—11（12）月，果期11月至翌年1月。在云南白族火把节以后花开放如火，故名火把花，可供观赏，入药代密蒙花，用以明目。

六月雪　满天星，*Buchozia japonica*（Thunb.）Callm.

茜草科白马骨属。小灌木。高达90 cm。叶革质，长0.6~2.2 cm，宽3~6 mm，先端短尖或长尖，全缘，无毛；叶柄短。花单生或数朵簇生小枝顶部或腋生；苞片被毛，边缘浅波状。花萼裂片锥形，被毛；花冠淡红或白色，长0.6~1.2 cm，花冠筒比萼裂片长，花冠裂片扩展，先端3裂；雄蕊伸出冠筒喉部；花柱长，伸出，柱头2个，直，略分开。花期5—7月。

柠檬　*Citrus × limon*（L.）Osbeck

芸香科柑橘属。小乔木。枝少刺或近于无刺，叶厚纸质，卵形或椭圆形，翼叶宽或狭，或仅具痕迹。单花腋生或少花簇生，花萼杯状，4~5浅齿裂，花瓣长1.5~2 cm，外面淡紫红色，内面白色，常有单性花雄花。果椭圆形或卵形，果皮厚，柠檬黄色，通常粗糙。花期4—5月，果期9—11月。柠檬含有丰富的柠檬酸，因此被誉为"柠檬酸仓库"。果实汁多肉脆，有浓郁的芳香气，但味道特酸，用来调制饮料菜肴、化妆品和药品。此外，柠檬富含维生素C，能化痰止咳，生津健胃，用于治疗支气管炎、百日咳、食欲不振、维生素C缺乏、中暑烦渴等症状。

云南山梅花　*Philadelphus delavayi* L. Henry

虎耳草科山梅花属。灌木。高2~4 m。叶下面密被毛。总状花序有花5~9(~21)朵，下部常分枝，最下1对分枝顶端具3~5朵花，呈聚伞状或总状排列；花萼外面无毛或被毛，通常紫红色；花柱粗短，柱头棒形或匙形，较花药长而粗或近相等。蒴果倒卵形，长8~10 mm。种子长约4 mm，具稍长尾。花期6—8月，果期9—11月。

慈竹　*Bambusa emeiensis* L. C. Chia et H. L. Fung

禾本科簕竹属。竿高5~10 m，梢端细长作弧形向外弯曲或幼时下垂如钓丝状，全竿共30节左右，竿壁薄；节间长15~30（60）cm，直径3~6 cm，表面贴生灰白色或褐色疣基小刺毛，其长约2 mm，以后毛脱落则在节间留下小凹痕和小疣点；箨环显著。竿每节约有20条以上的分枝，主枝稍显著，其下部节间长可达10 cm，直径5 mm。末级小枝具数叶乃至多叶；叶鞘长4~8 cm；叶片窄披针形，大都长10~30 cm，宽1~3 cm。花枝束生，常甚柔，弯曲下垂，长20~60 cm或更长。竿可劈篾编结竹器。笋味较苦，但水煮后仍可食用。

仿栗　*Sloanea hemsleyana*（Ito）Rehder et E. H. Wilson

杜英科猴欢喜属。乔木。幼枝无毛。叶簇生枝顶，薄革质，常窄倒卵形或卵形，长10~15(~20) cm，宽3~5 cm，先端骤尖或渐尖。总状花序顶生；萼片4枚，两面被柔毛；花瓣白色，先端有撕裂状缺齿，被微毛；雄蕊与花瓣等长，先端有芒刺；子房被绒毛，花柱突出雄蕊之上，长5~6 mm。蒴果(3)4~5(6)瓣裂开，内果皮紫红色，针刺长1~2 cm，果柄长2.5~6 cm。种子黑褐色，下半部有假种皮。花期7月。种子及假种皮可食。

长梗润楠　*Machilus duthiei* King ex Hook. f.

樟科润楠属。乔木。枝圆柱形，有纵向条纹。叶椭圆形、长椭圆形或倒卵形至倒卵状长圆形，长6.5~15(20) cm,宽2.5~5 cm,先端渐尖,薄革质,上面绿色,光亮。聚伞状圆锥花序多数,生于短枝下部,长(3)5~12 cm;总梗长2~6 cm,苞片、小苞片、花梗被绢状小柔毛;花淡绿黄色、淡黄至白色。果球形,果梗红色,花期5—6月,果期8—10月。树形美观,可作为城市和庭院绿化树种。

佛肚竹 *Bambusa ventricosa* McClure

禾本科簕竹属。丛生型竹类,竿高8~10 m。竿有2~3种类型:正常竿之间为圆筒形,中间类型竿为棍棒状,畸形竿节间则呈瓶状。箨鞘无毛。箨片披针形,直立或上部箨盘略向外翻转,脱落性叶鞘无毛,鞘口缝毛开展成束,灰白色。叶耳多少显著。叶片两面均多少具小刺毛。观赏。

紫竹 *Phyllostachys nigra* (Lodd.) Munro

禾本科毛竹属。散生竹,竿高3~6(~10) m,直径2~5 cm。新竹绿色,当年秋冬即逐渐呈现黑色斑点,此后全竿变为紫黑色。

凤尾竹 *Bambusa multiplex* f. *fernleaf* (R. A. Young) T. P. Yi

禾本科簕竹属。为孝顺竹的栽培型。竿密丛生,空心;竿高3~6 m,直径0.5~1.0 cm,叶小枝纤柔下垂,宛如凤尾,每小枝有叶9~13,叶片小型,长3.3~6.5 cm,宽4~7 mm,似羽状。栽培观赏。

竹柏 *Nageia nagi* (Thunb.) Kuntze

罗汉松科竹柏属。乔木。树皮红褐色或暗紫红色。叶对生,排成两列,革质,具多数平行细脉,长3.5~9 cm,宽1.5~2.5 cm,叶上面深绿色,有光泽,下面有气孔线。球花单生叶腋,雌球花苞片不肥大成肉质种托。种子圆球形,直径达1.5 cm,成熟时假种皮暗紫色,有白粉。材用,观赏,果可榨油。

水松 *Glyptostrobus pensilis* (Staunt. ex D. Don) K. Koch

柏科水松属。乔木。树干有扭纹;树皮纵裂成不规则的长条片;枝条稀疏,大枝近平展。叶片多型:鳞形叶较厚或背腹隆起,有白色气孔点,冬季不脱落;条形叶两侧扁平,先端尖,基部渐窄,淡绿色。球果倒卵圆形,种鳞木质,扁平,鳞背近边缘处有三角状尖齿;苞鳞与种鳞合生。种子椭圆形,稍扁,褐色。花期1—2月,秋后球果成熟。为我国特有树种。根系发达、耐水湿、材质优良、树姿优美,可作用材林和庭院观赏等树种。国家一级保护植物。

木芙蓉 *Hibiscus mutabilis* L.

锦葵科木槿属。落叶灌木或小乔木。小枝、叶柄、花梗和花萼均密被绒毛。叶卵状心形,常5~7裂,裂片三角形,具钝圆锯齿,上面疏被星状毛和细点,下面密被星状细绒毛,掌状脉5~11条;叶柄长5~20 cm。花单生枝端叶腋。花梗长5~8 cm,近顶端具节;小苞片8枚,密被星状绵毛;花萼钟形,长约3 cm,裂片5枚;花冠初白或淡红色,后深红色,直径约8 cm,花瓣5片,基部具髯毛;雄蕊柱长2~3 cm;花柱分枝数为5。蒴果扁球形,被淡黄色刚毛和绵毛,果爿5个。种子肾形,背面被长柔毛。花期8—10月。本种花大色丽,为我国久经栽培的园林观赏植物;花供药用,有清肺、凉血、散热和解毒之功效。

苦参 野槐,*Sophora flavescens* Alt.

豆科槐属。灌木。幼枝有疏毛,后变无毛。羽状复叶长20~25 cm;小叶13~29片,长3~4 cm,

宽1.2~2 cm,先端渐尖,基部圆形,下面密生平贴柔毛。总状花序顶生,长15~20 cm;萼钟状,有疏短柔毛或近无毛;花冠淡黄色,旗瓣匙形,翼瓣无耳。荚果长5~8 cm,于种子间微缢缩,呈不明显的串珠状,疏生短柔毛,有种子1~5粒。根有清热利尿、燥湿杀虫的功能;种子含金雀花碱,可作农药;又为水土保持、改良土壤植物。

紫藤 *Wisteria sinensis* (Sims) Sweet.

豆科紫藤属。攀缘缠绕性大藤本。一回奇数羽状复叶互生,小叶对生,卵状椭圆形。侧生总状花序,呈下垂状;总花梗、小花梗及花萼密被柔毛,花紫色或深紫色,花瓣基部有爪,近爪处有2个胼胝体。荚果扁圆条形,密被白色绒毛。种子扁球形,黑色。花期4—5月,果期8—9月。为著名棚架观赏植物,自古即栽培于寺庙、庭院,春日紫穗满架,十分美丽。鲜花常加入糕饼中食用;根用于治咳嗽、水肿,通小便;茎皮和胃解毒、驱虫、止吐泻。

董棕 *Caryota obtusa* Griffith

棕榈科鱼尾葵属。茎单生,乔木状,具明显的环状叶痕。叶长5~7 m,宽3~5 m,弓状下弯;羽片宽楔形或呈狭的斜楔形,长15~29 cm,宽5~20 cm,幼叶近革质,老叶厚革质;叶柄长1.3~2 m;叶鞘边缘具网状的棕黑色纤维。佛焰苞长30~45 cm;花序长1.5~2.5 m,具多数、密集的穗状分枝花序。果实成熟时红色。花期6—10月,果期5—10月。髓心含淀粉,可代西谷米;叶鞘纤维坚韧,可制棕绳;树形美丽,可作绿化观赏树种。国家二级保护植物。

地不容 *Stephania epigaea* Lo

防己科千金藤属。草质落叶藤本。全株无毛;块根硕大,通常扁球状。嫩枝稍肉质,紫红色,有白霜,干时现条纹。叶盾状着生。单伞形聚伞花序腋生,稍肉质,常紫红色而有白粉,雄花序梗长1~4 cm,每个小聚伞花序有花2~3朵,稀5~7朵;雌花序与雄花序相似。果梗短而肉质,核果红色;果核背部两侧各有小横肋16~20条。花期春季,果期夏季。块根含千金藤素,是云南著名的传统中草药,有小毒,可清热解毒、镇静、理气、止痛。

朱砂根 *Ardisia crenata* Sims

报春花科紫金牛属。灌木。不分枝,高1~2 m,有匍匐根状茎。叶坚纸质,狭椭圆形、椭圆形或倒披针形,长8~15 cm,宽2~3.5 cm,急尖或渐尖,边缘皱波状或波状,两面有突起腺点,侧脉10~20对。花序伞形或聚伞状,顶生,长2~4 cm;花长6 mm;萼片、花冠、雄蕊有黑腺点;雌蕊与花冠裂片几等长。果直径7~8 mm,有稀疏黑腺点。根叶可祛风除湿、散瘀止痛、通经活络,治跌打风湿、消化不良、咽喉炎及月经不调;果可食,亦可榨油,可供制肥皂。可观赏。

球药隔重楼 *Paris fargesii* Franch.

藜芦科重楼属。多年生草本。植株高50~100 cm;根状茎直径为1~2 cm。叶(3~)4~6枚,宽卵形,基部心形或近圆形,具长柄;雄蕊短,花丝长1~2 mm;药隔突出于花药之上,突出部分圆头状,肉质，长约1 mm，呈紫褐色。叶和外轮花被片全部绿色。花期5月。以根状茎入药，具有清热解毒、消肿止痛、平喘止咳、活血散瘀、凉肝定惊的功效。国家二级保护植物。

禄劝花叶重楼 *Paris luquanensis* H. Li

藜芦科重楼属。多年生矮小草本。茎高6~23 cm；根状茎土褐色，长1.5~5 cm，直径0.7~1.5 cm。叶4~6枚，倒卵形，倒卵状长圆形、菱形、倒卵状披针形，长3.2~9.5 cm，宽2~6 cm，上面深绿色，下面深紫色，两面叶脉及沿脉淡绿色，无叶柄。叶和外轮花被片带有白色脉的斑纹。药隔不突出于花药之上；花梗长2.5~9 cm，由初花到果期伸长，淡绿色或紫色。果深紫色或绿色。种子少数，近球形，白色，外种皮为红色。花期5—6月，果期10月。国家二级保护植物。

云龙重楼 *Paris yanchii* H. Li, L.G. Lei et Y.M. Yang

藜芦科重楼属。叶脉仅2~3对，弧曲，远离。花瓣常缺如或少于萼片，花瓣和雄蕊为淡紫色或紫色；药隔凸出部分长1~1.5 cm。国家二级保护植物。

滇重楼 宽瓣重楼，*Paris polyphylla* var. *yunnanensis* (Franch.) Hand.- Mazz.

藜芦科重楼属。根状茎粗厚，直径达1~2.5 cm。茎通常带紫红色，基部有灰白色干膜质的鞘1~3枚。叶(6~)8~10(~12)枚，厚纸质，叶柄长0.5~2 cm。外轮花被片披针形或狭披针形，长3~4.5 cm，比七叶一枝花的明显要宽；内轮花被片6~8(12)枚，条形，中部以上宽达3~6 mm，长为外轮的1/2或近等长；雄蕊(8~)10~12枚，花药长1~1.5 cm，花丝极短，药隔突出部分长1~2(~3) mm；子房球形，花柱粗短，上端具5~6(10)分枝。产地海拔1400~3600 m。花期6—7月，果期9—10月。以干燥块茎入药，含重楼皂苷、生物碱和氨基酸。有小毒，具有清热解毒、消肿止痛、凉肝定惊的功效，主治疔疮痈肿、咽喉肿痛、跌打伤痛、惊风抽搐、毒蛇咬伤，还可用于流行性乙型脑炎、淋巴结结核、扁桃体炎、阑尾炎、乳腺炎、腮腺炎、胃痛、止血等，是“云南白药”、“宫血宁”等国家保护中药的主要成分之一。国家二级保护植物。

七叶一枝花 蚤休，*Paris polyphylla* Smith

藜芦科重楼属。多年生宿根花卉。根状茎肥厚，棕褐色，有斜形环节。茎直立，圆柱形，光滑。叶5~10枚，通常为7枚，轮生茎顶，矩圆形、椭圆形或倒卵状披针形，叶柄明显，长2~6 cm，带紫红色。花黄绿色，有柄，自轮生叶的中间抽出。花梗长5~16(30) cm；外轮花被片绿色，(3~)4~6枚，狭卵状披针形，长(3~)4.5~7 cm；内轮花被片狭条形，通常比外轮长。蒴果球形。花期春、夏季。根状茎有小毒，用于痈疖肿毒、毒蛇咬伤、腮腺炎、瓣疥、无名肿毒、肠痈腹痛、乳痈、扁桃体炎、关节肿痛、小儿麻疹并发肺炎。国家二级保护植物。

三七 *Panax notoginseng* (Burkill) F. H. Chen ex C. Y. Wu et K. M. Feng

五加科人参属。多年生直立草本。高可达60 cm。主根肉质，呈纺锤形。茎暗绿色，指状复叶，轮生茎顶。叶柄具条纹，叶片膜质。伞形花序单生于茎顶，有花；总花梗有条纹，苞片多数簇生于花梗基部，卵状披针形；花梗纤细，小苞片多数，花小，淡黄绿色；花萼杯形，稍扁，花丝与花瓣等长；子房下位。果扁球状肾形。种子白色。花期7—8月，果期8—10月。纺锤根可活血止血、去瘀止痛、滋补强壮，为著名跌打损伤特效药；叶、花、果及茎均富含三萜皂苷。

川芎 *Ligusticum sinense* 'Chuanxiong'

伞形科藁本属。多年生草本。高40~60 cm。根茎发达，形成不规则的结节状拳形团块，具浓烈香气。茎直立，圆柱形，具纵条纹，上部多分枝，下部茎节膨大呈盘状。复伞形花序顶生或侧生；总苞片3~6枚，线形，长0.5~2.5 cm；伞幅7~24，不等长，长2~4 cm，内侧粗糙；小总苞片4~8枚，线形，长3~5 mm，粗糙；萼齿不发育；花瓣白色，倒卵形至心形，长1.5~2 mm，先端具内折小尖头；花柱基圆锥状，花柱2个，长2~3 mm，向下反曲。幼果两侧扁压，长2~3 mm，宽约1 mm；背棱槽内油管1~5个，侧棱槽内油管2~3个，合生面油管6~8个。花期7—8月，幼果期9—10月。产四川西部，黄河流域各地有栽培。根茎药用，可活血调经、疏肝解郁、行气定痛、祛风除湿、扩张血管、增加冠状动脉和心脏血流量。

西域青荚叶 *Helwingia himalaica* Hook. f. et Thoms. ex C. B. Clarke

青荚叶科青荚叶属。落叶灌木，高达3 m。叶厚纸质，长椭圆形或长圆披针形，长5~11（~18）cm，宽2.5~4(~5) cm，先端尾状渐尖；托叶常2(~3)裂，稀不裂。雄花绿色带紫，常(3)5~14朵呈密伞花序，(3)4基数。雌花3或4基数，柱头3~4裂，外卷。果实1~3生叶上面中脉上，长6~9 mm；果柄长1~2 mm。花期4—6月，果期6—9月。全株有活血化瘀、除湿利尿的功能。

中华青荚叶 *Helwingia chinensis* Batal.

青荚叶科青荚叶属。常绿灌木，高1~2 m。叶革质或近革质，线状披针形或披针形，长4~15 cm，宽4~20 mm，先端长渐尖，基部楔形或近于圆形，边缘具稀疏腺状锯齿，叶面深绿色。托叶纤细，线状分裂，边缘具细齿。雄花4~15朵呈伞形或密伞形花序，生叶上面主脉中部或幼枝上段；花3或5基数。花梗极短。果具种子3~5粒，直径5~9 mm，成熟时红或红黑色。花期4—5月，果期8—10月。叶药用，可除湿、清热；果治胃病；根治骨折；嫩叶可代茶作饮料。

油麻藤 常春油麻藤，*Mucuna sempervirens* Hemsl.

豆科油麻藤属。常绿木质藤本。藤茎可长达25 m，其叶四季常青，色泽光亮，羽状复叶具3枚小叶，叶长21~39 cm。总状花序生于老茎上，长10~36 cm，每节上有3朵花，花大，下垂；花萼密被绒毛，花冠深紫色或紫红色；下垂花序上的花朵盛开时形如成串的小雀。果木质，带形，长30~60 cm，宽3~3.5 cm，厚1~1.3 cm，种子间缢缩，近念珠状，边缘多数加厚。花期4—5月，果期8—10月。茎藤药用，有活血化瘀、舒筋通络的功效。

鹅掌柴 *Heptapleurum heptaphyllum*（L.）Y. F. Deng

五加科鹅掌柴属。乔木。小枝粗壮，干时有皱纹。叶有小叶6~9(~11)；叶柄长15~30 cm。圆锥花序顶生,长20~30 cm;伞形花序有花10~15朵;总花梗纤细,长1~2 cm;花瓣5~6片,开花时反曲,无毛;雄蕊5~6枚,比花瓣略长;子房5~7室,稀9~10室;花柱合生成粗短的柱状;花盘平坦。果实球形,黑色,直径约5 mm,有不明显的棱;宿存花柱很粗短。花期11—12月,果期12月。是南方冬季的蜜源植物;叶及根皮民间供药用,治疗流感、跌打损伤等症。

蕊木 云南蕊木,*Kopsia arborea* Blume

夹竹桃科蕊木属。乔木。树皮灰褐色;幼枝略有微毛。聚伞花序复总状,伸长二叉,着花约42朵。花期4—9月,果期9—12月。产于云南南部。云南民间有人用其树皮煎水治水肿;果实、叶有消炎止痛、舒筋活络功效,可治咽喉炎、扁桃体炎、风湿骨痛、四肢麻木等病。

淫羊藿 *Epimedium brevicornu* Maxim.

小檗科淫羊藿属。多年生草本。根状茎粗短,暗棕褐色。株高20~60 cm。二回三出复叶基生和茎生,具长柄,小叶纸质或厚纸质,叶缘具刺齿。花白色或淡黄色。花期5—6月,果期6—8月。全草药用,主治阳痿早泄、腰酸腿痛、四肢麻木、半身不遂、神经衰弱、健忘、耳鸣、目眩等症。

西南鬼灯檠 *Rodgersia sambucifolia* Hemsl.

虎耳草科鬼灯檠属。多年生草本。羽状复叶;叶柄长3.4~28 cm,仅基部与小叶着生处具褐色长柔毛;小叶片3~9(~10)片,边缘有重锯齿,腹面被糙伏毛,背面沿脉生柔毛。聚伞花序圆锥状,长13~38 cm;花序分枝长5.3~12 cm;花序轴与花梗密被膜片状毛;花梗长2~3 mm;萼片5枚,背面疏生黄褐色膜片状毛;无花瓣;心皮2枚,子房半下位,花柱2个。花果期5—10月。根状茎入药,活血调经,祛风湿。

常山 *Dichroa febrifuga* Lour.

绣球科常山属。灌木。小枝被稀疏短柔毛。叶形状大小变异大,长6~25 cm,宽2~10 cm,边缘具锯齿或粗齿,两面绿色或一至两面紫色;叶柄长1.5~5 cm,无毛或疏被毛。伞房状圆锥花序顶生,有时叶腋有侧生花序,直径3~20 cm;花蓝色或白色;花萼4~6裂;花瓣稍肉质,花后反折;雄蕊10~20枚;花柱4(5~6),子房3/4下位。浆果直径3~7 mm,新鲜时蓝色,干时黑色。种子长约1 mm,具网纹。花期2—4月,果期5—8月。

春羽 羽裂喜林芋,*Philodendron selloum* Schott ex Endl.

天南星科喜林芋属。多年生草本。高达1 m,茎粗壮直立,直径可达10 cm,茎上有明显叶痕及电线状的气生根。叶于茎顶向四周伸展,有长40~50 cm的叶柄,叶身鲜浓有光泽,长达60 cm,宽约40 cm,但一般盆栽的仅约一半大小,全叶羽状深裂。佛焰苞外面绿色,内面黄白色,肉穗花序总梗甚短,白色;花单性,无花被。浆果。株形美观,叶姿秀丽,终年常绿,花序大,有较高的观赏价值。

鸳鸯茉莉 *Brunfelsia brasiliensis* (Spreng.) L. B. Sm. et Downs

茄科鸳鸯茉莉属。常绿矮灌木,高50~150 cm。单叶互生。花单生或成聚伞花序;花冠呈高脚碟状,有浅裂。浆果。花期4—10月,单花开放5天左右,初开为蓝紫色,渐变为雪青色,最后变为白色，因其会变色又有香气，颇受人喜爱。

全缘金粟兰 四块瓦，*Chloranthus holostegius*（Hand.-Mazz.）S. J. Pei et Shan

金粟兰科金粟兰属。多年生草本，高25~55 cm；茎直立，通常不分枝，下部节上对生2片鳞状叶。叶对生，通常4片生于茎顶，长8~15 cm，宽4~10 cm，边缘有锯齿。穗状花序顶生或腋生，通常1~5朵聚生，连总花梗长5~12 cm；苞片全缘；花白色；雄蕊3枚，雄蕊药隔长5~8 mm。核果近球形或倒卵形，长3~4 mm，绿色。花期5—6月，果期7—8月。全草供药用，有毒，能解毒消肿、活血散瘀，治风湿性关节炎、菌痢。

a. 毛脉金粟兰 var. *trichoneurus* K.F.Wu

本变种与原种全缘金粟兰不同之处，主要为本变种叶背面沿脉密被鳞屑状毛。

金毛狗 *Cibotium barometz*（L.）J. Sm.

金毛狗科金毛狗属。国家二级保护植物。植株高可达3 m。根状茎粗大直立，有密的金黄色长绒毛，形如金毛狗头，顶端有叶丛生。叶柄长120 cm；叶片革质，除小羽轴两面略有褐色短毛外，余皆无毛，阔卵状三角形，长宽几相等，三回羽裂；末回裂片镰状披针形，长1~1.4 cm，宽约3 mm，尖头，边缘有浅锯齿，侧脉单一，或在不育裂片上为二叉。孢子囊群生于小脉顶端，每裂片1~5对；囊群盖两瓣，形如蚌壳。根茎作强壮剂，其覆盖的金黄色长毛作止血剂，又可为填充物。可栽培供观赏。

云南观音座莲 *Angiopteris yunnanensis* Hieron.

合囊蕨科观音座莲属。国家二级保护植物。植株高可达2 m。根状茎肥大、肉质、马蹄形。叶片二回羽状；小羽片长达13 cm，宽约2 cm，渐尖头，基部近圆形或圆截形，边缘全缘，仅向顶部有疏尖锯齿，有纤细的倒行假脉，由叶边向内达到1/3处。孢子囊群长约2 mm，稍靠近叶边，由14~20个孢子囊组成。

草珊瑚 *Sarcandra glabra*（Thunb.）Nakai

金粟兰科草珊瑚属。常绿半灌木，高50~120 cm。茎与枝条均有膨大的节。叶对生，近革质，卵状披针形至卵状椭圆形，长5~15 cm，宽3~7 cm，边缘有粗锯齿，齿尖有一腺体；叶柄长约1 cm，基部合生成鞘状；托叶微小。穗状花序顶生，通常分枝，多少成圆锥花序状，长1~3 cm；花两性，无花被，黄绿色；雄蕊1枚，部分贴生于心皮的远轴一侧，肥厚，棒状或扁棒状；花药2室；雌蕊球形，柱头近头状。核果球形，红色，直径3~4 mm。全株入药，可清热解毒、活血、消肿止痛、抗菌消炎。近年来还用以治疗胰腺癌、胃癌、直肠癌、肝癌、食管癌等恶性肿瘤，有缩小肿块、延长寿命、改善自觉症状等功效。

巴豆藤 三叶崖豆藤，*Craspedolobium unijugum*（Gagnep.）Z. Wei et Pedley

豆科崖豆藤属。攀缘灌木。茎圆柱形，灰白色，粗糙，具细棱。三小叶复叶，下面密被淡黄色细硬毛；小托叶刺毛状。圆锥花序腋生或顶生，长25~30 cm，被毛，生花枝2~4，长约10 cm；花多数；小苞片贴萼生；花长10~12 mm；花梗与萼同被红色绒毛；花萼筒状；花冠米黄色，旗瓣圆形，具黑色斑点，翼瓣具双耳，龙骨瓣截形；二体雄蕊；子房线形，密被绒毛。荚果线形，长约10 cm，宽2 cm，厚约2 cm，有种子4~6粒；种子球形，直径约1.5 cm。果期10月。

铁线蕨 *Adiantum capillus-veneris* L.

铁线蕨科铁线蕨属。植株高15~40 cm。根状茎横走，有淡棕色披针形鳞片。叶近生，薄草质，无毛；叶柄栗黑色，仅基部有鳞片；叶片卵状三角形，长10~25 cm，宽8~16 cm，中部以下二回羽状，小羽片斜扇形或斜方形，外缘浅裂至深裂，裂片狭，不育裂片顶端钝圆并有细锯齿。叶脉扇状分叉。孢子囊群生于由变质裂片顶部反折的囊群盖下面；囊群盖圆肾形至矩圆形，全缘。为钙质土的指示植物。茎叶秀丽多姿，株型小巧，适合小盆栽种植。

木鳖子 老鼠拉冬瓜，*Momordica cochinchinensis* (Lour.) Spreng.

葫芦科苦瓜属。粗壮大藤本，长可达15 m，具块状根。茎有纵棱；卷须粗壮，与叶对生。叶互生，通常3浅裂或深裂，全缘或具微齿，上面光滑，下面密生小乳突，3出掌状网脉；叶柄长5~10 cm，具纵棱，在中部或近叶片处具2~5腺体。花单性，雌雄异株。果实卵球形，长达12~15 cm，成熟时红色，肉质，密生长3~4 mm的具刺尖的突起。种子多数。花期6—8月，果期8—10月。种子、根和叶入药，有消肿、解毒止痛之效。

短莛飞蓬 灯盏花，*Erigeron breviscapus* (Vant.) Hand.-Mazz.

菊科飞蓬属。多年生草本。根状茎粗厚，木质。茎高5~50 cm，中部有少数伞房状分枝，全株被有多细胞的硬短毛或杂有腺毛。叶全缘，两面有粗毛，基生叶密集成莲座状；茎生叶通常2~4片，上部叶常缩小成条形的小苞叶。头状花序顶生；总苞片3层，条状披针形；舌状花2~3层，舌片紫色；两性花筒状，黄色。瘦果狭矩圆形，扁；冠毛白色2层，外层极短。全草药用，主治小儿疳积、小儿麻痹症、脑膜炎后遗症、牙痛、小儿头疮。

长蕊斑种草 滇紫草，*Antiotrema dunnianum* (Diels) Hand.-Mazz.

紫草科长蕊斑种草属。多年生草本。茎1~2条，高9~30 cm，有开展的短柔毛。基生叶匙形或狭椭圆形，两面有细糙毛。镰状聚伞圆锥花序顶生；无苞片；花冠漏斗状，蓝色，裂片5，长4.5~7 mm，在筒中部有5个梯形的附属物；雄蕊5枚；子房4裂。小坚果4个，肾形，长约2 mm，密生小疣点。根和叶治跌打、红肿，捣烂敷于患处。

蓝耳草 *Cyanotis vaga* (Lour.) Schult. et Schult. f.

鸭跖草科蓝耳草属。多年生披散草本。有球状而被毛的鳞茎；高15~30 cm，全体疏被长硬毛。叶片条形至披针形，长5~10 cm，宽0.5~2 cm。聚伞花序顶生，兼有腋生；总苞片佛焰苞状；苞片两列，每列覆瓦状排列；萼片基部连合，外被白色长硬毛；花瓣3枚，蓝色或蓝紫色；雄蕊6枚，花丝上部密被蓝色绵毛。蒴果，顶端被细长硬毛，3瓣裂，每室有种子1~2颗。

蛛丝毛蓝耳草 露水草,*Cyanotis arachnoidea* C. B. Clarke

鸭跖草科蓝耳草属。多年生草本。根粗壮,直径1~1.5 mm,植株有成丛的基生叶,无鳞茎。叶、总苞及苞片常密被蛛丝状白毛。聚伞花序常簇生。根入药,通经活络、除湿止痛,主治风湿关节疼痛。植株含蜕皮激素,有促进胶原蛋白合成、促进细胞生长、刺激真皮细胞分裂、帮助排出体内的胆固醇、抗心律不齐、降血脂、抑制血糖上升等生理活性。

除虫菊 *Tanacetum cinerariifolium*(Trevis.) Sch. Bip.

菊科菊蒿属。多年生草本,高17~60 cm。根状茎短。茎直立,单生或少数茎成簇生,不分枝或自基部分枝,银灰色,被短柔毛。基生叶花期生存,卵形或椭圆形,长1.5~4 cm,宽1~2 cm,二回羽状分裂,一回为全裂,侧裂片3~5对,二回为深裂或几全裂;全部叶有叶柄,基生叶柄长10~20 cm,中上部茎叶的叶柄长2.5~5 cm。叶两面银灰色,被贴伏压扁的丁字形毛及顶端分叉的短毛。花果期5—8月。原产欧洲,我国多地引种栽培。外用治疥癣;或用于驱蚊,是蚊香的原料。

土牛膝 *Achyranthes aspera* L.

苋科牛膝属。一年生或两年生草本。茎具4棱。叶对生倒卵形或长椭圆形。穗状花序顶生;苞片卵形;小苞片披针形,萼片5枚,披针形,雄蕊5枚,花丝基部合生成杯状。果为胞果,卵形。根药用,可清热解毒,利尿。

海州常山 臭梧桐,*Clerodendrum trichotomum* Thunb.

唇形科大青属。落叶灌木或小乔木。叶对生,叶片广卵形或卵状心形,两面幼时被白色短柔毛,具臭气。伞房状聚伞花序顶生或腋生,苞片叶状,椭圆形,早落;花萼绿白或紫红色,5棱,裂片三角状披针形;花冠白或粉红,芳香,裂片长椭圆形。核果近球形,直径6~8 mm,蓝紫色,为宿萼包被。花、果、枝条亦均有臭气。

玉簪 *Hosta plantaginea* (Lam.) Aschers.

天门冬科玉簪属。宿根草本。株高30~50 cm。叶基生成丛,卵形至心状卵形,基部心形,叶脉呈弧状。总状花序顶生,花为白色,管状漏斗形,浓香。蒴果圆柱状,有3棱,长约6 cm,直径约1 cm。花期6—8月。各地常见栽培。全草药用,花清咽、利尿、通经,亦可供蔬食或作甜菜,须去雄蕊。全草有拔脓解毒、生肌功效。

三白草 *Saururus chinensis* (Lour.) Baill.

三白草科三白草属。湿生草本,高达1 m余。根茎白色,粗壮。茎粗壮,具纵棱及沟槽。托叶鞘长0.2~1 cm,稍抱茎。叶纸质,密被腺点,宽卵形或卵状披针形,长(4~)10~20 cm,先端短尖或渐尖,基部心形或斜心形,两面无毛,上部叶较小,茎顶端2~3叶花期常白色,呈花瓣状;基脉5~7条,网脉明显。总状花序腋生或顶生,长(5~)12~20(~22) cm,花序梗长3~4.5 cm,无毛,花序轴密被柔毛。果近球形,多疣。花期4—6月。全株药用,内服治尿路感染及结石,外敷治痈疮疖肿等。

荚果蕨 *Matteuccia struthiopteris*（L.）Todaro

球子蕨科荚果蕨属。植株高达90 cm。根状茎直立，连同叶柄基部有密披针形鳞片。叶簇生，二型，有柄；不育叶片矩圆倒披针形，长45~90 cm，宽14~25 cm，叶轴和羽轴偶有棕色柔毛，二回深羽裂，下部十多对羽片向下逐渐缩短成小耳形，中部羽片宽1.2~2 cm；裂片边缘浅波状或顶端具圆齿。侧脉单一。能育叶较短，挺立，有粗硬而较长的柄，一回羽状，纸质，羽片向下反卷成有节的荚果状，包被囊群。孢子囊群圆形，生于侧脉分枝的中部，成熟时汇合成条形；囊群盖膜质，白色，成熟时破裂消失。其是优美的观叶植物。

大齿牛果藤 显齿蛇葡萄，*Nekemias grossedentata*（Hand.-Mazz.）J. Wen et Z. L. Nie

葡萄科牛果藤属。木质藤本。小枝圆柱形，有显著纵棱纹，无毛。卷须2叉分枝；叶为亮绿色，一至二回羽状复叶，二回羽状复叶者基部一对为3小叶，小叶宽卵形或长椭圆形，长2~5 cm，宽1~2.5 cm，有粗锯齿，两面无毛，干时同色；叶柄长1~2 cm，无毛。花序为伞房状多歧聚伞花序，与叶对生。果近球形，直径0.6~1 cm。种子倒卵圆形。花期5—8月，果期8—12月。全株药用，具有清热利湿、解毒消肿等功效，是制作土家传统“霉茶”的原料。

盈江蜘蛛抱蛋 *Aspidistra yingjiangensis* L. J. Peng

天门冬科蜘蛛抱蛋属。鞘3枚，不等长，紫褐色，干后开裂。叶3枚，簇生；叶片狭倒披针形，长49~78 cm，宽2~4.5 cm，上部边缘有疏锯齿，顶端渐尖，两面具浅黄色斑点，基部渐收狭成长11~13 cm的叶柄。花序柄长1~1.5 cm，下部有2~3枚鳞片，近顶端有1~2朵花；苞片宽卵形，有许多明显的紫色小斑点；花被钟状，肉质，6裂；雄蕊6枚，近无花丝；柱头膨大，紫红色，直径5~7 mm，明显高于雄蕊。浆果球形，直径1.2~1.5 cm，熟时紫红色。

紫萁 *Osmunda japonica* Thunb.

紫萁科紫萁属。植株高50~80 cm。根状茎粗壮，斜升。叶二型，幼时密被绒毛；不育叶片三角状阔卵形，长30~50 cm，宽25~40 cm，顶部以下二回羽状，小羽片矩圆形或矩圆披针形，先端钝或短尖，基部圆形或圆楔形，边缘有匀密的矮钝锯齿。能育叶强度收缩，小羽片条形，长1.5~2 cm，沿主脉两侧密生孢子囊，成熟后枯死。本种有时在同一叶上生有能育羽片和不育羽片。嫩叶可食；其紧密的须根可作栽培兰科植物或其他附生植物的优良基质。

铁破锣 单叶升麻，*Beesia calthaefolia*（Maxim.）Ulbr.

毛茛科铁破麻属，多年生草本。叶2~4枚，均基生；叶片肾形或心形，上部密生伸展的短柔毛。花葶高达58 cm，具少数纵沟，下部无毛，上部花序处密被开展的短柔毛；复聚伞花序圆锥状；花小，白色或带粉红色，狭卵形或椭圆形。蓇葖果扁。根茎药用，治风湿感冒、风湿骨痛及目赤肿痛。

扇蕨 *Lepisorus palmatopedatus*（Baker）C. F. Zhao，R. Wei et X. C. Zhang

水龙骨科瓦韦属。植株高达65 cm。根茎粗壮，横走，密被鳞片，鳞片卵状披针形，具细齿。叶疏生；叶柄长30~45 cm；叶片扇形，长25~30 cm，宽与长相等或略过，鸟足形掌状分裂，中裂片披针形，长17~20 cm，宽2.5~3 cm，两侧的向外渐短，全缘，光滑，纸质，下面疏被棕色小鳞片；叶脉网状，网眼细密，有内藏小脉。孢子囊群聚生于裂片下部，靠主脉，圆形或椭圆形。为中国特有的一种奇异的蕨类植物，可作观赏栽培。

短莛山麦冬　阔叶麦冬，*Liriope muscari*（Decne.）L. H. Bailey

天门冬科山麦冬属。根细长，分枝多，有时局部膨大成纺锤形的小块根，小块根长达3.5 cm，宽约7~8 mm，肉质；根状茎短，木质。叶密集成丛，革质，长25~65 cm，宽1~3.5 cm，先端急尖或钝，基部渐狭，具9~11条脉，有明显的横脉。花葶通常长于叶，长45~100 cm；总状花序长（12~）25~40 cm，具许多花；花（3~）4~8朵簇生于苞片腋内；花被片紫色或红紫色；子房近球形，花柱长约2 mm，柱头三齿裂。种子球形，初期绿色，成熟时变黑紫色。花期7—8月，果期9—11月。

三叶木通　*Akebia trifoliata*（Thunb.）Koidz.

木通科木通属。落叶木质藤本。叶为三出复叶；小叶卵圆形、宽卵圆形或长卵形，长宽变化很大，边缘浅裂或呈波状；叶柄细瘦，长6~8 cm。花序总状，腋生，长约8 cm；花单性；雄花生于上部，雄蕊6枚；雌花花被片紫红色，具6个退化雄蕊，心皮分离，3~12枚。蓇葖果长5~8（11）cm，肉质，淡紫或土灰色，熟后沿腹缝线开裂；种子多数，卵形，黑色。花期4—5月，果期7—8月。根、茎和果均入药，利尿、通乳，有舒筋活络之效，治风湿关节痛；果可食及酿酒。

岩白菜　*Bergenia purpurascens*（Hook. f. et Thoms.）Engl.

虎耳草科岩白菜属。多年生草本，高20~35 cm，有粗而长的根状茎。叶均基生，有粗柄；叶片厚软，狭倒卵形，矩圆形或椭圆形，上面红绿色有光泽，下面淡绿色，全缘至边缘有小齿。花序总状，有6~7朵花，顶部时常下垂；花梗有褐色短绵毛；花萼5片；花瓣5片，紫红色或暗紫色；雄蕊10个；花柱顶部头状稍二裂。蒴果。花果期5—10月。全草含岩白菜素，根状茎入药，治虚弱头晕、劳伤咳嗽、吐血、咯血、淋浊、带下病及肿毒。外感发烧体虚者慎用。

红紫珠　*Callicarpa rubella* Lindl.

唇形科紫珠属。灌木。高1~3 m，小枝有绒毛。叶倒卵形、倒卵状椭圆形或鞋底形，长8~20 cm，宽3~9 cm，顶端渐尖，中上部较宽，基部心形或近耳形，两面都有毛，下面有黄色腺点；近无柄或有3 mm长的短柄。聚伞花序4~6次分歧，总花梗长2~3 cm；花萼有毛和腺点；花冠白色、粉红色以至淡紫色，外面有细毛。果实紫红色。民间用根燉肉服，可通经和治妇女带下病；嫩芽揉破擦癣；叶可作止血、接骨药。

蜡莲绣球　*Hydrangea strigosa* Rehder

绣球科绣球属。灌木，高达3 m。小枝与叶柄、花序密被糙伏毛。叶纸质，长8~28 cm，有锯齿，上面被糙伏毛，下面密被颗粒状腺体及糙伏毛；叶柄长1~7 cm。伞房状聚伞花序直径达28 cm；不育花萼片4~5枚，基部具爪，白色或淡紫红色；孕性花淡紫红色；雄蕊不等长；子房下位，花柱2个。蒴果坛状，不连花柱长宽均3~3.5 mm，顶端平截。种子褐色，两端具短翅。花期7—8月，果期11—12月。

毛地黄 *Digitalis purpurea* L.

车前科毛地黄属。多年生直立草本。除花冠外，全体被灰白色短柔毛和腺毛，有时茎上几无毛。茎单生或丛生。基生叶多数成莲座状，长5~15 cm，边缘常具圆齿；茎生叶下部的与基生叶同形，向上渐小，叶柄短至无。总状花序顶生，花朝向一边；花萼钟状；花冠紫红色，内面具斑点，长3~4.5 cm，先端被白色柔毛，上唇2浅裂，下唇3裂；雄蕊4枚，2强；柱头2裂。蒴果卵形，长1.5 cm，密被腺毛；种子短棒状，被毛。花期5—6月。叶药用，有强心之效。

蕨麻 鹅绒委陵菜，*Argentina anserina*（L.）Rydb.

蔷薇科蕨麻属。多年生草本。植株背面呈灰白色，叶、花茎被白色绢状柔毛。基生叶为间断羽状复叶，有6~11对小叶；小叶椭圆形、卵状披针形或长椭圆形，长1.5~4 cm，有多数尖锐锯齿或呈裂片状：茎生叶与基生叶相似，小叶对数较少。单花腋生；花梗长2.5~8 cm，疏被柔毛；花的直径1.5~2 cm；萼片三角状卵形，副萼片椭圆形或椭圆状披针形，常2~3裂，与萼片近等长或稍短；花瓣黄色。花果期4—9月。

金铁锁 *Psammosilene tunicoides* W. C. Wu et C. Y. Wu

石竹科金铁锁属。多年生草本，茎平卧，具细柔毛。根多单生，肥大，长圆锥形。茎圆柱形，中空，中、上部节间长5~7 cm。叶无柄，卵形，微带肉质，长1~2.5 cm，宽1~1.5 cm，上面疏生细柔毛，下面仅沿中脉有柔毛。聚伞花序顶生，三歧出；萼筒有15棱，多腺毛，萼齿5个；花瓣5片，紫红色；雄蕊5枚；子房有2胚珠，花柱2个。蒴果长棍棒形，有1颗种子。花期6—9月，果期7—10月。根入药，治跌打损伤、胃疼。有毒，内服宜慎。国家二级保护植物。

川滇柴胡 *Bupleurum candollei* Wall. ex DC.

伞形科柴胡属。多年生草本。高达1 m。茎基坚硬，分枝粗壮疏散。叶薄纸质，下面灰白绿色；茎下部叶线状披针形或长椭圆形，长12~15 cm，宽5~8 mm，先端圆，有小突尖头；中部叶长圆形；茎上部叶窄倒卵形。复伞形花序顶生和腋生；伞幅4~8，长1~3 cm；总苞片3~5枚；小总苞片5枚，绿色；伞形花序有花10~15朵。花瓣淡黄色，上部内折成扁圆形。果深褐色，棱近窄翅状。花期7—8月，果期9—10月。全草入药，消炎解毒，祛风止痒，治疮毒疖子，内服煎汤，外用煎水洗。

大滨菊 *Leucanthemum maximum*（Ramood）DC.

菊科滨菊属。宿根草本，高40~100 cm。全株无毛，基生叶簇生，匙形，长达30 cm，具长柄，叶缘具粗齿；茎生叶较小，披针形。头状花序单生，直径6~10 cm，芳香；舌状花白色，管状花黄色。花期5—8月。

亚洲蓍 *Achillea asiatica* Serg.

菊科蓍属。多年生草本。茎被棉状长柔毛。叶二至三回羽状全裂，上面疏生长柔毛，下面被较密长柔毛；中上部叶无柄，长1~8 cm；下部叶长7~18 cm。头状花序组成伞房状；总苞长圆形，宽2.5~3 mm，被疏柔毛，总苞片3~4层；舌状花具黄色腺点，舌片粉红或淡紫红色，具3圆齿；管状花具腺点，冠檐5裂。瘦果长圆状楔形，具边肋。花期7—8月，果期8—9月。

刺柏　*Juniperus formosana* Hayata

柏科刺柏属。常绿乔木。小枝下垂，常有棱脊；冬芽显著。叶全为刺形，3叶轮生，中脉两侧各有1条白色气孔带（在叶端合为1条），下面有纵钝脊。球花单生叶腋。球果近球形或宽卵圆形，长6~10 mm，熟时淡红色或淡红褐色，有白粉，顶端有时开裂；种子通常3粒，半月形，无翅，有3~4棱脊。树形美观，在长江流域各大城市多栽培作庭院树，也可作水土保持的造林树种。

黄花蒿　*Artemisia annua* L.

菊科蒿属。一年生草本。植株有浓烈的挥发性香气；茎下部叶宽卵形或三角状卵形。中部叶具2（~3）回栉齿状的羽状深裂；上部叶与苞片叶具1（~2）回栉齿状羽状深裂。头状花序球形，在分枝上排成总状或复总状花序；总苞片3~4层，内、外层近等长；花深黄色，雌花花冠狭管状；两性花花冠管状。瘦果小，略扁。花果期8—11月。入药，清热、解毒、杀虫；为提取“青蒿素”的原料。

扶芳藤　*Euonymus fortunei*（Turcz.）Hand.-Mazz.

卫矛科卫矛属。常绿攀缘藤本。枝上有细根，小枝绿色，圆柱形。叶对生，革质，宽椭圆形至长圆状倒卵形。聚伞花序腋生。蒴果近球形，淡红色。花期6—7月，果期10月。茎、叶有补肾强筋、安胎、止血、消瘀的功能。

食用土当归　土当归，*Aralia cordata* Thunb.

五加科楤木属。多年生草本；根粗大，短圆柱状。茎粗大，基部直径达2 cm，分枝稀疏开展。二回羽状复叶；羽片有小叶3~5片；小叶长4~20 cm，宽3~10 cm，先端突尖，基部圆形至心形，歪斜，边缘有细锯齿。花序为由伞形花序聚生的疏松的腋生圆锥花序，有一至三级分枝；花白色；萼边缘有5齿；花瓣5片；雄蕊5枚；子房下位，5室；花柱5个。果球形，成熟时紫黑色。嫩叶有香气，供食用，根祛风活血。

细叶水团花　*Adina rubella* Hance

茜草科水团花属。落叶小灌木。高60~100 cm；小枝红褐色，被柔毛。叶对生，纸质，卵状披针形或矩圆形，长3~4 cm，宽1~2.5 cm；托叶2深裂。头状花序顶生，通常单个，盛开时直径1.5~2 cm；总花梗长约2~3 cm，被柔毛；小苞片线形或线状棒形；萼筒疏被柔毛，萼裂片匙形或匙状棒形；冠筒长2~3 mm，裂片5片，三角形，紫红色。蒴果长4 mm。全株入药，枝干通经；花球清热解毒、治菌痢和肺热咳嗽；根煎水服治小儿惊风症。

狼牙委陵菜　*Potentilla cryptotaeniae* Maxim.

蔷薇科委陵菜属。多年生草本。高30~60（80）cm。茎多直立，全株有伸展长柔毛。基生叶为三出复叶，边缘有粗钝锯齿，下面散生柔毛，上面几无毛；叶柄长，有柔毛；茎生叶与基生叶相似，唯近顶端的叶片较小，叶柄较短。聚伞圆锥花序顶生，花梗长1.8~2.5 cm，有柔毛；花黄色，直径约1.2 cm。瘦果卵圆形，光滑。花果期7—9月。可为鞣料及蜜源植物。

滨海前胡 *Peucedanum japonicum* Thunb.

伞形科前胡属。植株高约1 m。茎粗壮，曲折，中空管状，无毛。基生叶柄长4~5 cm，叶鞘宽抱茎，边缘耳状膜质；叶宽卵状三角形，一至二回三出式分裂，羽片宽卵状近圆形，常3裂，先端非刺尖，基部心形或平截，具粗齿或浅裂，两面无毛，粉绿色，网脉细致明显。伞形花序梗粗，总苞片2~3片；中央伞形花序直径约10 cm：伞幅15~30，长1~5 cm；花瓣紫色，稀白色，有小硬毛。果长圆状倒卵形，有硬毛，背棱线形，钝而突起，侧棱厚翅状。花期6—7月，果期8—9月。

皱叶酸模 *Rumex crispus* L.

蓼科酸模属。多年生草本，高达1 m。茎常不分枝，无毛。基生叶披针形或窄披针形，长10~25 cm，宽2~5 cm，先端尖，基部楔形，边缘皱波状；茎生叶窄披针形，具短柄。花两性；花序窄圆锥状，分枝近直立；花梗细，中下部具关节；外花被片椭圆形，长约1 mm；内花被片在果时增大，宽卵形，全部具小瘤，稀1片具小瘤。瘦果卵形，具3锐棱。花期5—6月，果期6—7月。根药用，可清热、杀虫。

丛毛羊胡子草 *Eriophorum comosum* Nees

莎草科羊胡子草属。多年生草本。根状茎粗短。秆密丛生，高14~80 cm，直径1~2 mm，基部具宿存的黑褐色叶鞘。叶基生，无秆生叶；叶片条形，边缘内卷，具细齿，向顶端渐狭成刚毛状，长于花序。苞片叶状，条形；长侧枝聚伞花序伞房状，长6~22 cm，有多数小穗；小穗单生或2~5个簇生。小坚果扁三棱，顶端有喙，下部有棕色斑。生于岩壁上。花果期6—11月。叶可编草鞋。

土瓜狼毒 *Euphorbia prolifera* Hamilt. ex D. Don

大戟科大戟属。多年生草本，全株光滑无毛。根圆柱状，长10~20 cm，直径5~20 mm。茎基部极多分枝，高20~30 cm。叶互生，线状长圆形。花序单生于二歧分枝顶端；总苞阔钟状；腺体4个。雄花多数；雌花1枚，子房柄长达5 mm；花柱3个，中部以下合生。蒴果卵球状。种子卵球状，平滑且具斑状纹饰。花果期4—8月。根入药，具消炎、杀菌、止痛和止血等功效。

长柱十大功劳 *Mahonia duclouxiana* Gagnep.

小檗科十大功劳属。灌木，高1.5~4 m。本种花柱长达3 mm；总状花序4~15个簇生，花序长8~30 cm，基部常有分枝；苞片短于花梗。

紫苞鸢尾 细茎鸢尾，*Iris ruthenica* Ker. Gawl.

鸢尾科鸢尾属。多年生草本。根状茎斜伸。二歧分枝，节明显，包有棕褐色老叶纤维。叶线形，长20~25 cm，宽3~6 mm。花茎高5~20 cm，有2~3茎生叶；苞片2片，膜质，绿色，边缘紫红色，包

1朵花。花蓝紫色，直径5~5.5 cm；外花被有深紫及白色斑纹；雄蕊长1.5~2.5 cm，花药乳白色；花柱分枝扁平，长2~4 cm，子房纺锤形。蒴果球形或卵圆形，无喙，径1~1.5 cm。种子梨形，有白色附属物。花期5—6月，果期7—8月。

算盘子　野南瓜，*Glochidion puberum*（L.）Hutch.

大戟科算盘子属。灌木，高1~5 m；小枝密被黄褐色短柔毛。叶长3~5 cm，宽达2 cm，下面密被短柔毛。花小，雌雄同株或异株，无花瓣，2~5簇生叶腋；萼片6枚，2轮；雄花雄蕊3枚；雌花子房通常5室，每室2胚珠；花柱合生。蒴果扁球形，直径10~15 mm，有8~10条纵沟。花期4—8月，果期7—11月。根、茎、叶和果实有活血散瘀、消肿解毒之效，治痢疾、腹泻、感冒发热、咳嗽、食滞腹痛、湿热腰痛、跌打损伤等；也可作农药，叶置于粪池可杀蛆。为酸性土壤的指示植物。

蒲公英　*Taraxacum mongolicum* Hand.-Mazz.

菊科蒲公英属。多年生草本。叶倒卵状披针形、倒披针形或长圆状披针形，先端钝或急尖，边缘有时具波状齿或羽状深裂。花葶一至数个，与叶等长或稍长，上部紫红色，密被蛛丝状白色长柔毛；头状花序直径30~40 mm；舌状花黄色，边缘花舌片背面具紫红色条纹。瘦果倒卵状披针形，暗褐色；冠毛白色，长约6 mm。花期4—9月，果期5—10月。全草药用，清热解毒、消肿散结。

皱叶委陵菜　*Potentilla ancistrifolia* Bge.

蔷薇科委陵菜属。多年生草本，高可达30 cm；主根粗壮。茎斜上或直立，生长柔毛。羽状复叶；基生叶的小叶5~7片，边缘有粗锐锯齿，近基部全缘，下面灰绿色，两面有贴生丝状柔毛，下面较密，小叶无柄；叶柄生稀疏柔毛；托叶贴生于叶柄；茎生叶与基生叶相似，仅近顶端的常为三出。聚伞花序顶生，总花梗和花梗有柔毛和腺毛；花黄色，直径约1.5 cm。瘦果斜卵形，有皱纹。花果期5—9月。

花叶冷水花　*Pilea cadierei* Gagnep. et Guill

荨麻科冷水花属。多年生草本。茎肉质，下部多少木质化。叶多汁，同对的近等大，倒卵形，先端骤突，边缘有齿，上面中央有2条间断的白斑，基出脉3条，侧脉环结，托叶长1~1.3 cm，早落。雌雄异株，雄花序头状，花被片4枚，雄蕊4枚；雌花花被片4枚，近等长。花期9—11月。因叶有美丽的白色花斑，常栽培观赏。

堆花小檗　*Berberis aggregata* Schneid.

小檗科小檗属。落叶灌木。高1~2 m，分枝密；枝有槽，幼枝微有柔毛，老枝棕黄色；刺三分叉，细瘦，长8~15 mm，棕黄色。叶4~15个簇生，近革质，矩圆状倒卵形或披针形，长8~25 mm，宽4~11 mm，边缘有3~8个刺伏疏锯齿，上面暗黄绿色，下面灰色，有白粉。圆锥花序花密集，长1~2.5 cm，有花10~30朵，无总花梗；花梗长1~2 mm；花浅黄色；子房2胚珠。浆果球状，长6~7 mm，灰红色。花期5—6月，果期7—9月。根含小檗碱，供药用，有清热解毒、消炎抗菌的功效，主治目赤、咽喉肿痛、腹泻、牙痛等症。

斜茎黄芪 斜茎黄耆,*Astragalus laxmannii* Jacq.

豆科黄耆属。多年生草本,高15~20 cm。根粗壮。茎有条棱。羽状复叶有19~29片小叶,长3~15 cm;托叶白色;小叶两面被稀疏伏贴毛。总状花序生多数花,排列紧密,总花梗腋生,较叶长;花近无花梗;苞片线状披针形,先端细尖,有缘毛,膜质;花萼管密被黑白色混生伏贴毛;花冠淡蓝紫色或乳白色;子房被伏贴毛。荚果长圆形,长6~7 mm,宽约2.5 mm。花期7—8月,果期8—9月。

鸡冠茶 二裂委陵菜,*Sibbaldianthe bifurca*(L.)Kurtto et T. Erikss.

蔷薇科毛莓草属。多年生草本或亚灌木。基生叶羽状复叶,有5~8对小叶,最上面2~3对小叶基部下延与叶轴汇合,连叶柄长3~8 cm,叶柄密被疏柔毛和微硬毛;小叶无柄,对生,稀互生,先端2(3)裂,两面贴生疏柔毛;下部叶的托叶膜质,被微硬毛或脱落几无毛;上部茎生叶的托叶草质。花茎高达20 cm,被疏柔毛或硬毛。瘦果小,表面光滑。花果期5—9月。

来江藤 *Brandisia hancei* Hook. f.

玄参科来江藤属。直立灌木。高达2 m,密被锈色星状绒毛,枝及叶上面后变无毛。叶片卵状披针形,长3~10 cm,基部近心形,全缘,稀具锯齿。花单生叶腋,花梗中上部有1对小苞片;花萼宽钟状,内密生绢毛,具10脉,长宽约1 cm,萼齿宽卵状三角形;花冠橙红色,外被星状绒毛,长约2 cm,上唇宽大,顶端凹而上翘,下唇较短,裂片舌状。蒴果卵圆形,有短喙,密被星状毛。花期11月至翌年2月,果期3—4月。

马蔺 马兰花,*lris lactea* Pall.

鸢尾科鸢尾属。多年生密丛草本。叶基生,坚韧,线形或狭剑形,顶端渐尖,基部鞘状,带红紫色。花葶光滑,草质,绿色,边缘白色,披针形,内包含有2~4朵花;花蓝紫色。蒴果圆柱形,具6条纵棱,先端具喙。花期5—6月,果期7—8月。耐盐碱、耐践踏,根系发达,可用于水土保持和改良盐碱土;叶在冬季可作牛、羊、骆驼的饲料,并可供造纸及编织用;根的木质部坚韧而细长,可制刷子;种子含有马蔺子甲素,可作口服避孕药。

花椒 *Zanthoxylum bungeanum* Maxim.

芸香科花椒属。落叶小乔木,枝干疏生增大的皮刺。奇数羽状复叶互生,有小叶5~13片;叶片卵圆形,叶缘有细裂齿,齿缝有油点。聚伞状圆锥花序顶生,花单性,雌雄异株,花被片三角状披针形。果紫红色,果瓣直径4~5 mm,散生凸起油腺点。花期4—5月,果期8—10月。果皮含精油0.2%~0.4%,气香而味辛辣,可作食用调料或工业用油;亦用作中药,有温中行气、逐寒、止痛、杀虫等功效,治胃腹冷痛、呕吐、泄泻、血吸虫、蛔虫等病。

八角麻 悬铃叶苎麻,*Boehmeria platanifolia*(Franch.et Sav.)C. H. Wright

荨麻科苎麻属。多年生草本。茎高1~1.5 m,密生短糙毛。叶对生;叶片坚纸质,轮廓近圆形或宽卵形，长6~14 cm，宽5~17 cm，先端3骤尖，基部宽楔形或截形，边缘生粗牙齿，上部的牙齿常为重出，上面粗糙，两面均生短糙毛；叶柄长1~9 cm。雌花序长达15 cm；雌花簇直径约2.5 mm。瘦果狭倒卵形或狭椭圆形，长约1 mm，生短硬毛，宿存花柱丝形。茎皮纤维作纺织和优质纸的原料；根、叶供药用，治跌打损伤。

麦蓝菜 王不留行，*Gypsophila vaccaria* Sm.

石竹科麦蓝菜属。一年生或二年生草本。全株无毛，微被白粉，呈灰绿色。叶片卵状披针形或披针形，微抱茎。伞房花序稀疏，花梗细，苞片披针形，着生花梗中上部，花萼卵状圆锥形，后期微膨大呈球形，花瓣淡红色，瓣片狭倒卵形，斜展或平展，微凹缺，有时具不明显的缺刻。蒴果宽卵形或近圆球形。种子近圆球形，红褐色至黑色。花期5—7月，果期6—8月。种子入药，治经闭、痛经、产后乳汁不下、乳腺炎和痈疖肿痛。

石筋草 西南冷水花，*Pilea plataniflora* C. H. Wright

荨麻科冷水花属。草本无毛。茎肉质，高5.5~50 cm，不分枝或分枝。叶对生；叶片狭卵形或卵形，长1.2~12 cm，宽0.7~4.5 cm，全缘，上面钟乳体密生，基出脉3条；叶柄长0.5~6.5 cm。雌雄异株，稀雌雄同株，花序具细梗；雄花直径约1.6 mm，花被片4枚，雄蕊4枚；雌花花被片3枚，不等大，长达0.3 mm，柱头画笔头状。瘦果卵形，扁，长约0.8 mm，生疣状突起。花期(4—)6—9月，果期7—10月。生于山地林下石上。全草入药，有舒筋活血、消肿和利尿之效。

滇百合 *Lilium bakerianum* Coll. et Hemsl.

百合科百合属。多年生草本。鳞茎卵状球形，直径2.5 cm；鳞茎瓣卵状披针形或披针形，长2~3 cm，宽约2 cm。茎高45~150 cm，被微柔毛或近于无毛。叶条形，长4~8 cm，宽5~13 mm；边缘及沿叶脉有小突起，近于无柄。花1~4朵，钟形，黄色，稀白色，近于直立；外轮花被片3枚，披针形，长6~8 cm，宽1.5~2 cm，稍弯不卷，具紫红色斑点，蜜腺两边无乳头状突起，内轮花被片3枚，较宽；雄蕊向中心镊合，比雌蕊短；子房圆柱形，长2 cm；花柱长2.8 cm。花期7月。

短梗天门冬 *Asparagus lycopodineus*（Baker）Wang et Tang

天门冬科天门冬属。直立草本，高达1 m。根距基部1~4 cm处常呈纺锤状。茎平滑或略有条纹，上部有时具翅，分枝有翅。叶状枝常3枚成簇，扁平，镰状，长(0.2~)0.5~1.2 cm，宽1~3 mm，有中脉；鳞叶基部近无距。花1~4朵腋生，白色。花梗长1~1.5 mm；雄花花被长3~4 mm；雄蕊不等长，花丝下部贴生花被片；雌花花被长约2 mm。浆果直径5~6 mm，具2粒种子。花期5—6月，果期8—9月。块根有止咳、化痰、平喘功效。

中华山蓼 *Oxyria sinensis* Hemsl.

蓼科山蓼属。多年生草本，高30~50 cm。根状茎粗壮，木质。茎直立，通常数条，自根状茎发出，具深纵沟，密生短硬毛。无基生叶，茎生叶叶片圆心形或肾形，长3~4 cm，宽4~5 cm，近肉质，顶端圆钝，基部宽心形，边缘呈波状，上面无毛，下面沿叶脉疏生短硬毛，具5条基出脉；叶柄粗壮，长4~9 cm，密生短硬毛；托叶鞘膜质，具数条纵脉。花序圆锥状，分枝密集，粗壮；苞片膜质，每苞内具5~8朵花；花单性，雌雄异株，花被片4枚；雄蕊6枚；子房卵形，花柱2个，柱头画笔状。瘦果宽卵形，两侧边缘具翅。花期4—5月，果期5—6月。

鸡冠刺桐 *Erythrina crista-galli* L.

豆科刺桐属。落叶灌木或小乔木。茎和叶柄稍具皮刺。羽状复叶具3小叶；小叶长卵形或披针状长椭圆形，长7~10 cm，宽3~4.5 cm，先端钝，基部近圆形。花与叶同出，总状花序顶生，每节有花1~3朵；花深红色，长3~5 cm，稍下垂或与花序轴成直角；花萼钟状，先端二浅裂；雄蕊二体；子房有柄，具细绒毛。荚果长约15 cm，褐色。种子间缢缩；种子大，亮褐色。观赏；树皮药用。

木槿 *Hibiscus syriacus* L.

锦葵科木槿属。落叶灌木。叶菱状卵圆形，长3~6 cm，宽2~4 cm，常3裂，基部楔形，下面有毛或近无毛；叶柄长5~25 mm；托叶条形，长约为花萼之半。花单生叶腋，有星状短毛；小苞片6或7枚，有星状毛；萼钟形，裂片5枚；花冠钟形，淡紫、白、红色等，直径5~6 cm。蒴果卵圆形，直径12 mm，密生星状绒毛。花期7—10月。茎皮纤维可作造纸原料；花白色者常作蔬菜；全株入药，有清热、凉血、利尿之功。

络石 络石藤，*Trachelospermum jasminodes*（Lindl.）Lem.

夹竹桃科络石属。常绿木质藤本，长达10 m；茎节具有气根。单叶对生，卵圆形或卵状披针形，长2~10 cm，全缘，革质或近革质。聚伞花序顶生或腋生；花萼5深裂；花冠高脚碟状，白色，具香气；雄蕊5枚；子房无毛。蓇葖果线状披针形，长10~25 cm，直径0.3~1 cm。叶及果入药，可祛风活络、止痛消肿、清热解毒。全株有毒。

颠茄 *Atropa belladonna* L.

茄科颠茄属。多年生草本，高1~1.5 m。根茎粗壮，茎直立，上部分枝。叶在茎下部互生，上部一大一小成双生，草质，卵形、长椭圆状卵形或椭圆形。花单生于叶腋；花萼钟状，花冠筒状钟形，淡紫褐色。浆果球状。种子肾形。根及叶含莨菪碱及颠茄碱等，作镇痉、镇痛药。

麻兰 *Phormium tenax* J. R. Forst et G. Forst

阿福花科麻兰属。大型叶密集聚生于茎的基部或基部之上，圆锥花序着生于多个叶腋。原产于新西兰，栽培观赏。

蓝花茄 *Lycianthes rantonnetii* Bitter

茄科红丝线属。小灌木。单叶互生，全缘，叶端钝，叶基渐狭，有叶柄。花丛生，合瓣花，5裂，盛开时完全平展，花不具香味，花紫色，中心为黄色雄蕊，有数条放射状深紫色的棱线。花期全年。原产于阿根廷，栽培观赏。

白刺花 *Sophora davidii* Kom.ex Pavol.

豆科槐属。灌木或小乔木。高1~2.5(~4) m。芽外露。枝直立开展,不育枝末端变成刺状。叶长4~6 cm,具11~21枚小叶,叶柄基部不膨大;小叶先端圆或微凹,具芒尖。总状花序顶生,有花6~12朵;花萼钟状,蓝紫色;花冠白或淡黄色,有时旗瓣稍带红紫色,花丝基部连合不及1/3;子房密被黄褐色毛。荚果串珠状,长6~8 cm,疏生毛或近无毛,具3~5粒种子。花期3—8月,果期6—10月。本种耐旱性强,是良好的水土保持植物,也可供观赏。

长托菝葜 *Smilax ferox* Wall. ex Kunth

菝葜科菝葜属。攀缘灌木。茎长达5 m,疏生刺。叶厚革质或坚纸质,椭圆形或长圆形,长3~16 cm,宽1.5~9 cm,下面粉霜不易脱落,常苍白色,主脉3(5)条,叶柄长0.5~2.5 cm,鞘为叶柄长1/2~3/4,少数叶具卷须。伞形花序生于叶尚幼嫩小枝,有几朵至十余朵花;花序梗长1~2.5 cm;花序托常呈长圆形或近椭圆形,具多枚宿存小苞片。花黄绿或白色;雌花小于雄花。浆果直径0.8~1.5 cm,成熟时红色。花期3—4月,果期10—11月。根状茎有祛风利湿、解疮毒功能。

红点草 *Hypoestes phyllostachya* Baker

爵床科枪刀药属。常绿多年生草本。株高可达30~60 cm;枝条生长后略呈蔓性。叶对生,呈卵形或长卵形,叶全缘,叶面呈橄榄绿色,上面布满红色、粉红色或白色斑点。春季开花,花小,为淡紫色小型穗状花。植株小巧玲珑,叶色斑斓,是一种适宜在几案、办公桌上陈设的盆栽观叶植物。

新几内亚凤仙花 *Impatiens hawkeri* W. Bull

凤仙花科凤仙花属。多年生肉质草本,株高25~30 cm。茎直立,淡红色。叶互生,长卵形,先端尖,基部楔形,叶绿色或淡紫色,叶脉紫红色,叶缘具锯齿。花单生叶腋,花色丰富,有红、白、紫、雪青等色。花期6—8月。具有花朵鲜艳、叶片亮泽、色彩丰富、花期长、适应性强及易造型等特点,既可作观赏盆花,也可吊篮造型及花坛布景等。

狐尾天门冬 *Asparagus densiflorus* 'Myersii'

天门冬科天门冬属。是非洲天门冬的栽培品种。植株丛生,茎直立生长,稍有弯曲,但不下垂。叶状枝,真正的叶退化成细小的鳞片状或柄状,淡褐色,着生于叶状枝的基部,3片至4片呈辐射状生长;叶状枝纤细而密集周生于各分枝上,鲜绿色。小花白色。浆果小球状,初为绿色,成熟后呈鲜红色。原产南非,常作观叶植物栽培。

美女樱 *Glandularia* × *hybrida* (Groenland et Rümpler) G.L.Nesom et Pruski

马鞭草科美女樱属。多年生草本。全株有细绒毛,植株丛生而铺覆地面;茎四棱。叶对生,深绿色。穗状花序顶生,密集呈伞房状,有白色、粉色、紫色等,具芳香。原产于巴西、秘鲁等地,现世界各地广泛栽培供观赏。

三色堇 *Viola tricolor* L.

堇菜科堇菜属。一、二年生或多年生草本。高达40 cm。具开展而互生的叶,基生叶长卵形或披针形，具长柄；茎生叶卵形、长圆状卵形或长圆状披针形，疏生圆齿或钝锯齿，上部叶的叶柄较长，下部者较短；托叶叶状，羽状深裂。花的直径3.5~6 cm，每花有紫、白、黄三色；花梗稍粗，上部有2枚对生小苞片；萼片长圆状披针形，长1.2~2.2 cm，基部附属物长3~6 mm。蒴果椭圆形，无毛。原产欧洲，我国各地公园引种栽培观赏。

四、壳斗园

壳斗园位于昆明植物园最高的位置元宝山顶，占地面积25亩，是以栓皮栎、化香树、云南松、干香柏为主的针阔混交林，并大力引种了板栗、锥栗、白穗柯、白柯、西畴青冈、毛斗青冈、滇青冈、槲栎、灰背栎、锥连栎、高山锥、大叶锥、元江锥等壳斗科植物，杂以银杏、云南松、榛、直干蓝桉等树种。林下粗放式管理，仍保持着原貌，形成了半野生半人工的幽闭环境，吸引众多的小动物在此栖息、取食。

栓皮栎 *Quercus variabilis* Blume

壳斗科栎属。落叶乔木。树皮深纵裂，木栓层发达；小枝无毛。叶卵状披针形或长椭圆状披针形，长8~15(~20) cm，先端渐尖，基部宽楔形或近圆，具刺芒状锯齿，老叶下面密被灰白色星状毛；叶柄长1~3(~5) cm。壳斗杯状，连条形小苞片高约1.5 cm，直径2.5~4 cm，小苞片反曲，果宽卵圆形或近球形，长约1.5 cm，顶端平圆。花期3—4月，果期翌年9—10月。栓皮供绝缘器材、冷库、瓶塞等用；种仁作饲料及酿酒；壳斗可提取栲胶，制活性炭。

云南七叶树 *Aesculus wangii* Hu

无患子科七叶树属。落叶乔木。掌状复叶对生；叶柄长12~17 cm；小叶5~7枚，纸质，披针形或倒披针形，长14~18 cm，宽5~7.5 cm，边缘具突尖的细锯齿，下面幼时有稀疏平贴的微柔毛，渐老仅脉上有柔毛，侧脉20~22对；小叶柄长5~7 mm，有黑色腺体。圆锥花序顶生，长35~40 cm，有黄色微柔毛；花梗长3~5 mm；两性花的子房密生褐色绒毛，花柱微弯，有褐色绒毛，柱头小。蒴果扁球形，直径6~7.5 cm，果壳薄，具疣状突起，常3裂。种子1枚发育，近于球形，种脐大，占种子1/2以上。花期4—5月，果期10月。

滇菜豆树 云南菜豆树，*Radermachera yunnanensis* C. Y. Wu et W. C. Yin

紫葳科菜豆树属。小乔木。二至三回羽状复叶，长达70 cm；小叶卵形，长4~9 cm，宽2~5 cm，顶端尾状长渐尖，全缘，上面密生小白腺点，下面密被极小凹穴，小叶基部常在一侧散生腺点。顶生聚伞状圆锥花序；花冠白色至淡黄色，长7.5~9 cm；雄蕊4枚，着生于花冠筒近基部。蒴果长圆柱形，长50 cm左右，直径约10~12 mm，密被白色细小皮孔，粗糙。花期4—5月，果期8—11月。根、树皮均可入药，治头痛、胃痛；叶捣烂可外敷治毒蛇咬伤、骨折。

山槐 滇合欢,*Albizia kalkora*(Roxb.) Prain

豆科合欢属。落叶小乔木。枝条暗褐色,被短柔毛,皮孔显著。二回羽状复叶;小叶5~14对,有细尖头,两面均被短柔毛。头状花序2~7生于叶腋或于枝顶排成圆锥花序;花初时白色,后变黄色,花梗明显;花萼、花冠管状,均密被长柔毛;雄蕊长2.5~3.5 cm,基部连合呈管状。荚果带状,长7~17 cm,深棕色,嫩荚密被短柔毛,老时无毛。种子4~12粒,倒卵圆形。花期5—6月,果期8—10月。本种生长快,能耐干旱及瘠薄地。木材耐水湿;花美丽,亦可植为风景树。花能安神舒郁、理气活络。

华榛 *Corylus chinensis* Franch.

桦木科榛属。大乔木。小枝疏被长柔毛及刺状腺体。叶卵形、卵状椭圆形或倒卵状椭圆形,长8~18 cm,具不规则重锯齿,下面脉腋具髯毛;叶柄长1~2.5 cm,密被长柔毛及刺状腺体。雄花序4~6个簇生,苞片被柔毛;雌花序2~6个成头状。果苞管状,长2~6 cm,具多数纵肋,疏被柔毛及刺状腺体,在坚果以上缢缩,裂片线形,顶端分叉。坚果内藏,卵球形,直径1~1.5 cm,无毛。果期9—10月。木材暗红褐色,坚韧细致,为优良用材;种仁味美。

西畴青冈 *Quercus sichourensis*(Hu) C. C. Huang et Y. T. Chang

壳斗科青冈属。常绿乔木。小枝粗壮,微被毛和具凸起的皮孔。叶片厚革质,长椭圆形至卵状椭圆形,长12~21 cm,宽5~9 cm,叶缘1/4以上有疏锯齿,叶面亮绿色,叶背粉白色,有疏毛,脉腋有簇毛;叶柄长2.5~3.5 cm,初被棕色绒毛。壳斗扁球形,几全包坚果;小苞片合生成9~10条同心环带,环带边缘缺刻状。坚果扁球形,直径3~4 cm,高约2 cm,有黄色绒毛,顶端凹陷,中央有小尖头,果脐突起,与坚果直径几等大。产云南西畴、富宁等地。国家二级保护植物。

密蒙花 *Buddleja officinalis* Maxim.

马钱科醉鱼草属。落叶灌木。叶对生,上面被细星状毛,下面密被灰白色或黄色星状绒毛。聚伞圆锥花序顶生及腋生;花芳香,花萼钟状,先端4裂;花冠淡紫色。蒴果卵形。花期3—4月,果期5—8月。根治黄疸、水肿,花可清热利湿、明目退翳。花美丽芳香,东南各省份及香港栽培供观赏。

加杨 加拿大杨,*Populus* × *canadensis* Moench

杨柳科杨属。大乔木。芽先端反曲,富黏质。叶三角形或三角状卵形,长7~10 cm,长枝和萌枝叶长10~20 cm,有圆锯齿;叶柄侧扁而长。雄花序长7~15 cm,花序轴光滑,每花有雄蕊15~25(40)枚;苞片淡绿褐色,丝状深裂,花盘淡黄绿色;雌花序有45~50朵花,柱头4裂。果序长达27 cm;蒴果长圆形,长约8 mm,顶端尖,2~3瓣裂。雄株多,雌株少。花期4月,果期5—6月。我国广为引种栽培,扦插易活,生长迅速。木材供箱板、家具、火柴棍和造纸等用;树皮含鞣质,可提制栲胶,也可作黄色染料。

锥栗 *Castanea henryi*(Skan) Rehder et E. H. Wilson

壳斗科栗属。落叶乔木。树干直;幼枝无毛;无顶芽。叶成2列,披针形至卵状披针形,长12~

17(~20) cm,宽2~5 cm,先端渐尖,基部圆形或楔形,边缘有锯齿,齿端芒尖,两面无毛,侧脉13~16对,直达齿端;叶柄长1~1.5 cm。雄花序穗状,直立,生于枝条下部叶腋;雌花序穗状,生于上部叶腋。壳斗球形,连刺直径3~3.5 cm;苞片针刺形。坚果单生,卵形,具尖头,直径1.5~2 cm。种子含淀粉;壳斗、树皮和木材均含鞣质。

白穗柯 *Lithocarpus craibianus* Barnett

壳斗科柯属。乔木。当年生枝、叶背及雌花序轴均有棕黄色或灰白色蜡鳞层。叶革质,长12~19 cm,宽4~7 cm,全缘;叶柄长1~2.5 cm。雄穗状花序腋生,稀为圆锥花序,长达15 cm;雌花序的上部常着生少数雄花,长达30 cm,雌花3~5(~7)朵集生成簇。壳斗圆球形或略扁,顶端常呈乳头状短凸起,直径15~20 mm,全包坚果;坚果近圆球形,直径13~18 mm,果脐凸起,占坚果面积的1/3。花期8—9月,果次年同期成熟。

白柯 *Lithocarpus dealbatus* (Hook. f. et Thomson ex Miq.) Rehder

壳斗科柯属。乔木。小枝、幼叶下面及叶柄密被灰白或灰黄色柔毛。叶卵形、卵状椭圆形或披针形,长7~14 cm,宽2~5 cm,全缘,上面疏被短毛,下面被苍灰色或灰白蜡鳞层,侧脉9~15对;叶柄长1~2 cm。壳斗3(~5)成簇;壳斗碗状,高0.8~1.4 cm,直径1~1.8 cm,被三角状鳞片;果近球形,柱座基被粉状细毛,果脐凸起,占坚果面积的1/3(~1/2)。花期8—10月,果期翌年8—10月。种仁可作猪饲料及提制淀粉;树皮及壳斗可提取栲胶;木材硬重,供家具、农具等用。

毛斗青冈 *Cyclobalanopsis chrysocalyx* (Hickel et A. Camus) Hjelmq.

壳斗科青冈属。常绿乔木。小枝有沟槽。叶片薄革质,长椭圆形或长椭圆状披针形,长12~15 (~20) cm,宽4~7 cm,叶缘中部以上有疏锯齿,无毛;叶柄长1~2.5 cm,无毛。壳斗盘形,直径2.5~3 cm,高约8 mm,内壁被棕色丝状毛;小苞片合生成6~8条同心环带,环带边缘有裂齿,被棕色绒毛。坚果宽卵形,顶端呈圆锥形,有宿存花柱,被绒毛,果脐平坦,直径约1.5 cm。果期10月。

滇青冈 *Quercus schottkyana* Rehder et E. H. Wilson

壳斗科青冈属。常绿乔木。小枝灰绿色,幼时有绒毛,后渐无毛。冬芽被绒毛。叶片革质,长椭圆形或倒卵状披针形,长5~12 cm,宽2~5 cm,叶缘1/3以上有锯齿,幼时被弯曲黄褐色绒毛,后渐脱落;叶柄长0.5~2 cm。雄花序长4~8 cm,花序轴被绒毛;雌花序长1.5~2 cm,花柱3个,柱头圆形。壳斗碗状,高6~8 mm,直径0.8~1.2 cm,被灰黄色微绒毛,具6~8条环带;果椭圆形或卵形,长1~1.4 cm,径0.7~1 cm,初被柔毛,后渐脱落,果脐微凸起,直径5~6 mm。花期5月,果期10月。种子供食用或酿酒。

槲栎 *Quercus aliena* Blume

壳斗科栎属。落叶乔木。小枝粗,无毛。叶长椭圆状倒卵形或倒卵形,长10~20(~30) cm,先端短钝尖,基部宽楔形或近圆,具波状钝齿,老叶下面被灰褐色细绒毛或近无毛;叶柄长1~1.3 cm,

无毛。壳斗杯状，高1~1.5 cm，直径1.2~2 cm，小苞片卵状披针形，长约2 mm，紧贴，被灰白色短柔毛。果卵圆形或椭圆形，长1.7~2.5 cm，直径1.3~1.8 cm。花期3—5月，果期9—10月。

灰背栎 *Quercus senescens* Hand.-Mazz.

壳斗科栎属。常绿乔木。幼枝密被灰黄色星状毛，后渐脱落，老枝有褐色绒毛。叶长圆形或倒卵状椭圆形，长3~8 cm，宽1.2~4.5 cm，先端钝圆，全缘或具刺齿，幼叶两面被灰黄色毛，老叶上面近无毛，下面密被灰褐或灰黄色绒毛；叶柄长1~3 mm。壳斗杯状，包果约1/2，高5~8 mm，直径0.7~1.5 cm，小苞片长约1 mm，覆瓦状紧密排列，被灰色绒毛；果卵圆形或卵形，长1.2~1.8 cm，直径0.8~1.1 cm，无毛。果脐凸起。花期4—5月，果期9—10月。

锥连栎 *Quercus franchetii* Skan

壳斗科栎属。常绿乔木。树皮纵裂；小枝密被灰黄色绒毛。叶倒卵形或椭圆形，长5~12 cm，宽2.5~6 cm，先端短尖或钝尖，叶上部具腺齿，幼叶两面密被灰黄色绒毛，老叶下面密被灰黄色星状绒毛；叶柄长1~2 cm，密被灰黄色绒毛。雄花序生于新枝基部；果序长1~2 cm。壳斗杯状，高0.7~1.2 cm，直径1~1.4 cm，小苞片长约2 mm，背部瘤状突起，被灰色绒毛；果圆形，长1.1~1.3 cm，径0.9~1.3 cm，被灰色细绒毛。花期2—3月，果期9—10月。

苦槠 *Castanopsis sclerophylla*（Lindl. et Paxton）Schottky

壳斗科锥属。乔木。枝、叶无毛。叶长椭圆形、卵状椭圆形或倒卵状椭圆形，长7~15 cm，中部以上具锯齿，稀全缘，老叶下面银灰色；叶柄长1.5~2.5 cm。雄花序常单穗腋生。壳斗近球形，几全包果，直径1.2~1.5 cm，壳斗小苞片突起连成脊肋状圆环，不规则瓣裂。果近球形。花期4—5月，果期10—11月。

高山锥 *Castanopsis delavayi* Franch.

壳斗科锥属。乔木。枝、叶、花序轴均无毛。叶近革质，倒卵形、倒卵状椭圆形或卵形，长5~13 cm，宽3~7 cm，先端短尖或圆钝，基部楔形或近圆，疏生粗齿，幼叶下面被黄褐色蜡鳞层，老叶银灰色；叶柄长0.7~1.5 cm。果序长10~15 cm；壳斗宽卵圆形或近球形，连刺直径1.5~2 cm，不整齐2~3瓣裂，刺长3~6 mm，连成3~5条间断刺环，刺及壳斗壁被黄褐色蜡鳞及伏贴的微柔毛；果宽卵圆形，直径1.3~1.4 cm，顶端被细伏毛。花期4—5月，果期翌年9—11月。种仁可食及酿酒；壳斗及树皮可提取栲胶；材质坚韧，强度大，供建筑、车辆、农具等用。

大叶锥 *Castanopsis megaphylla* Hu

壳斗科锥属。乔木。芽鳞、新生枝及花序轴被灰棕色微柔毛及细片状蜡鳞。叶薄革质，长26~45 cm，宽8~18 cm，侧脉每边16~20条或更多，嫩叶背面沿中脉及侧脉被星状微柔毛及细片状蜡鳞，叶肉部分的蜡鳞层颇厚且紧实；叶柄长2~3 cm，基部粗3~4 mm。雄圆锥花序长达20 cm；雌花序轴密被棕黄或灰黄色微柔毛，长达28 cm。幼嫩壳斗的刺密生，壳斗连刺直径40~45 mm，每壳斗有1个坚果。花期5—7月,果次年成熟。

元江锥　*Castanopsis orthacantha* Franch.

壳斗科锥属。乔木。枝、叶及花序轴均无毛。叶长7~14 cm,宽2.5~5 cm,新生嫩叶干后呈黑褐色,中部以上疏生浅齿或全缘。壳斗近球形,连刺径3~3.5 cm,不整齐开裂,刺长不及7 mm,刺束连成4~6刺环,壳斗壁及刺被褐色蜡鳞及微毛;每壳斗具(1~)3枚果,果圆锥形,直径1~1.5 cm,密被短伏毛。花期4—5月,果期翌年9—11月。种仁可食及酿酒;树皮及壳斗可提取栲胶;木材供建筑、器具等用,为滇中高原重要用材树种。

栗　板栗,*Castanea mollissima* Blume

壳斗科栗属。落叶乔木。树皮深灰色,不规则深纵裂;幼枝被灰褐色绒毛;无顶芽。叶成2列,长椭圆形或长椭圆状披针形,长9~18 cm,宽4~7 cm,边缘有锯齿,齿端具芒状尖头,下面有灰白色短绒毛。雄花序长10~20 cm,花序轴被毛,雄花3~5朵成簇;雌花生于雄花序基部,2~5朵生于总苞内。壳斗球形,连刺直径5~8 cm;苞片针形,有紧贴星状柔毛;坚果当年成熟,2~3个,侧生的2个半球形,直径2~2.5 cm。花期4—6月,果期8—10月。此种在我国有一千多年栽培历史,优良品种很多,为重要干果树种。

五、极小种群野生植物专类园

极小种群野生植物是指分布地域狭窄或呈间断分布,因长期受到自身因素限制和外界因素干扰、破坏,呈现出种群退化和个体数量持续减少,种群及个体数量已经低于稳定存活界限的最小生存单元,随时濒临灭绝的野生植物。成熟个体少于100株并且遭受了人为干扰的植物可称其为极小种群野生植物。

极小种群野生植物专类园占地21.3亩,始建于2015年。这里有极小种群野生植物华盖木、滇桐、毛果木莲、五针白皮松、漾濞槭、普陀鹅耳枥、蒜头果、杜鹃红山茶、连香树和广西火桐等10种以及其他国家级保护植物5种,目前对其开展了长期的科学管护、生长动态监测、数据采集分析,建立完整科学档案,研制栽培保育规范,指导开展极小种群野生植物迁地保护工作。另外,还配置了无患子科、漆树科、芸香科、楝树科等色彩丰富的物种作为上中层的景观树,丛生福禄考、紫娇花、麦冬、石蒜等开花艳丽的草本作为地被,共栽培植物近80种。

华盖木　*Pachylarnax sinica* (Y. W. Law) N. H. Xia et C. Y. Wu

木兰科厚壁木属。常绿乔木。树皮灰白色,细纵裂;全株无毛。小枝深绿色,老枝暗褐色。叶革质,狭倒卵形或狭倒卵状椭圆形,长15~26(30)cm,宽5~8(9.5)cm,先端圆,具长约5 mm的急尖,上面深绿色,有光泽;叶柄长1.5~2 cm,无托叶痕。花单生枝顶,花蕾绿色,佛焰苞状苞片紧接花被下;花被片9枚;雄蕊约65枚,药室内向开裂,药隔伸出成长尖头;雌蕊群长卵球形,心皮13~16

枚，每心皮具胚珠3~5颗。聚合果成熟时绿色，干时暗褐色，长5~8.5 cm，直径3.5~6.5 cm；蓇葖厚木质；每心皮有种子1~3颗。产云南省西畴、马关、屏边等地。国家一级保护植物。

滇桐 *Craigia yunnanensis* W. W. Smith et W. E. Evans

锦葵科滇桐属。落叶乔木。叶革质，椭圆形，先端骤短尖，两面无毛，基出脉3条，边缘有小齿突；具长柄；无托叶。聚伞花序腋生，长约3 cm，有3~5朵花；萼片5片，肉质，镊合状排列；无花瓣；雄蕊多数，排成2~3列，外轮退化雄蕊10枚，内轮能育雄蕊20枚；子房上位，5室，每室有胚珠6颗，生于中轴胎座，花柱5条。翅果椭圆形，有5条膜质具脉纹的薄翅，室间开裂，每室有种子1~4粒；种子长圆形。7月开花，9至10月果实成熟。滇桐为第三纪孑遗植物，科研价值高。国家二级保护植物。

五针白皮松 巧家五针松，*Pinus squamata* X. W. Li

松科松属。乔木。针叶5(4)针一束，长9~17 cm，直径约0.8 mm，两面具气孔线，边缘有细齿，树脂道3~5，边生，叶鞘早落。成熟球果圆锥状卵圆形，长约9 cm；径约6 cm，果柄长1.5~2 cm；种鳞长圆状椭圆形，长约2.7 cm，宽约1.8 cm，熟时张开，鳞盾显著隆起，鳞脐背生，凹陷，无刺，横脊明显。种子黑色，种翅长约1.6 cm，具黑色纵纹。花期4—5月，果期翌年9—10月。本种为古老的孑遗植物，仅分布于云南省巧家县。国家一级保护植物。

毛果木莲 *Manglietia ventii* N. V. Tiep

木兰科木莲属。常绿乔木。外芽鳞、嫩枝、叶柄、叶背、苞片背面及雌蕊群密被淡黄色平伏柔毛。叶椭圆形，先端短渐尖。花梗长2~3 cm，紧贴花被片下具1枚佛焰苞状苞片，外面具凸起小点；花被片9，肉质，外轮3片基部被黄色短柔毛，内轮基部具爪；雄蕊长8~12 mm；雌蕊群倒卵状球形，长2.5~3 cm，雌蕊30~80枚。聚合果长6~10 cm；蓇葖顶端具喙。胚珠两列，8~10枚。花期4—5月，果期8—9月。仅分布于云南省东南部。是优良的用材和园林绿化树种，且对研究古植物区系及木兰科分类系统和演化有一定的价值。国家二级保护植物。

漾濞槭 *Acer yangbiense* Y. S. Chen et Q. E. Yang

无患子科槭属。我国特有的珍稀濒危物种，国家二级保护植物。（见本节“二、观叶观果园”对该物种的介绍）

普陀鹅耳枥 *Carpinus putoensis* Cheng

桦木科鹅耳枥属。乔木。小枝疏被长柔毛。叶椭圆形或宽椭圆形，长5~10 cm，先端尖或渐尖，基部圆或宽楔形，上面幼时疏被长柔毛，下面疏被柔毛，脉腋具髯毛，具不规则刺毛状重锯齿；叶柄长0.5~1 cm，疏被柔毛。雌花序长3~8 cm，序梗长1.5~3 cm，疏被长柔毛或近无毛；果苞叶状（雌花基部具1枚苞片和2枚小苞片，三者在发育过程中近愈合，果时扩大成叶状，称果苞）。小坚果宽卵球形，长约6 mm，顶端被长柔毛，有时疏被树脂腺体，具纵肋。果期8—9月。特产于浙江舟山群岛普陀山。国家二级保护植物。

蒜头果 *Malania oleifera* Chun et S. K. Lee

铁青树科蒜头果属唯一的孑遗植物。常绿乔木。叶互生,长7~15 cm;叶柄长1~2 cm,基部具关节。聚伞花序,具10~15朵花,长2~3 cm;花序梗长1~2.5 cm。子房上位,下部2室,上部1室,中央胎座,每室有胚珠1枚,悬垂于胎座顶端。浆果状核果,扁球形或近梨形,直径3~4.5 cm,中果皮肉质,内果皮木质,坚硬。种子1粒,直径约1.8 cm,胚乳丰富。花期4—9月,果期5—10月。仅分布于云南东南部的广南、富宁和广西西部的石灰岩山区。国家二级保护植物。

杜鹃叶山茶 杜鹃红山茶,*Camellia azalea* C. F. Wei

山茶科山茶属。灌木,嫩枝红色。叶革质,倒卵状长圆形,长7~11 cm,宽2~3.5 cm,上面干后呈深绿色,发亮,无毛。花深红色,单生于枝顶叶腋,直径8~10 cm;苞片与萼片8~9片,外面无毛,内面有短柔毛,边缘有睫毛;花瓣5~6片,外侧3片较短,长5~6.5 cm,宽1.7~2.4 cm,内侧3片大些;雄蕊长3.5 cm;子房3室,无毛,花柱长3.5 cm,先端3裂。蒴果短纺锤形,有半宿存萼片,果爿木质,3爿裂开,每室有种子1~3粒。仅分布于广东省阳春市鹅凤嶂自然保护区。国家一级保护植物。

广西火桐 *Firmiana kwangsiensis* H. H. Hsue

梧桐科火桐属。落叶乔木。树皮灰白色,不裂。叶纸质,广卵形或近圆形,长10~17 cm,宽9~17 cm,全缘或在顶端3浅裂,两面均被很稀疏的短柔毛;叶柄长达20 cm,略被稀疏的短柔毛。聚伞状总状花序长5~7 cm,密被金黄色且带红褐色的星状绒毛;萼圆筒形,长32 mm,顶端5浅裂,外面密被金黄色且带红褐色的星状绒毛,内面鲜红色;雄花的雌雄蕊柄长28 mm,雄蕊15枚,集生在雌雄蕊柄的顶端呈头状。果未见。花期6月。产广西靖西市、上思县和扶绥县。国家一级保护植物。

云南金钱槭 *Dipteronia dyeriana* Henry

无患子科金钱槭属。落叶乔木。树皮灰色平滑,小枝圆柱状。叶片为奇数羽状复叶,小叶纸质,披针形或长圆披针形,上面叶深绿色,下面叶淡绿色,有短柔毛。圆锥花序顶生或侧生,花白色,花瓣为肾形;果序圆锥状顶生,有黄绿色的短柔毛。果实扁形,成熟时为黄褐色。花期4—5月,果期9—10月。仅零星分布于云南省文山壮族苗族自治州、蒙自市和屏边苗族自治县等地。具有极高的科研价值。国家二级保护植物。

显脉木兰 *Magnolia fistulosa* (Finet et Gagnep.) Dandy

木兰科长喙木兰属。仅零星见于云南南部,被云南省列为急需拯救保护的极小种群野生植物。

旱地木槿 *Hibiscus aridicola* J. Anthony

锦葵科木槿属。落叶灌木。嫩枝具棱,小枝、叶片、叶柄、托叶、花柄、花萼密被黄色星状绒毛。叶厚革质,卵形或圆心形,长5~8 cm,宽5~10 cm,边缘具粗齿状。花单生于叶腋;小苞片6枚;花萼杯状;雄蕊柱长2~2.5 cm,不外露,花药红黄色;花柱5个,具长丝状毛。蒴果卵圆形,长约2.3 cm。

种子肾形，被白色棉毛，毛长约5 mm。花期10—11月。仅分布于云南丽江市和四川盐边县。2004年被列入《中国物种红色名录》濒危种类。

峨眉拟单性木兰 *Parakmeria omeiensis* W. C. Cheng

木兰科拟单性木兰属。常绿乔木。叶革质，长8~12 cm，先端短渐钝尖，基部楔形或窄楔形，上面深绿色，有光泽，下面淡灰绿色，被腺点，侧脉8~10对；叶柄长1.5~2 cm。雄花两性花异株（指一种植物单株只有雄花或只有两性花）；雄花花被片12枚，外轮3片淡黄色，内3轮较窄小，乳白色，肉质；雄蕊约30枚，长约2 cm，药隔顶端钝尖，药隔及花丝深红色；两性花花被片数目与雄花同，雄蕊16~18枚；雌蕊群椭圆形，长约1 cm，心皮8~12枚。聚合果倒卵圆形，长3~4 cm。种子倒卵圆形，直径6~8 mm，外种皮红褐色。花期5月，果期9月。分布于四川峨眉山。国家一级保护植物。

水青树 *Tetracentron sinense* Oliv.

水青树科水青树属。落叶乔木。全株无毛。具长枝及短枝，短枝侧生，距状。单叶，生于短枝顶端，叶卵状心形，长7~15 cm，具腺齿，下面微被白霜，基出掌状脉5~7条；叶柄长2~3.5 cm，基部与托叶合生，包被幼芽。穗状花序下垂，生于短枝顶端，具多花。花小，两性，淡黄色；苞片极小；花无梗；花被片4枚，淡绿或黄绿色；雄蕊4，与花被片对生，与心皮互生；子房上位，心皮4枚，侧膜胎座，每室4(~10)枚胚珠，花柱4个。蒴果4深裂，长4~5 mm，宿存4花柱基生下弯。种子小，具棱脊。花期6—7月，果期9—10月。国家二级保护植物。

天竺桂 普陀樟，*Cinnamomum japonicum* Siebold

樟科樟属。常绿乔木。小枝带红或红褐色，无毛。叶卵状长圆形或长圆状披针形，长7~10 cm，两面无毛，离基三出脉；叶柄长达1.5 cm，带红褐色。花序长3~4.5(~10) cm，花序梗与序轴均无毛；花梗长5~7 mm；花被片内面被柔毛；能育雄蕊长约3 mm，花丝被柔毛。果长圆形，长7 mm；果托浅波状，径达5 mm，全缘或具圆齿。花期4—5月，果期7—9月。国家二级保护植物。

红茴香 *Illicium henryi* Diels.

五味子科八角属。灌木或小乔木。叶互生或2~5枚簇生枝顶，革质，窄披针形、倒披针形或倒卵状椭圆形，长6~18 cm，侧脉5~7对；叶柄长0.7~2 cm。花腋生、腋上生、近顶生或老枝生花，单生或2~3朵簇生。花蕾球形；花梗长1.5~5 cm；花被片红色，肉质，10~18枚；雄蕊9~20枚，稀达28枚，1~2轮；心皮7~9枚。聚合果直径2~2.5 cm；果柄长1.5~5.5 cm；蓇葖7~8个，长1.2~2 cm，喙尖长3~5 mm。花期4—6月，果期8—10月。根、根皮入药（有毒，慎用），治跌打损伤、胸腹疼痛、风寒湿痹等症。果有毒，不能作食用香料。

舟山新木姜子 *Neolitsea sericea* (Blume) Koidz.

樟科新木姜子属。乔木。幼枝密被黄色绢状柔毛，老时脱落无毛。叶互生，椭圆形或披针状椭圆形，长6.6~20 cm，先端短渐钝尖，基部楔形，幼叶两面密被黄色绢毛，老叶下面被平伏黄褐或橙褐色绢毛，离基三出脉，侧脉4~5对；叶柄粗，长2~3 cm。伞形花序簇生；雄花序具5朵花；花梗长3~6 mm，密被长柔毛；花被片椭圆形；花丝基部被长柔毛。果球形，直径约1.3 cm；果托浅盘状，果柄被柔毛。花期9—10月，果期翌年1—2月。国家二级保护植物。

舟山新木姜子与新木姜子（*N. aurata*）的区别：本种的叶片先端钝尖，叶柄较长，长2~3 cm，果实球形；而后者叶片先端呈镰刀状渐尖，叶柄较短，果实椭圆形。

焕镛木 单性木兰，*Woonyoungia septentrionalis*（Dandy）Y. W. Law

木兰科焕镛木属。乔木。小枝绿色，初被平伏柔毛。幼叶在芽内对折，叶革质，椭圆状长圆形或倒卵状长圆形，长8~15 cm，先端钝圆微缺，无毛，全缘；叶柄长2~3.5 cm，初被灰色柔毛，后脱落，具托叶痕。雌雄异株，花单生枝顶。雄花花被片5枚，白带淡绿色，内凹；雄蕊群淡黄色，雄蕊多数，花药线形；雌花花被片外轮3片内凹，倒卵形，内轮8~11片线状倒披针形；雌蕊群无柄，心皮6~9枚，合生，每心皮2枚胚珠。聚合果近球形；蓇葖革质，背缝开裂。种子1~2粒。花期5—6月，果期10—11月。产于广西北部、贵州东南部。国家一级保护植物。

萼翅藤 *Getonia floribunda* Roxb.

使君子科萼翅藤属。披散蔓生藤本。叶对生，叶片革质，卵形或椭圆形，主脉及侧脉上被毛；叶柄密被柔毛。总状花序腋生和聚生于枝的顶端，形成大型聚伞花序，花序轴被柔毛，苞片浅绿色，密被柔毛；花萼杯状，外面被柔毛，两面密被柔毛，外面疏具鳞片。假翅果。花期3—4月，果期5—6月。果用作兴奋剂。国家一级保护植物。

毛枝五针松 *Pinus wangii* Hu et Cheng

松科松属。乔木。一年生枝暗红褐色，密被褐色柔毛，二、三年生枝暗灰褐色，毛渐脱落。针叶5针一束，粗硬，微内弯，长2.5~6 cm，直径1~1.5 mm，边缘有细锯齿，仅腹面两侧各有5~8条气孔线；横切面三角形，树脂道3个，中生。球果单生或2~3个集生，长4.5~9 cm，直径2~4.5 cm，梗长1.5~2 cm；中部种鳞近倒卵形，长2~3 cm，宽1.5~2 cm，鳞盾扁菱形，鳞脐不肥大，凹下。种子淡褐色；种翅偏斜，长约1.6 cm，宽约7 mm。仅产于云南东南部。国家一级保护植物。

毛枝五针松与华南五针松（*Pinus fenzeliana*）的区别：本种的小枝密被柔毛，叶内树脂道3个，中生。本种与日本五针松（*P. parviflora*）的区别：后者的小枝色浅，黄褐色；针叶较细，直径不及1 mm，树脂道2个，边生；球果几无柄，种翅较短，长不及1 cm。

六、名人植树区

马缨杜鹃 马缨花，*Rhododendron delavayi* Franch.

杜鹃花科杜鹃花属。常绿灌木或小乔木。小枝初被白色柔毛，后无毛。叶革质，椭圆状披针形，长7~15 cm，先端骤尖，基部楔形，边缘反卷，上面深绿色，成长后无毛，下面有灰白或淡棕色海绵状毛被；叶柄长1~2 cm，后无毛。顶生伞形花序有10~20朵花，花序轴长1 cm，被红棕色柔毛。花梗长约1 cm，被淡褐色柔毛，花萼长2 mm，5裂，被绒毛和腺体；花冠钟状，长3~5 cm，肉质，深红色，基部有5个黑红色蜜腺囊；雄蕊10枚，花丝无毛；子房密被红棕色柔毛，花柱长约2 cm，无毛。蒴果圆柱形，长1.8~2 cm，被毛。花期5月，果期12月。

银杏　*Ginkgo biloba* L.

银杏科银杏属。我国特有，国外广泛引种栽培。国家一级保护植物。

长叶罗汉松　*Podocarpus longifoliolatus* de Laub.

罗汉松科罗汉松属。乔木，枝叶稠密。叶螺旋状排列，条状披针形，长10~16 cm，宽7~10 mm，先端短渐尖或尖，上下两面有明显隆起的中脉。雌雄异株，雄球花常3~5(~7)穗簇生于叶腋；雌球花单生叶腋，有梗。种子卵圆形，长1~1.2 cm，假种皮成熟时肉质呈紫色或紫红色，有白粉，着生于肥厚肉质、红色或紫红色的种托上，梗长1~1.5 cm。种子10—11月成熟。

七、中国科学院昆明植物研究所植物科普馆

本科普馆于2001年8月13日开馆，2020年进行了提质改造。场馆面积为320 m²，由展柜、展牌、展品及多媒体设备组成。共有展柜40个、展牌263块、实物展品400余件和多媒体设备2套。展牌的内容分为“种子植物的起源”“植物的家谱”“植物种类的分布规律”“特殊生境中的植物”“植物与人类”“植物与宗教”“植物的繁殖”“奇异植物”“珍稀濒危植物”等几部分，较为系统地介绍了植物学知识。

展厅的设计布局美观大方，展牌内容图文并茂，实物丰富多样。整个展厅的文字解说约1.8万字，有物种照片258张，植物科学画和手绘图13组，还有植物化石、植物标本、植物果实和种子、民族植物特色工艺品、昆明植物研究所自主研发药用产品、昆明植物所专著等400余件实物展品。另外，多媒体设备可播放科普视频、科考纪录片、植物群落图片、生物多样性相关影片、珍稀濒危植物保护故事、最新研究成果等，通过影像、声音等动态展示，更加生动地把科学知识、科研方法、物种保护手段展示给观众，传播植物学知识和科学家精神。

科普馆常年对外开放。它不仅是中国科学院昆明植物研究所接待外宾、国内同行参观了解植物所研究成果的一个重要场所，更是大中专院校学生参观实习并系统学习植物学相关知识的大课堂。

八、蔷薇园及植物科普馆周围

蔷薇区占地30亩，收集展示有蔷薇科乔灌木和藤本植物共25属100余种。植物科普馆周围种植有其他科的一些植物。

褐毛花楸　*Sorbus ochracea*（Hand.-Mazz.）Vidal

蔷薇科花楸属。乔木。小枝圆柱形，幼时密被锈褐色绒毛，成长时逐渐脱落，二年生枝无毛，

有灰白色皮孔。叶片幼时膜质,幼时上下两面密被锈褐色绒毛,成长时逐渐脱落,老时通常仅下面残存少许绒毛;叶柄长2~3 cm,密被锈褐色绒毛。复伞房花序有花20~30朵,直径达5 cm,总花梗和花梗均密被锈褐色绒毛;果实为小型梨果,具明显的斑点,萼片脱落后先端留有圆穴。花期3—4月,果期7月。

地被银桦 *Grevillea baueri* 'Dwarf'

山龙眼科银桦属。灌木。圆锥花序,顶生或腋生,被紧贴的丁字毛,花梗单生,花蕾时花被管细长;开花时花被管下半部先分裂,花被片分离,外卷;花盘半环状,肉质;花柱细长,开花时一部分先自花被管裂缝拱出,上半部后伸出,顶部稍膨大,圆盘状或呈偏斜圆盘状,柱头位于其中央。蓇葖果。我国常引种栽培。

小叶金露梅 *Dasiphora parvifolia* (Fisch. ex Lehm.) Juz.

蔷薇科金露梅属。灌木。高0.3~1.5 m,分枝多,树皮纵向剥落。叶为羽状复叶,有小叶2对,常混生有3对,基部两对小叶呈掌状或轮状排列;小叶小,长0.7~1 cm,宽2~4 mm。顶生单花或数朵;花瓣黄色。瘦果表面被毛。花果期6—8月。

火棘 火把果、救兵粮,*Pyracantha fortuneana*(Maxim.) Li

蔷薇科火棘属。常绿灌木,枝有刺。叶倒卵形或倒卵状长圆形。复伞房花序;花白色,萼筒钟状,裂片三角状卵形;花瓣近圆形。果实近球形,直径约5 mm,橘红色或深红色。花期3—5月,果期8—11月。我国西南各省份习见栽培观赏;作绿篱;果实可食。

龟甲冬青 *Ilex crenata* var. *convexa* Makino

冬青科冬青属。常绿小灌木,株高50~60 cm。叶互生,叶片椭圆形,革质,有光泽,新叶嫩绿色,老叶墨绿色,叶表面凸起呈龟甲状。花白色。果球形。花期5—6月,果期8 -10月。栽培观赏。

豪猪刺 *Berberis julianae* Schneid.

小檗科小檗属。常绿灌木。茎刺粗壮,三分叉。叶革质,披针形或倒披针形。花10~25朵簇生,呈黄色。浆果长圆形,成熟后蓝黑色,被白粉。根部含小檗碱3%、巴马亭0.6%、药根碱0.1%以及其他多种生物碱,供药用,有清热解毒、消炎抗菌的功效。

阔叶十大功劳 *Mahonia bealei* (Fort.) Carr.

小檗科十大功劳属。灌木或小乔木,高0.5~4(~8) m。叶狭倒卵形至长圆形,长27~51 cm,宽10~20 cm,具4~10对小叶,小叶厚革质,硬直,边缘具2~6粗锯齿,先端具硬尖;顶生小叶较大,长7~13 cm,宽3.5~10 cm,具柄,长1~6 cm。总状花序直立,通常3~9个簇生。浆果卵形,长约1.5 cm,直径约1~1.2 cm,深蓝色,被白粉。花期9月至翌年1月,果期3—5月。

繁星栒子 *Cotoneaster astrophoros* J. Fryer et E. C. Nelson

蔷薇科栒子属。丛生灌木,夏季开放密集的白色小型花朵,秋季结成累累成束红色果实,可作为观赏灌木或剪成绿篱。

球花石楠 *Photinia griffithii* Decne.

蔷薇科石楠属。常绿灌木或小乔木。叶片形状大小及叶柄长短变化很大,复伞房花序的总花梗数次分枝,花近无梗,总花梗和萼筒外面皆密生黄色绒毛。花期5月,果期9月。

地涌金莲 *Musella lasiocarpa* (Franch.) C. Y. Wu ex H. W. Li

芭蕉科地涌金莲属。多年生丛生草本。具根状茎,多次结果。假茎矮小,高不及60 cm。叶片长椭圆形,有白粉。花序直立,密集如球穗状,每一黄色苞片内有花2列,下部苞片内的花为两性花或雌花,上部苞片内的花为雄花,合生花被片先端具5齿,离生花被片先端微凹,雄蕊5枚;浆果被极密硬毛。分布于云南中部至西部。本种是地涌金莲属的唯一物种,为古地中海东南岸的孑遗植物。假茎作猪饲料;花入药有收敛止血作用;茎汁用于解酒醉及草乌中毒。

小叶琴丝竹 *Bambusa multiplex* 'stripestem'

禾本科簕竹属。是孝顺竹(*Bambusa multiplex*)的栽培品种,主要区别:小叶琴丝竹植株较矮小,高1~3 m;竿和分枝的节间黄色,具不同宽度的绿色纵条纹。栽培观赏。

杯盖阴石蕨 圆盖阴石蕨,*Davallia griffithiana* Hook.

骨碎补科骨碎补属。植株高达40 cm。根状茎长而横走,粗约6 mm,密被蓬松的鳞片;叶远生;柄长10~15 cm,粗约1 mm,浅棕色;叶片三角状卵形,长16~25 cm,宽14~18 cm,基部为四回羽裂,中部为三回羽裂,向顶部为二回羽裂;羽片10~15对,互生,基部一对近对生,斜向上,彼此接近,基部的一对羽片最大,长8. 5~11 cm,宽4~8 cm;叶革质,无毛。孢子囊群生于裂片上侧小脉顶端,每裂片1~3枚;囊群盖宽杯形。栽培观赏。

地锦 爬墙虎、爬山虎,*Parthenocissus tricuspidata*(Siebold et Zucc.) Planch.

葡萄科地锦属。木质藤本。小枝圆柱形。卷须5~9分枝,相隔2节间断与叶对生。卷须顶端嫩时膨大呈圆珠形,后遇附着物扩大成吸盘。叶为单叶,通常着生在短枝上为3浅裂,时有着生在长枝上者小型不裂,叶片通常倒卵圆形,长4.5~17 cm,宽4~16 cm,顶端裂片急尖,基部心形,边缘有粗锯齿;叶柄长4~12 cm。花序着生在短枝上,基部分枝,形成多歧聚伞花序,长2.5~12.5 cm,主轴不明显。果实球形,直径1~1.5 cm,有种子1~3颗。花期5—8月,果期9—10月。为著名的垂直绿化植物;根入药,能祛瘀消肿。

云南含笑 *Michelia yunnanensis* Franch. ex Finet et Gagnep.

木兰科含笑属。灌木。枝叶茂密,高可达4 m。芽、嫩枝、嫩叶上面及叶柄、花梗密被深红色平伏毛。叶革质,倒卵形、狭倒卵形、狭倒卵状椭圆形,长4~10 cm,宽1.5~3.5 cm。花梗粗短,长3~7 mm,有1个苞片脱落痕;花白色,极芳香。聚合果通常仅5~9个蓇葖发育,蓇葖扁球形,宽5~8 mm,顶端具短尖,残留有毛。种子1~2粒。花期3—4月,果期8—9月。为优良的观赏植物;花可提取浸膏;叶有香气,可磨粉作香面。

醉香含笑 展毛含笑,*Michelia macclurei* Dandy

木兰科含笑属。乔木。芽、幼枝、叶柄、托叶及花梗均被红褐色平伏短绒毛。叶革质,倒卵形、椭圆状倒卵形、菱形或长圆状椭圆形,长7~14 cm,上面初被短柔毛,下面被灰色毛杂有褐色平伏短绒毛;叶柄上面具纵沟,无托叶痕。花单生或具2~3朵花成聚伞花序;花梗长1~1.3 cm,具2~3个苞片痕;花被片白色,常9。聚合果长3~7 cm,蓇葖长1~3 cm,腹背缝2瓣开裂。种子1~3。花期3—4月,果期9—11月。为建筑、家具优质用材;花可提取香精油;也是美丽的庭院及行道树种。

含笑花 *Michelia figo* (Lour.) Spreng.

木兰科含笑属。常绿灌木。分枝繁密;芽、嫩枝、叶柄、花梗均密被黄褐色绒毛。叶革质,狭椭圆形或倒卵状椭圆形,长4~10 cm,宽1.8~4.5 cm,上面有光泽,托叶痕长达叶柄顶端。花直立,长12~20 mm,宽6~11 mm,淡黄色而边缘有时为红色或紫色,具甜浓的芳香;花被片6枚,肉质;雌蕊群无毛,超出于雄蕊群。聚合果长2~3.5 cm;蓇葖卵圆形或球形,顶端有短尖的喙。花期3—5月,果期7—8月。本种除供观赏外,花有水果甜香,花瓣可拌入茶叶制成花茶,亦可提取芳香油和供药用。花开放时含蕾不尽开,故称“含笑花”。

大叶冬青 苦丁茶,*Ilex latifolia* Thunb.

冬青科冬青属。常绿乔木。树皮粗糙;枝条粗壮,平滑无毛,幼枝有棱。叶厚革质,长椭圆形,长8~20 cm,宽4.5~7.5 cm,顶端锐尖,基部楔形。聚伞花序密生于二年生枝条叶腋内,雄花序每一分枝有花3~9朵,雌花序每一分枝有花1~3朵,花淡黄绿色。果实球形,红色或褐色。花期4—5月,果期9—10月。木材供细木工用;树形优美,可供观赏;叶药用,可清热解毒,止渴生津;果可解暑祛痧。

大八角 *Illicium majus* Hook. f. et Thoms.

五味子科八角属。乔木。叶互生或3~6成轮生状,革质,长圆状披针形或倒披针形,长10~20 cm。花腋生、近顶生或生于老枝上,单生或2~4簇生。花蕾球形;花梗长2~6 cm;花被片红色,肉质,15~34枚;雄蕊12~41枚,1~3轮;心皮11~14枚。聚合果径4~4.5 cm;果柄长2.5~8 cm,蓇葖10~14枚,长1.2~2.5 cm,顶端骤尖,喙尖钻状。种子长0.6~1 cm。花期4—6月,果期7—10月。木材结构细,供雕刻、家具等用。果、树皮均有毒。

红楠 *Machilus thunbergii* Siebold et Zucc.

樟科润楠属。乔木。树皮黄褐色;小枝基部具环形芽鳞痕。叶倒卵形或倒卵状披针形,长5~13 cm,先端钝尖,基部楔形,下面带白粉;叶柄长1~3.5 cm。花序顶生或在新枝上腋生,长5~12 cm,无毛,在上端分枝;苞片卵形,被褐红色平伏绒毛;花被片无毛;雄蕊花丝无毛,第3轮基部腺体具柄。果扁球形,黑紫色,径约1 cm;果柄鲜红色。花期2月,果期7月。木材供建筑、家具、造船、胶合板等用。

文山润楠　*Machilus wenshanensis* H. W. Li

樟科润楠属。乔木。一年生枝、幼叶、总梗、各级序轴、花梗和花被都被污黄色小柔毛。叶疏离或于枝顶稍密集，长圆形或椭圆形，长12.5 cm，宽3~4 cm，先端骤然短渐尖。花序生于腋生短枝上，多数，近伞房状排列，多花，总梗长（2）3~6 cm；花淡黄绿色，开花时直径达6 mm，花梗长约1.5 mm。子房卵珠形，长1.5 mm，无毛，花柱纤细，长达2.6 mm，柱头小，头状。花期4月。

麻叶绣线菊　*Spiraea cantoniensis* Lour.

蔷薇科绣线菊属。灌木。高达1.5 m；小枝拱形弯曲，无毛。叶片菱状披针形至菱状矩圆形，长3~5 cm，宽1.5~2 cm，先端急尖，基部楔形，边缘自中部以上具缺刻状锯齿，两面无毛，具羽状叶脉；叶柄长4~7 mm，无毛。伞形花序，具多数花朵；花梗长8~14 mm，无毛；花白色，直径5~7 mm；萼筒钟状，外面无毛，裂片三角形或卵状三角形；花瓣近圆形或倒卵形；雄蕊20~28枚，稍短于花瓣或几与花瓣等长。蓇葖果直立开张，无毛，具直立开展萼裂片。花期4—5月，果期7—9月。庭院栽培供观赏。花序密集，花色洁白，早春盛开如积雪，甚美丽。

云南山楂　*Crataegus scabrifolia*（Franch.）Rehder

蔷薇科山楂属。小乔木。枝上常无刺，叶片多卵状披针形，有圆钝锯齿，不分裂；托叶膜质，线状披针形，边缘有腺齿。伞房花序或复伞房花序，萼筒钟状，萼片三角卵形或三角披针形，花瓣近圆形或倒卵形，白色。果实扁球形，直径1.5~2 cm，熟时黄色带红晕，萼片宿存。花期4—6月，果期8—10月。云南中部村边习见栽培作果树，有土黄果、大白果、小白果等品种。果实味酸甜，鲜吃及加工，并可入药。木材结构细密，可作细木工用。

高盆樱桃　冬樱花，*Prunus cerasoides*（D. Don）Sok.

蔷薇科李属。乔木。叶卵状披针形或长圆状披针形，长（4）8~12 cm，先端长渐尖，基部圆钝，有细锐重锯齿或单锯齿，齿端有小头状腺，上面深绿色；叶柄长1.2~2 cm，先端有2~4腺；托叶线形，基部羽裂，有腺齿。花梗长1~2 cm，果梗长达3 cm，先端肥厚；萼筒钟状，常红色：萼片长4~5.5 mm，全缘，常带红色；花瓣卵形，淡粉或白色；雄蕊短于花瓣；花柱无毛，柱头盘状。核果卵圆形，长1.2~1.5 cm，熟时紫黑色。花期10—12月。

沙梨　*Pyrus pyrifolia*（Burm.f.）Nakai

蔷薇科梨属。乔木。叶片卵状椭圆形或卵形，长7~12 cm，宽4~6.5 cm，先端长尖，边缘有刺芒状锯齿，两面无毛或幼时有褐色绵毛；叶柄长3~4.5 cm。伞形总状花序，有花6~9朵，直径5~7 cm；总花梗和花梗幼时微生柔毛；花梗长3.5~5 cm；花白色，直径2.5~3.5 cm；花柱5个，稀4个，离生。梨果近球形，褐色，有浅色斑点，萼裂片脱落。优良栽培品种有：安徽宣城雪梨、砀山酥梨、浙江台州君包梨、湖州鹅蛋梨、诸暨黄章梨。果实供食用，并能消暑健胃、收敛止咳。

贵州石楠 椤木石楠，*Photinia bodinieri* H. Lévl.

蔷薇科石楠属。乔木。幼枝褐色，无毛。叶革质，卵形、倒卵形或长圆形，长4.5~9 cm，先端尾尖，基部楔形，边缘有刺状齿，两面无毛，或脉上微被柔毛，后脱落；叶柄长1~1.5 cm，上面有纵沟。复伞房花序顶生，直径约5 cm，花序梗和花梗被柔毛；花径约1 cm；花瓣白色；雄蕊20枚，较花瓣稍短；花柱2~3个，合生。果实球形或卵形，直径7~10 mm，黄红色。种子2~4。花期5月。

球花含笑 *Michelia sphaerantha* C. Y. Wu ex Z. S. Yue

木兰科含笑属。乔木。芽被褐色绒毛；小枝散生柔毛和皮孔。叶革质，倒卵状长圆形或长圆形，长16~20 cm，宽8.5~10.5 cm，先端具骤尖头，基部圆形或钝，上面无毛，下面被短柔毛；叶柄无托叶痕，被柔毛，长2~2.5 cm。花梗长约1 cm，有短硬毛；花被白色，花被片12枚，长6~7.5 cm，宽1~2.5 cm；雄蕊多数，长约2 cm；雌蕊群圆柱形，长约3 cm，被短柔毛；雌蕊多数，长约6 mm，心皮卵圆形，长约3.8 mm。聚合果长19~24 cm，成熟蓇葖卵圆形，两瓣全裂，被微白色皮孔。花期3月，果期7月。

珙桐 鸽子树，*Davidia involucrata* Baill.

蓝果树科珙桐属。落叶乔木。叶互生，无托叶。常由多数雄花与1枚雌花或两性花组成球形头状花序，直径约2 cm，生于小枝近顶端叶腋，花序梗较长，基部具2~3枚大型白色花瓣状苞片，苞片长圆形或倒卵状长圆形，长7~15(~20) cm，宽3~5(~10) cm。核果。花期4月，果期10月。著名观赏树种。国家一级保护植物。

绣球 *Hydrangea macrophylla* (Thunb.) Ser.

绣球科绣球属。落叶灌木。高1~4 m，小枝粗壮，皮孔明显。叶对生，厚纸质，上面亮绿色，下面黄绿色；叶片椭圆形、倒卵形或宽卵形，边缘除基部外有三角形粗锯齿。伞房花序顶生，近球形；花色多变，有白、蓝、粉红、红等色。花期6—7月。

钟花樱 *Prunus campanulata* (Maxim.) Yü et Li

蔷薇科李属。落叶小乔木。叶较薄，卵形、椭圆状卵形或卵状矩圆形，长4~9 cm，宽2~3.5 cm，先端渐尖，边缘有锯齿，无毛；叶柄细，长约1 cm，近顶端有2个腺体。花叶同期开放，3~5朵丛生于叶腋，下垂，直径12~15 mm；花梗细，先端膨大，长约2 cm；萼筒筒状，无毛，深玫瑰色，裂片卵形；花瓣倒卵形，先端凹；雄蕊多数，离生，比花瓣短；心皮1枚，无毛，花柱约与雄蕊等长。核果卵球形，先端尖，无沟，直径1.5 cm，红色，无毛。花期2—3月，果期4—5月。

云南多依 *Docynia delavayi* (Franch.) Schneid.

蔷薇科多依属。常绿乔木。幼枝密被黄白色绒毛，渐脱落。叶革质，披针形至卵状披针形，长6~8 cm，全缘或稍有浅钝齿，上面无毛，下面密被黄白色绒毛。花3~5朵，丛生于小枝顶端。萼片密被绒毛；花瓣白色；雄蕊40~45枚。梨果卵形或长圆形，直径2~3 cm，果柄长。花期3—4月，果期5—6月。

川梨　*Pyrus pashia* Buch.-Ham. ex D. Don

蔷薇科梨属。乔木。常有枝刺；小枝圆柱形，幼时有绵状毛。叶片卵形或长卵形，稀椭圆形，长4~7 cm，宽2~5 cm，边缘有钝锯齿，幼时具绒毛，后脱落；叶柄长1.5~3 cm。伞形总状花序，有花7~13朵，直径4~5 cm，总花梗和花梗均密生绒毛，渐脱落；花梗长2~3 cm；花白色，直径2~2.5 cm；雄蕊25~30枚，稍短于花瓣；花柱3~5个，离生，无毛。梨果近球形，直径1~1.5 cm，褐色，具斑点，萼裂片早落，果梗长2~3 cm。

肋果茶　*Sladenia celastrifolia* Kurz

肋果茶科肋果茶属。乔木。小枝疏生短柔毛，后变无毛。叶纸质或薄革质，卵形或狭卵形，长5.5~14 cm，宽2.5~6.8 cm，先端渐尖，边缘有小锯齿，上面无毛，下面只在中脉上生短柔毛；叶柄长6~10 mm。聚伞花序腋生，长达2.5 cm，有短梗，分枝有短柔毛；花白色，直径约8 mm；萼片5枚，纸质，宿存，长约4 mm，无毛；花瓣5片，倒卵形，比萼片稍长；雄蕊10(~13)枚；子房圆锥状，3室，每室有2颗胚珠，花柱顶端3裂。蒴果圆锥状，3裂，花萼及花柱均宿存。

榅桲　*Cydonia oblonga* Mill.

蔷薇科榅桲属。灌木或小乔木。小枝无刺，幼时密生绒毛，后脱落，呈紫红色或紫褐色。叶片卵形或矩圆形，长5~10 cm，宽3~5 cm；叶脉显著；叶柄长8~15 mm，有绒毛。花单生；花梗长约5 mm或近无梗，密生绒毛；花白色，直径4~5 cm；萼筒钟状，外面密生绒毛；雄蕊约20枚；花柱5个，离生。梨果梨形，直径3~5 cm，密生短绒毛，黄色，有香味，分5室，每室种子多数，萼裂片宿存，反折；果梗短，有毛。在我国西北各地栽培，作苹果和梨类砧木；果生食或煮食，入药治肠虚水泻等。

山樱花　*Prunus serrulata* Lindl.

蔷薇科李属。乔木。叶卵形、矩圆状倒卵形或椭圆形，长4~9 cm，宽3~5 cm，边缘有重或单而微带刺芒的锯齿，两面无毛或下面沿中肋被短柔毛；叶柄长1~1.5 cm，无毛，有2~4个腺体。花3~5朵呈有柄的伞房状或总状花序；花梗无毛；叶状苞片篦形或近圆形，边缘有腺齿；花直径2~3 cm；萼筒有锯齿；花瓣白色或粉红色；雄蕊多数；心皮1枚，无毛。核果球形，无沟，直径6~8 mm，黑色。核仁入药，可透发麻疹。

红果树　*Stranvaesia davidiana* Dcne.

蔷薇科红果树属。灌木或小乔木。小枝幼时密生长柔毛。叶片长5~12 cm，宽2~4.5 cm，先端急尖或突尖，基部楔形至宽楔形，全缘，沿中脉有柔毛；叶柄长1.2~2 cm，有柔毛。复伞房花序，直径5~9 cm，多花；总花梗和花梗均密生柔毛；花白色，直径5~10 mm；萼筒钟状，外面有稀疏柔毛；花瓣近圆形。果近球形，直径7~8 mm，猩红色，萼裂片直立，宿存。花期5—6月，果期9—10月。

白鹃梅　*Exochorda racemosa* (Lindl.) Rehder

蔷薇科白鹃梅属。灌木。小枝红褐色或褐色，无毛。叶片椭圆形、矩圆形至矩圆状倒卵形，长

3.5~6.5 cm，宽1.5~3.5 cm，先端圆钝或急尖，基部楔形或宽楔形，全缘，稀中部以上有钝锯齿，两面均无毛；叶柄长5~15 mm。总状花序，有花6~10朵，无毛；花梗长3~8 mm；花白色，直径3~4.5 cm；萼筒浅钟状，裂片宽三角形；花瓣倒卵形，基部有短爪；雄蕊15~20枚，3~4枚一束，着生在花盘边缘；心皮5枚，花柱分离。蒴果倒圆锥形，无毛，有5脊，果梗长3~8 mm。花期5月，果期6—8月。

碧桃 *Prunus persica* ‘Duplex’

蔷薇科李属。是桃（*Prunus persica*）的栽培品种。花有单瓣、半重瓣和重瓣，春季先叶开放或与叶同期；花色有白、粉红、红和红白相间等色。具有较高的观赏价值。

枳椇 鸡爪树，*Hovenia acerba* Lindl.

鼠李科枳椇属。落叶乔木。叶片椭圆状卵形、宽卵形或心状卵形，长8~16 cm，宽6~11 cm，顶端渐尖，基部圆形或心形，常不对称，边缘有细锯齿。聚伞花序顶生和腋生，花小，黄绿色，直径约4.5 mm。果柄肉质，扭曲，红褐色。果实近球形，灰褐色。花期6月，果期8—10月。果序轴肥厚，含丰富的糖，可生食、酿酒、熬糖，民间常用以浸制“拐枣酒”，能治风湿。种子为清凉利尿药，能解酒毒，适用于热病消渴、酒醉、烦渴、呕吐、发热等症。

马桑 *Coriaria nepalensis* Wall.

马桑科马桑属。灌木。小枝四棱形或成4窄翅，幼枝疏被微柔毛，后变无毛，老枝紫褐色，具突起的圆形皮孔。叶对生，纸质或薄革质，椭圆形或宽椭圆形，长2.5~8 cm，先端急尖，全缘。总状花序生于二年生枝上，雄花序先叶开放，长1.5~2.5 cm，多花密集，不育雌蕊存在；雌花序与叶同出，长4~6 cm，序轴被腺状微柔毛。果球形，果期花瓣肉质增大包于果外，成熟时由红色变紫黑色，直径4~6 mm。种子榨油可作油漆和油墨；茎叶可提栲胶；全株含马桑碱，有毒，可作土农药。

单瓣缫丝花 *Rosa roxburghii* Tratt.

蔷薇科蔷薇属。灌木。小叶9~15。花单生或2~3朵生于短枝顶端，花大梗短。本变型花为单瓣，粉红色，直径4~6 cm，为缫丝花的野生原始类型。果扁球形，外面密生针刺；萼片宿存，直立。花期5—7月，果期8—10月。每逢煮茧缫丝时，花始开放，故有此名。果实有解暑消食之功效；根药用，能消食健脾，收敛止泻。

双蕊野扇花 *Sarcococca hookeriana* var. *digyna* Franch.

黄杨科野扇花属。叶互生，或在枝梢的对生或近对生，叶的长度和宽度变化甚大，先端渐尖或急尖，中脉被微细毛。雄花：无花梗或有短梗，无小苞片，或下部雄花具类似萼片的2枚小苞片，并有花梗，萼片通常4枚，长3~3.5（~4）mm；雌花：连柄长6~10 mm，小苞片疏生，萼片长约2 mm。核果，宿存花柱2个，长2 mm。

千屈菜 *Lythrum salicaria* L.

千屈菜科千屈菜属。多年生草本。根茎粗壮。茎直立，多分枝，高达1 m，全株青绿色，稍被粗毛或密被绒毛，枝常4棱。叶对生或3片轮生，披针形或宽披针形，长4~6（10）cm，宽0.8~1.5 cm，无柄。聚伞花序,簇生,花梗及花序梗甚短,花枝似一大型穗状花序,苞片宽披针形或三角状卵形。萼筒有纵棱12条,稍被粗毛,裂片6枚,三角形,附属体针状;花瓣6片,红紫或淡紫色,有短爪;雄蕊12枚,6长6短,伸出萼筒。蒴果扁圆形。花美丽,可作观赏植物;全草药用,治肠炎、痢疾等症;外用可止血。

平枝栒子 *Cotoneaster horizontalis* Decne.

蔷薇科栒子属。落叶或半常绿匍匐灌木。高不超过0.5 m,枝水平开张成整齐两列状。叶片近圆形或宽椭圆形,革质。花1~2朵顶生和腋生,近无梗,直径5~7 mm;萼筒钟状,萼片三角形;花瓣直立,倒卵形,先端圆钝,粉红色。果实近球形,直径4~6 mm,鲜红色,常具3个小核。

匍匐栒子 *Cotoneaster adpressus* Bois

蔷薇科栒子属。落叶匍匐灌木。与平枝栒子(*Cotoneaster horizontalis* Dcne.)相近似,主要区别在于:匍匐栒子的茎平铺地上,呈不规则分枝;叶片宽卵形或倒卵形,稀椭圆形,叶边呈波状起伏;果实直径6~7 mm,常具2个小核。

垂丝海棠 *Malus halliana* Koehne

蔷薇科苹果属。落叶小乔木。嫩枝、嫩叶均带紫红色。伞房花序,具花4~6朵,花梗细弱,长2~5 cm,下垂,紫色;花粉红色。果实梨形或倒卵形,直径6~8 mm,略带紫色,成熟很迟,萼片脱落;果梗长2~5 cm。花期3—4月,果期9—10月。各地常见栽培供观赏用,有重瓣、白花等变种。

木瓜海棠 毛叶木瓜,*Chaenomeles cathayensis* (Hemsl.) Schneid.

蔷薇科木瓜属。落叶灌木至小乔木,高2~6 m。枝条具短枝刺;小枝无毛。叶长5~11 cm,基部楔形至宽楔形,边缘有芒状细尖锯齿,上面无毛,下面密被褐色绒毛,后近无毛;托叶草质,有芒状齿,下面被褐色绒毛。花先叶开放,2~3朵簇生于二年生枝。花梗粗短或近无梗;花径2~4 cm;花瓣淡红或白色;雄蕊45~50枚;花柱5个,基部合生,下半部被柔毛或绵毛。果卵球形或近圆柱形,长8~12 cm,黄色,有红晕。花期3—5月,果期9—10月。果实入药可作木瓜的代用品。各地习见栽培,耐寒力不及木瓜和皱皮木瓜。

东京樱花 日本樱花,*Prunus* × *yedoensis* Matsum.

蔷薇科李属。乔木。小枝淡紫褐色,无毛,嫩枝绿色,被疏柔毛。叶柄长1.3~1.5 cm,密被柔毛,顶端有1~2个腺体或有时无腺体;托叶披针形,有羽裂腺齿,被柔毛,早落。花序伞形总状,总梗极短,有花3~4朵,先叶开放,花直径3~3.5 cm;总苞片褐色,两面被疏柔毛;花瓣白色或粉红色,椭圆卵形,先端下凹,全缘二裂;雄蕊约32枚,短于花瓣;花柱基部有疏柔毛。核果近球形,直径0.7~1 cm,黑色。花期4月,果期5月。原产日本,我国多个城市庭院栽培。园艺品种很多,供观赏。

木香花 *Rosa banksiae* Ait.

蔷薇科蔷薇属。攀缘灌木。小枝疏生皮刺,少数无刺。羽状复叶;小叶3~5枚,稀7枚,矩圆状卵形或矩圆状披针形，长2~6 cm，宽1~2.5 cm，先端急尖或钝，边缘有锐锯齿，两面无毛或下面沿中脉微生柔毛；叶柄近无毛；托叶条形，边缘具有腺齿，与叶柄离生，早落。花多数成伞形花序；花梗细长，无毛；花白色或黄色，单瓣或重瓣，直径约2.5 cm，芳香；萼裂片长卵形，全缘。蔷薇果小，近球形，3~4 mm，红色。花可提芳香油。常栽培观赏，供攀缘棚架之用。

山里红　红果，*Crataegus pinnatifida* var. *major* N. E. Br.

蔷薇科山楂属。是山楂的变种，本变种果形较大，直径可达2.5 cm，深亮红色；叶片大，分裂较浅；植株生长茂盛。在河北山区为重要果树，果实供鲜吃、加工或做糖葫芦用。一般用山楂为砧木嫁接繁殖。

九、羽西杜鹃园

羽西杜鹃园建成于2009年3月，由中国科学院昆明植物研究所和高档化妆品牌“羽西”合作共建。以天然药用植物成分独树一帜的羽西品牌自2008年起荣誉赞助中国科学院昆明植物研究所，支持其在美容化妆品领域的应用研究。

羽西杜鹃园是独具云南高原特色的专类园，园区占地面积33亩，以游道和溪流分割成多个自然和谐、色彩缤纷的杜鹃花保育展示区。目前，栽培杜鹃花科杜鹃花属植物205种（品种），其中野生杜鹃62种。此外，还展示了昆明植物园培育的“喜临门”“流光溢彩”“金踯躅”等6个新品种，是集科研试验观察、物种保育、科普展示为一体的杜鹃花属专类园。

杜鹃花属分亚属检索表（引自《中国植物志》，有删减）

1. 花序顶生，有时紧接顶生花芽之下有侧生花芽，有极少种类如朱砂杜鹃亚组中的几种，花序出自上部叶腋。(2)

1. 花序腋生，通常生枝顶叶腋，有时因叶早落或退化而成假顶生，或生于去年生枝下部叶腋。(7)

2. 植株被鳞片，有时兼有少量毛。(3)

2. 植株无鳞片，被各式毛被，或无毛。(4)

3. 落叶或半落叶，稀常绿，花通常出现在发叶之前；枝、叶通常被毛；花柱通常短而弯弓状。………………………………………… 毛枝杜鹃亚属 Subgen. *Pseudazalea*

3. 叶常绿，稀半落叶或落叶；花出现在发叶之后；枝、叶通常不被毛；花柱通常细长，少有短而弯弓状。………………………………………… 杜鹃亚属 Subgen. *Rhododendron*

4. 花梗具叶状苞片；花冠辐状，联合部分短于裂片，1侧分裂几达基部；花柱短于花冠，从花冠裂片间向外下弯。………………………………………… 叶状苞亚属 Subgen. *Therorhodion*

4. 花梗毛苞片；花冠联合部分通常长于裂片，不1侧开裂；花柱细长，伸直。(5)

5. 花和新的叶枝出自同一顶芽，即花出自上部芽鳞腋间，新的叶枝出自同一芽的下部腋间；叶常绿或部分落叶；茎、叶、花序及蒴果通常有扁平糙状毛。 …… 映山红亚属 Subgen. *Tsutsusi*

5. 花出自顶芽；新的叶枝出自侧芽，即出自去年生枝的叶腋；无毛或有各式毛，但无扁平糙状毛。(6)

6. 叶常绿；雄蕊10(~12~20)；常为大灌木或乔木。 ……… 常绿杜鹃亚属 Subgen. *Hymenanthes*

6. 落叶；雄蕊5(国产种)；通常为低矮灌木(国产种)。 ……… 羊踯躅亚属 Subgen. *Pentanthera*

7. 植株无鳞片；蒴果卵球形或细长圆柱形。 …………………… 马银花亚属 Subgen. *Azaleastrum*

7. 植株有鳞片；蒴果短，长圆形。 …………………… 糙叶杜鹃亚属 Subgen. *Pseudorhodorastrum*

1. 杜鹃亚属 Subgen. *Rhododendron*

睫毛萼杜鹃 *Rhododendron ciliicalyx* Franch.

灌木，高1~2 m。叶柄疏生鳞片，幼叶边缘疏被睫毛状刚毛，上面幼时疏生鳞片，网脉明显，下面灰绿，密被褐色鳞片。花序有花2~3朵，伞形着生；花梗密被鳞片；花萼外面密被鳞片，边缘有长刚毛或有时无缘毛；花冠宽漏斗状，长3~5 cm，淡紫色、淡红或白色。蒴果长1~2 cm，密被鳞片。花期4月，果期10—12月。花朵美丽，颜色鲜艳。

锈叶杜鹃 *R. siderophyllum* Franch.

常绿灌木，高达2(~5) m，幼枝密被褐色鳞片。叶椭圆形，硬纸质，长3~8(~11) cm，上面幼时密被鳞片，仅中脉偶有柔毛，下面密被锈褐色鳞片，鳞片相距为其直径1/2~1(2)倍；叶柄长0.5~1.5 cm，密被鳞片。花序顶生，短总状，有3~5朵花。花梗长0.3~1.3 cm，被鳞片；花萼环状或略波状5裂，外面密被鳞片；花冠白、淡红、淡紫或玫瑰红色，内面上方常有黄绿或黄红色斑点，宽漏斗状，长1.6~3 cm，外面常无鳞片；雄蕊10枚，长雄蕊伸出花冠，花丝基部常被短柔毛；子房5室，密被鳞片，花柱细长，伸出花冠。蒴果长圆形，长1~1.6 cm，密被鳞片。花期3—6月。

云南杜鹃 *R. yunnanense* Franch.

半落叶或常绿灌木，稀小乔木，高达2(~6) m。幼枝疏生鳞片和柔毛。叶椭圆形、长圆形或长圆状披针形，长(3~)3.5~7 cm，先端具短尖头，幼时上面和边缘有刚毛，下面灰绿色，疏被鳞片，相距常为其直径的2~6倍；叶柄长3~8 mm，被鳞片或有刚毛。花序短总状，顶生，有3~6朵花。花梗长0.5~2(~3) cm，被鳞片；花萼不发育，环状或5浅裂，长0.5~1 mm，外面被疏鳞片，边缘有缘毛或无；花冠白色带粉红或浅紫色，内面常有红、褐或黄色斑点，宽漏斗状，长1.8~3.5 cm，外面常无鳞片；雄蕊10枚，伸出花冠外，花丝基部被短柔毛；子房5室，被鳞片，花柱长于雄蕊。蒴果长圆形，长0.6~2 cm。花期4—6月。

基毛杜鹃 *R. rigidun* Franch.

灌木，偶成小乔木，高1~2(~10) m。小枝细而坚挺，有疏鳞片，老变光滑，灰白色。叶坚革质，椭圆状倒披针形，长3~5 cm，宽1~1.8 cm，顶端钝尖，有短尖头，基部楔形，上下两面都有鳞片，下面的鳞片相距为其直径的1.5~2倍，边缘向基部两侧有一些细长刚毛；叶柄长约4 mm，幼时两侧有同样的刚毛。花序顶生或同时枝顶腋生，2~6朵花，短总状；花冠初始淡紫色，开放后白色、淡红或深红紫色，内面有绿褐色或紫色斑点；花萼边缘波状浅裂，外面有疏鳞片；雄蕊10枚，伸出，花丝基部有密柔毛；子房有鳞片，花柱无毛。蒴果长圆形，长0.8~1 cm。

2.映山红亚属 Subgen. *Tsutsusi*

白花杜鹃 *R. mucronatum*（Blume）G. Don

半常绿灌木，高达2 m，分枝密，幼枝密被开展的长柔毛。叶二型；春叶较大而早落，夏叶小而宿存，两面密被糙伏毛和腺毛。花序顶生，常有1~3花。花梗长达1.5 cm，密被长柔毛和腺毛；花萼绿色，5裂，长约1.2 cm，密被腺毛；花冠白色，长3~4.5 cm，有红色条纹。蒴果卵圆形，长约1 cm，短于宿萼。花期4—5月，果期6—7月。

锦绣杜鹃 *R.*×*pulchrum* Sweet

与白花杜鹃（*R. mucronatum*）相似，但它的叶、花梗、花萼裂片均无腺毛；幼枝和叶被贴生糙伏毛；花冠紫色，长4.8~5.2 cm，具深红色斑点，易于区别。

皋月杜鹃 西鹃，*R. indicum*（L.）Sweet

常绿灌木，株高约1 m。植物体各部无腺毛。株形丰满，分枝稠密，枝叶纤细。叶狭小，排列紧密。花冠玫瑰紫色，宽漏斗形。花期5—6月。

杜鹃 映山红，*R. simsii* Planch.

落叶灌木，高达2 m，枝被亮棕色扁平糙伏毛。叶卵形、椭圆形或卵状椭圆形，长3~5 cm，具细齿，两面被糙伏毛；叶柄长2~6 mm，被亮棕色糙伏毛。花2~6朵簇生枝顶；花冠鲜红色，漏斗状，长3.5~4 cm，裂片上部有深色斑点。蒴果卵圆形，长约1 cm，密被糙伏毛，有宿萼。花期4—5月，果期6—8月。为我国南方酸性土指示植物和广为栽培的观赏植物。供药用，有活血、补虚、治内伤咳嗽之效。

滇红毛杜鹃 *R. rufohirtum* Hand.-Mazz.

灌木，高达2 m；分枝多而纤细，幼枝密被红棕色短刚毛和开展长柔毛，老枝无毛。叶纸质，近对生或3叶轮生，长2.5~6 cm，中脉和侧脉在下面隆起并被密毛；叶柄密被棕色柔毛。伞形花序顶生，有2~5朵花。花梗被红棕色糙伏毛；花冠深红色，漏斗形，长2.5~3 cm；雄蕊10枚，部分雄蕊伸出花冠，花丝中下部被毛；子房被红棕色刚毛，花柱无毛。蒴果卵圆形，密被红棕色刚毛。花期3—4月，果期8—9月。

丁香杜鹃 满山红，*R. farrerae* Tate ex Sweet

落叶灌木，高达3 m。小枝初被锈色长柔毛，后无毛，枝短而硬。叶近革质，常3叶集生枝顶，卵形，长2~3 cm，先端钝尖，基部圆，叶缘有睫毛，两面中脉近基部有时被柔毛，侧脉不显；叶柄长约2 mm，被锈色柔毛。花1~2朵顶生，先花后叶。花梗长约6 mm，被锈色柔毛；花萼不明显，被锈色柔毛；花冠紫丁香色，漏斗状，长3.8~5 cm；子房被红棕色长柔毛。蒴果长圆柱形，长约1.2 cm，被锈色柔毛，果柄微弯，被红棕色长柔毛。花期5—6月，果期7—8月。

杂种杜鹃 比利时杜鹃，*R.*'Hybrida'

半常绿灌木，高可达3 m，分枝多。叶纸质，卵形或椭圆形，长3~5 cm，先端尖，基部楔形。花大而艳丽，花色繁多，花瓣变化大。花期3—5月，果期10月。最早在欧洲的荷兰、比利时育成，是花色、花型极多、极美丽的一类。比利时将它列为国花。

3. 常绿杜鹃亚属 Subgen. *Hymenanthes*

马缨杜鹃 *R. delavayi* Franch.

小乔木。小枝初被白色柔毛，后无毛。叶革质，椭圆状披针形，长7~15 cm，先端骤尖，基部楔形，边缘反卷，上面深绿色，成长后无毛，下面有灰白或淡棕色海绵状毛被；叶柄长1~2 cm，后无毛。顶生伞形花序有10~20朵花，花序轴长1 cm，被红棕色柔毛。花梗长约1 cm，被淡褐色柔毛；花萼长2 mm，5裂，被绒毛和腺体；花冠钟状，长3~5 cm，肉质，深红色，基部有5个黑红色蜜腺囊；雄蕊10枚，花丝无毛；子房密被红棕色柔毛，花柱长约2 cm，无毛。蒴果圆柱形，长1.8~2 cm，被毛。花期5月，果期12月。

亮叶杜鹃 *R. vemicosuon* Franch.

常绿灌木，高达5 m，小枝深棕色。叶散生，薄革质，椭圆形，长6~11 cm，宽2.5~6 cm，上面亮绿色，下面淡绿色，有细密网脉；叶柄长2~2.5 cm，无毛，上面有狭纵沟。顶生短总状花序有花约10朵；花梗弯向下，长2~2.5 cm，疏生淡红色有短柄的腺体；花萼极短，浅7裂，有密集腺体；花冠宽漏斗状钟形，长4 cm，白色至鲜蔷薇色，7裂，裂片长1.7 cm，顶端有宽缺刻；雄蕊14枚，无毛；子房6~7室，子房和花柱密被腺体。蒴果长3~4 cm，粗7 mm，粗圆柱形，稍弯，光滑。花期4—6月，果期8—10月。

大树杜鹃 *R. protistum* var. *giganteum* (Tagg) Chamb.ex Cullen et Chamb.

常绿乔木，高达25 m；幼枝粗壮，密被黄灰色绒毛。叶大，革质，长圆状披针形或长圆状倒披针形，长12~39 cm，宽7~20 cm，叶柄长2~5.4 cm；成叶下面毛被疏松，淡棕色，不脱落。总状伞形花序有20~25朵花，花序轴长4~5 cm。花大，花冠长7~8 cm，深紫红色，无斑点。花期3—5月。

大白杜鹃 大白花杜鹃，*R. decorum* Franch.

常绿灌木，高达5 m；幼枝绿色，无毛。叶厚革质，长圆形或圆状倒卵形，长5~14.5 cm，两面无毛；叶柄圆，长1.5~2.3 cm，无毛。总状伞形花序顶生，有8~10朵花，有香气；花序轴长2~3 cm，疏生白色腺体。花梗粗，长2.5~3.5 cm，具白色有柄腺体；花萼浅碟状，长1.5~2 mm，裂齿5；花冠宽漏斗状钟形，长3~5 cm，白色或淡红色，内面基部被白色微柔毛，裂片7~8，先端有缺刻；雄蕊12~16枚，不等长，长2~3 cm；子房密被白色腺体，花柱长3.4~4 cm，有白色腺体，柱头宽约5 mm。蒴果长圆柱形，微弯曲，长2.5~4 cm，径1~1.5 cm。花期4—6月，果期9—10月。

高尚大白杜鹃 高尚杜鹃，*R. decorum* subsp. *diaprepes*（Balf. f. & W. W. Sm.）T. L. Ming

本亚种与大白杜鹃的区别在于：本种叶片较大，长12~19（~30）cm，宽4.4~11 cm；花较大，长（6.5~）8~10 cm，宽约9 cm。

栎叶杜鹃 *R. phaeochrysum* Balf. f. et W. W. Sm.

常绿灌木，高达4.5 m；小枝初有薄层灰白色毛被。叶革质，长圆形或倒卵状椭圆形，长7~14 cm，先端钝圆，有尖头，基部近圆或心形，侧脉13~16对，上面绿色，无毛，下面被黄棕色薄毛被，侧脉不明显；叶柄长1~1.5 cm，初被毛。总状伞形花序有8~15朵花，花序轴长1~1.5 cm，近无毛。花冠漏斗状钟形，长4~4.5 cm，白或粉红色，有紫色斑点，内面基部被柔毛，5裂；雄蕊10枚，花丝下部被柔毛；花梗、花萼、子房和花柱无毛也无腺体。蒴果圆柱形，长1.5~3 cm，微弯曲。花期5—6月，果期9—10月。

火红杜鹃 *R. neriflorum* Franch.

常绿灌木，高达3 m；幼枝被白色柔毛。叶坚革质，长圆形或倒卵形，长4~9 cm，两端钝或圆，叶先端有突尖头，两面无毛，中脉在下面隆起，侧脉15~17对，网脉明晰；叶柄紫色，长1.5~2 cm，老后无毛。顶生伞形花序有5~12花，花序轴长0.5~1 cm，花梗长1.3 cm，均被褐色绒毛。花萼长0.4~1 cm，肉质、紫红色，无毛，5裂；花冠深红色，肉质，筒状钟形，长3~4.5 cm，无毛，基部有5个深色蜜腺囊，5裂；雄蕊10枚，花丝紫红色，无毛；子房圆锥形，与花柱基部均被褐色柔毛。蒴果圆柱形，长2.2 cm，疏被柔毛。花期4—5月，果期9—10月。

露珠杜鹃 *R. irroratum* Franch.

常绿灌木或小乔木。幼枝被薄绒毛和腺体，老枝光滑。叶革质，披针形或长椭圆形，长5~14 cm，先端渐尖，基部圆，边缘有时波状，两面无毛，侧脉17~20对；叶柄长1~2 cm。总状伞形花序有7~15朵花，花序轴长2~4 cm，被柔毛和淡红色腺体。花梗长1~2 cm，密被具柄腺体；花萼小，盘状，外面和边缘具腺体；花冠有深色斑点，筒状钟形，长3~4 cm，白、淡黄或粉红色，5裂；雄蕊10枚，花丝基部被柔毛；子房与花柱均密被腺体。蒴果被腺体，8~10室，成熟后开裂。花期3—5月，果期9—10月。

晚霞杜鹃 *R. pulchurum*‘WanXia’

树冠广卵形；树干弯曲；分枝角度中型；叶椭圆形；淡绿色；较小；花色洒金；单瓣型；花型中型。

4.羊踯躅亚属 Subgen. *Pentanthera*

羊踯躅 闹羊花，*R. molle*（Blume）G. Don

落叶灌木。幼枝近于轮生，被柔毛和刚毛。叶散生或簇生，纸质，长圆形或长圆状披针形，长

5~12 cm，先端钝，有短尖头，基部楔形，边缘有睫毛，幼时上面被微柔毛，下面被灰白色柔毛，有时仅叶脉有毛；叶柄长2~6 mm，被柔毛和疏生刚毛。总状伞形花序顶生，有9~13朵花，先花后叶或花叶同期。花梗长1~2.5 cm，被柔毛和刚毛；花萼被柔毛、睫毛和疏生刚毛；花冠金黄色，漏斗状，长4.5 cm，内面有深红色斑点，外面被绒毛，5裂；雄蕊5枚，花丝中下部被柔毛；子房5室，被柔毛和刚毛，花柱无毛。蒴果圆柱状，长2.5~3.5 cm，被柔毛和刚毛。花期3—5月，果期7—8月。有剧毒，羊常误食羊踯躅而死；可作麻醉药和农药。

5. 马银花亚属 Subgen. *Azaleastrum*

薄叶马银花 *R. leptothrium* Balf. f. et W. W. Sm.

灌木或小乔木，高3~4(~6) m；枝纤细，幼枝淡红褐色，密被白色短柔毛。叶薄纸质，集生枝顶，披针形或长圆状披针形，长4~8 cm，宽2~3 cm，边缘浅波状，微反卷，上面深绿色，仅中脉被短柔毛，下面淡白色，具光泽，无毛；叶柄长1~1.8 cm，密被短柔毛。花芽近于圆锥形，鳞片外面被灰色短柔毛，边缘具短睫毛。花单生枝顶叶腋，通常枝端具2~4朵花，密被腺头短刚毛；花萼裂片大，长7 mm，边缘具腺头睫毛；花冠辐状，蔷薇色，长2~2.5 cm，5深裂，上方裂片基部具深色斑点；雄蕊5枚。蒴果卵球形，为宿存萼片所包。种子两端不具附属物。花期5—6月，果期9—11月。

鹿角杜鹃 *R. latoucheae* Franch.

常绿灌木或小乔木，高达7 m；小枝细长，无毛，常3枝轮生。叶革质，卵状椭圆形或长圆状披针形，长5~8(~13) cm，宽2.5~5.5 cm，两面无毛。花芽边缘有微柔毛和细腺点；单花腋生，枝顶常1~4朵花。花梗长1~2.7 cm，无毛；花萼短；花冠白或粉红色，窄漏斗状，长3.5~4 cm，外面微被柔毛，雄蕊10枚，伸出花冠，花丝中下部被毛；子房与花柱无毛。蒴果圆柱状，长3~4 cm，有宿存花柱。种子两端有短尾状附属物。花期3~4(5~6)月，果期7—10月。

滇南杜鹃 *R. hancockii* Hemsl.

常绿灌木，高1~2 m；小枝无毛。叶薄革质，倒卵形或长圆状倒披针形，长10~15 cm，宽3.2~6.2 cm，短渐尖，向基部稍变狭，无毛，有多数明显的分枝侧脉。花腋生，每腋间生花1朵；花芽鳞近宿存，多数，有极短睫毛；花白色，上方1裂片带黄色；花萼深5裂，裂片卵形，背面和边缘有毛；花冠宽漏斗状，长7.5 cm，深5裂，花冠基部具1黄色小斑；雄蕊10枚，长伸出，花丝中部以下有柔毛；子房5~6室，密生绒毛，花柱无毛，略长于雄蕊。蒴果稍弯而有喙，长6.2 cm，稍有柔毛。本种显著特征是：叶大，倒卵形或长圆状倒披针形，下面侧脉明显；花芽内有花1朵，易与他种相区别。

6. 糙叶杜鹃亚属 Subgen. *Pseudorhodorastrum*

柳条杜鹃 *R. virgatum* Hook.

常绿小灌木。高达1.5(~2) m。枝条细长，密被鳞片。叶长2.5~5.5 cm，叶两面和叶柄被鳞片。花1(2)朵腋生，花芽芽鳞在花期宿存，外面密被白色微柔毛。花梗长3~4 mm，被鳞片；花萼长1~2 mm，被鳞片;花冠漏斗状,淡紫红或深紫红色,长2.5(~3.7) cm,冠筒长1.1(~2) cm,外面密被鳞片和灰白色短柔毛;雄蕊10枚,花丝近基部被短柔毛;子房密被鳞片,花柱长,伸出,下部疏被鳞片,密生灰白色短柔毛,果时常宿存,下弯。蒴果长圆形,长0.8~1 cm,被鳞片,有宿存花萼。种子两端有尾尖附属物。花期3—5月。

碎米花 碎米花杜鹃,*R. spiciferum* Franch.

小灌木,高0.2~0.6(~2) m,多分枝,枝条细瘦。幼枝密被灰白色短柔毛和伸展的长硬毛,以后渐脱落。叶散生枝上,叶片坚纸质,狭长圆形或长圆状披针形,长1.2~4 cm,宽0.4~1.2 cm,上面深绿色,密被短柔毛和长硬毛,下面黄绿色,密被灰白色短柔毛,沿脉毛较长,密被黄色腺鳞;叶柄长1~3 mm,被与幼枝相同的毛。花芽数个,生枝顶叶腋,芽鳞外被灰白色绢毛并密生鳞片;花序短总状,有花3~4朵;花萼5裂,外面密被灰白色短柔毛;花冠漏斗状,长1.3~1.6 cm,粉红色;雄蕊10枚,子房5室,密被灰白色短柔毛及鳞片。蒴果长圆形,长0.6~1 cm,被毛和鳞片。花期2—5月。

十、扶荔宫

“扶荔宫”是世界上最早有文字记载的温室,汉武帝时期曾建于上林苑中,用于栽种南方佳果和奇花异木。著名植物学家吴征镒院士借用此典故命名本温室群为“扶荔宫”,其包含了主体温室、兰花馆、食虫植物馆、隐花植物馆、草木百兼馆,形成错落有致、相得益彰、功能完备、布局合理的温室群。现已保存特色植物2 500余种,充分展示了“植物王国”丰富的物种多样性和别具特色的生态景观,是云南省独具历史文化底蕴、科学内涵丰富的生物多样性研究、保护与科学教育基地。其中主体温室是扶荔宫温室群中最雄伟壮丽的温室,占地面积4 200 m^2,由热带水生区、热带雨林区、热带荒漠区组成。整个温室曲径通幽、错落有致、叠水起伏、云雾缭绕,收藏植物达1 800余种,展示了丰富奇妙的热带水果和水生植物、奇特的热带雨林特色景观、奇异的热带荒漠植物。

扶荔宫的主体温室、兰花馆、食虫植物馆和隐花植物馆属于室内场馆,需要单独购票才能参观,10人以上可组团,团体优惠票价60元/人,由专职讲解员进行讲解。现将扶荔宫各场馆外围的部分植物介绍如下。

长萼大叶草 *Gunnera manicata* L.

大叶草科大叶草属。多年生草本,株高2~3 m,具肥厚的肉质茎。叶大型,直径可达2 m,叶柄粗壮,布满尖刺。花序圆锥塔状,淡绿色并带棕红色。花期春季,果期秋季。原产于南美洲,我国西南地区引种栽培。

小叶佛塔树 班克木,*Banksia ericifolia* L.f.

山龙眼科佛塔树属。常绿灌木。株高1~2 m。叶片互生,紧密,窄小,线形,长9~20 mm,宽约1 mm,似迷迭香的叶。其硕大而直立的棒状花序由无数小花紧密排列而成,形如佛塔,高7~22 cm,

宽5~8 cm,花橙红至黄色。原产于澳大利亚,我国引种栽培供观赏。

大花飞燕草　*Delphinium × cultorum*

毛茛科翠雀属。叶掌状分裂,长2.2~6 cm,宽4~8.5 cm;叶柄长约为叶片的3倍,基部具短鞘。花序总状或伞房状。花形别致,酷似一只只燕子。供观赏。

矮棕竹　矮棕,*Rhapis humilis* Blume

棕榈科棕竹属。丛生灌木。叶掌状深裂成7~10(~20)裂片,线形,长15~25 cm,宽0.8~2 cm,具1~2(~3)条肋脉,边缘及肋脉上具细锯齿,先端具2~3短裂,稍渐尖。产我国南部至西南部,各地常见栽培,供观赏。

水烛　水蜡烛,*Typha angustifolia* L.

香蒲科香蒲属。多年生水生或沼生草本。地上茎直立,粗壮,高1.5~2.5（~3）m。叶片长54~120 cm。花单性,雌雄同株,花序穗状;雌雄花序相距2.5~6.9 cm,雄花序在雌花序上方,长20~30 cm,雌花序长15~30 cm,雌雄花序相距2.5~6.9 cm,基部具1枚叶状苞片,通常比叶片宽,花后脱落。花粉即"蒲黄",可入药;叶片用于编织、造纸等;幼叶基部和根状茎先端可作蔬食;雌花序可作枕芯和座垫的填充物。花序粗壮,可供观赏。

香蒲　*Typha orientalis* Presl

香蒲科香蒲属。与水烛(*Typha angustifolia* L.)相似,但它的雌雄花序紧密连接,雄花序和雌花序都比水烛明显要短,雄花序长2.7~9.2 cm,雌花序长4.5~15.2 cm。

中山杉　*Taxodium* 'Zhongshanshan'

柏科落羽杉属。它是采用落羽杉(*Taxodium distichum*)母本和墨西哥落羽杉(*Taxodium mucronatum*)父本杂交获得的杂种优良无性系。

象腿丝兰　*Yucca gigantea* Lem.

天门冬科丝兰属。乔木状,高可达10 m,干粗壮,老干基部膨大。叶狭长,长达1.2 m,宽约7.6 cm,顶端无硬刺尖,旋转状簇生。大型圆锥花序顶生,花冠钟形,白色,直径约6~8 cm。蒴果开裂,种子黑色。

大丝葵　*Washingtonia robusta* H. Wendl.

棕榈科丝葵属。乔木状,单生,无刺;树干基部膨大,其余部分较细而高,去掉枯叶后呈淡褐色,可见明显的环状叶痕和不明显的纵向裂缝。叶亮绿色,分裂至基部2/3处,裂片边缘的丝状纤维只存在于幼龄树的叶上,随年龄成长而消失,叶柄淡红褐色,边缘具粗壮的钩刺,通常幼树的刺更多。原产墨西哥西北部,我国南方有引种栽培。

垂枝红千层　垂花红千层,*Callistemon viminalis* (Soland.) Cheel.

桃金娘科红千层属。常绿大灌木或小乔木,树皮灰白色,枝条柔软下垂。叶互生,纸质,披针形或窄线形，叶色灰绿至浓绿。穗状花序顶生，花两性，花红色。蒴果。原产于澳大利亚，我国华南、华中、西南地区栽植较广。

美丽异木棉 *Ceiba speciosa* (A.St.-Hil.) Ravenna

锦葵科吉贝属。落叶乔木。树干下部膨大，幼树树皮浓绿色，密生圆锥状皮刺、侧枝放射状水平伸展或斜向伸展。掌状复叶，小叶5~9枚，椭圆形。花单生，花冠淡紫红色，中心白色，也有白、粉红、黄色等，即使同一植株也可能黄花、白花、黑斑花并存，因而更显珍奇稀有。蒴果椭圆形。原产于南美洲，现广东、福建、广西、海南、云南、四川等地均有栽培，树冠伞形，叶色青翠，花期由夏至冬，持续数月，花朵大而艳，盛花期满树姹紫，艳压群芳，极为壮观迷人，是优良的观花乔木。

黄菖蒲 *Iris pseudacorus* L.

鸢尾科鸢尾属。多年生草本。根状茎粗壮，直径达2.5 cm。基生叶灰绿色，宽剑形，中脉明显，长40~60 cm，宽1.5~3 cm。花茎粗壮，高60~70 cm，上部分枝；苞片3~4，膜质，绿色，披针形。花黄色，直径10~11 cm；花被筒长约1.5 cm；外花被裂片卵圆形或倒卵形，长约7 cm，无附属物，中部有黑褐色花纹，内花被裂片倒披针形，长约2.7 cm；雄蕊长约3 cm，花药黑紫色：花柱分枝淡黄色，长约4.5 cm；子房绿色。花期5月，果期6—8月。原产于欧洲，我国各地常见栽培。

薰衣草 *Lavandula angustifolia* Mill.

唇形科薰衣草属。小灌木，被星状绒毛。茎皮条状剥落。花枝叶疏生，叶枝叶簇生，线形或披针状线形，花枝之叶长3~5 cm，宽3~5 mm，叶枝之叶长1.7 cm，宽2 mm，密被灰白色星状绒毛，全缘外卷。轮伞花序具6~10朵花，多数组成长3(~5) cm的穗状花序，花序梗长9(~15) cm；苞片菱状卵形；花萼密被灰色星状绒毛；花冠蓝色，长0.8~1 cm，密被灰色星状绒毛，基部近无毛，喉部及冠檐被腺毛。小坚果4枚。花期6—7月。原产于欧洲南部及地中海地区。我国各地栽培，为观赏及芳香油植物。

齿叶薰衣草 *Lavandula dentata* L.

唇形科薰衣草属。幼株草本状，成株为小灌木，多作草本栽培；丛生，株高约60 cm，全株被白色绒毛。叶对生，羽状分裂。穗状花序，花小，具芳香，紫蓝色。原产于西班牙、法国，我国引种栽培。

宽叶薰衣草 *Lavandula latifolia* Vill.

唇形科薰衣草属。与薰衣草的主要区别在于：叶簇生枝基部，在上部疏生，窄披针形或线形，长2~4 cm，宽3~5 mm。轮伞花序具4~6朵花，疏散，由7~8轮组成长15~25 cm的顶生穗状花序，花序梗长17~30 cm；苞片线形，与花冠近等长，小苞片线形，较萼短；花萼管形，长5~6 mm，密被星状绒毛，13脉，5齿，下唇4齿不明显；花冠长1~1.1 cm，密被绒毛，上唇2裂片成直角叉开，卵形，下唇3裂片。

圆叶蒲葵 *Livistona rotundifolia* (Lam.) Mart.

棕榈科蒲葵属。乔木状，茎具显著的叶环痕。叶分裂至一半，叶柄下端扩展成鞘状半抱茎，叶鞘具淡红褐色网状纤维，边缘有刺。佛焰花序生于叶丛中，长1.5 m，多分枝。浆果球形，成熟时红色，后变为黑褐色。原产于印尼、马来西亚，我国热带、南亚热带地区广泛栽培。

迷迭香　*Rosmarinus officinalis* L.

唇形科迷迭香属。灌木，高达2 m。幼枝四棱形，密被白色星状细绒毛。叶常在枝上丛生，具极短的柄或无柄，叶片线形，长1~2.5 cm，宽1~2 mm，革质，叶下面密被白色星状绒毛。花近无梗，对生，少数聚集在短枝的顶端组成总状花序；苞片小，具柄；花柱细长，远超过雄蕊，子房裂片与花盘裂片互生。花期11月。原产于欧洲及北非地中海沿岸，我国引种栽培，叶可提取芳香油。

龙爪柳　*Salix matsudana* f. *tortuosa* (Vilm.) Rehder

杨柳科柳属。其是旱柳(*Salix matsudana*)的栽培型，枝卷曲，我国各地多栽于庭院作绿化树种。

帝王花　*Protea cynaroides* L.

山龙眼科帝王花属。常绿灌木，高1 m。茎干粗壮，叶色翠绿光亮。其鲜花实际是一个花球，直径12~30 cm，有许多花蕊，并被巨大、众多的苞叶所包围，苞叶的颜色从乳白色到深红色之间变化。在一个生长季里，一株大而粗壮的植株能开6~10个花球，个别植株能开40个花球。花期为11月至翌年5月。帝王花因形似皇冠而得名。适合于盆栽观赏，也是极好的切花和干花材料。原产于南非，现多个国家有栽培。

异色木百合　*Leucadendron discolor* E.Phillips et Hutch.

山龙眼科木百合属。多年生、多花茎常绿灌木，叶和苞叶的颜色由绿色到紫红色。雌雄异株。原产于南非，现多个国家有种植。

丛毛羊胡子草　*Eriophorum comosum* Nees

莎草科羊胡子草属。根状茎粗短。秆密丛生，高14~78 cm，直径1~2 mm，基部有宿存黑或褐色鞘。叶密生于秆基部，线形，边缘内卷，具细齿，向上渐成刚毛状，长于花序，宽0.5~1 mm。苞片叶状，长于花序；复出长侧枝聚伞花序伞房状，长6~22 cm，小穗多数。雄蕊2枚，花药顶端具紫黑色、披针形短尖；柱头3。小坚果有喙，连喙长2.5 mm，宽约0.5 mm。花果期6—11月。

牧地狼尾草　*Pennisetum polystachion* (L.) Schult.

禾本科狼尾草属。多年生。根茎短，秆丛生，高50~150 cm。叶鞘疏松，有硬毛，边缘具纤毛，老后常宿存基部；叶舌为一圈长约1 mm的纤毛；叶片线形，宽3~15 mm，多少有毛。圆锥花序为紧圆柱状，长10~25 cm，宽8~10 mm，黄色至紫色，成熟时小穗丛常反曲；小穗卵状披针形，长3~4 mm，多少被短毛。原产于热带美洲及热带非洲，我国台湾、海南和云南有引种并归化。

斑茅　*Saccharum arundinaceum* Retz.

禾本科甘蔗属。多年生高大丛生草本。秆粗壮，高2~4(~6) m，直径1~2 cm，具多数节，无毛，秆中不含蔗糖，无甜味。叶片宽大，线状披针形，长1~2 m，宽2~5 cm，边缘锯齿状粗糙。圆锥花序大型，稠密，长30~80 cm，宽5~10 cm，主轴无毛，每节着生2~4枚分枝，分枝二至三回分出；总状花序轴节间与小穗柄细线形，被长丝状柔毛；基盘小，具长约1 mm的短柔毛；第二外稃顶端具短芒尖。颖果长圆形，长约3 mm。嫩叶可作牛马的饲料，秆可造纸。本种是甘蔗属中茎秆不具甜味的种类，在育种上可利用其分蘖力强、高大丛生、抗旱性强等特性。

心叶黄花稔 *Sida cordifolia* L.

锦葵科黄花稔属。直立亚灌木，高约1 m；小枝密被星状柔毛并混生长柔毛，毛长3 mm。叶卵形互生。花单生或簇生于叶腋或枝端，花黄色，直径15 mm，分果爿10枚。

深山含笑 *Michelia maudiae* Dunn

木兰科含笑属。乔木。芽、嫩枝、叶下面、苞片均被白粉。叶革质，长圆状椭圆形，叶下面被白粉，叶柄上无托叶痕。花蕾单生于叶腋，花梗绿色，具3环状苞片脱落痕，佛焰苞状苞片淡褐色，薄革质，长约3 cm；花芳香，花被片9片，纯白色，基部稍呈淡红色，外轮的倒卵形，长5~7 cm，宽3.5~4 cm，顶端具短急尖，基部具长约1 cm的爪，内两轮则渐狭小。聚合果长7~15 cm。种子红色。花期2—3月，果期9—10月。材用；观赏。

重瓣石榴 *Punica granatum* L.

石榴科石榴属。株高 1~3 m，植株略小于普通石榴，成龄树冠呈半圆形；多年生枝灰色至深灰色，较顺直、光滑，新梢浅灰色。叶对生或簇生，长椭圆形，全缘，新抽出之叶红褐色。花朵大，钟状，鲜红色，腋生，直径6~10 cm，花瓣成彩球状；花萼肥厚。花虽鲜艳，却因雌雄蕊瓣化而不易结果。春至秋季均能开花，以夏季最盛。栽培观赏。

云片柏 *Chamaecyparis obtusa* 'Breviramea'

柏科扁柏属。小乔木，树冠窄塔形；枝短，生鳞叶的小枝薄片状，有规则地排列，侧生片状小枝盖住顶生片状小枝，如层云状。球果较小。原产日本，我国庐山、南京、上海、杭州、昆明等地引种为观赏树。

云南七叶树 *Aesculus wangii* Hu

无患子科七叶树属。落叶乔木。小枝有多数显著皮孔，冬芽有树脂。叶为掌状复叶，叶轴长8~17 cm，小叶5~7枚，长12~18 cm，宽5~6 cm。花序顶生，圆筒形，基部直径12~14 cm，连同长7~12 cm的总花梗在内共长27~38 cm，稀达40 cm，总花梗有淡黄色微柔毛，小花序长5~7 cm，有4~9朵花；雄蕊5~6枚，有时7枚；子房有很密的褐色绒毛。蒴果扁球形，稀倒卵形，长4.5~5 cm，直径6~7.5 cm，先端有短尖头，有黄色斑点，常3裂。种子常仅1粒发育，近于球形，直径6 cm。产于云南东南部。

紫叶美人蕉 *Canna warscewiezii* A. Dietr.

美人蕉科美人蕉属。茎、叶紫色或紫褐色，粗壮，被蜡质白粉。叶密集，卵形或卵状长圆形，长达50 cm，宽达20 cm，先端渐尖，基部心形。总状花序长15 cm，苞片紫色；萼片披针形，紫色；花冠裂片深红色，外稍染蓝色：外轮退化雄蕊2枚，长4~5.5 cm，宽4~8 mm，红色染紫，子房深红色。蒴果，3瓣裂。原产于南美洲，我国多地栽培观赏。

粉美人蕉　*Canna glauca* L.

美人蕉科美人蕉属。茎绿色。叶片披针形。总状花序的花排列较疏，黄色无斑点；花冠裂片线状披针形直立，外轮退化雄蕊3枚；唇瓣倒卵状长圆形，比紫叶美人蕉的宽大，长6~7.5 cm，宽2~3 cm。原产于南美洲及西印度群岛，我国南北均有栽培，供观赏。

姜花　*Hedychium coronarium* Koen.

姜科姜花属。多年生草本，茎高达2 m。叶长圆状披针形或披针形，长20~40 cm，先端长渐尖，上面光滑，下面被柔毛；无柄，叶舌薄膜质，长2~3 cm。穗状花序顶生，椭圆形，长10~20 cm；苞片覆瓦状排列，长4.5~5 cm，每苞片有2~3朵花；花白色；花萼管长约4 cm；花冠管纤细，长8 cm，裂片披针形，长约5 cm；唇瓣倒心形，长和宽约6 cm；侧生退化雄蕊长约5 cm；子房被绢毛。花期8—12月。花美丽、芳香，栽培供观赏；可浸提姜花浸膏，用于调合香精；根茎可解表、散风寒，治头痛、风湿痛及跌打损伤。

华南鳞盖蕨　*Microlepia hancei* Prantl

碗蕨科鳞盖蕨属。根状茎横走，密被灰棕色透明节状长绒毛。叶远生，柄长30~40 cm，棕禾秆色或棕黄色。叶片长50~60 cm，中部宽25~30 cm，三回羽状深裂，羽片10~16对，互生，柄短（长3 mm），两侧有狭翅，相距8~10 cm，几平展。孢子囊群圆形，生小裂片基部上侧近缺刻处；囊群盖近肾形，膜质，灰棕色，偶有毛。

山皂荚　山皂角，*Gleditsia japonica* Miq.

豆科皂荚属。落叶乔木。棘刺略扁，粗壮，常分枝，长2~15.5 cm。叶为一回或二回羽状复叶，长11~25 cm；小叶3~10对，卵状长圆形，先端圆钝，有时微凹。穗状花序，雄花序长8~20 cm，雌花序长5~16 cm；子房无毛，柱头膨大，2裂；胚珠多数。荚果带形，扁平，长20~35 cm，宽2~4 cm，不规则旋扭或弯曲作镰刀状；种子多数。荚果含皂素，可代肥皂用以洗涤；嫩叶可食；刺有活血祛瘀、消肿溃脓、下乳的功能；果有祛痰开窍的作用。木材坚实，心材带粉红色，色泽美丽，纹理粗，可作建筑、器具等用材。

长叶水麻　*Debregeasia longifolia* (Burm. f.) Wedd.

荨麻科水麻属。小乔木或灌木状，高3~6 m。小枝与叶柄密生伸展的粗毛。叶较狭，披针形，长9~18(23) cm，宽2~5 (6.5) cm，边缘具细牙齿或细锯齿；托叶长圆状披针形，先端2浅裂；花序生于当年生枝、上年生枝和老枝的叶腋；雌花花被片在果时肉质，贴生于果实。瘦果带红色或金黄色，干时变铁锈色，葫芦状，下半部紧缩成柄，长1~1.5 mm，宿存花被与果实贴生。它是我国西南地区广布的一种野生纤维植物。

鸡冠刺桐　*Erythrina crista-galli* L.

豆科刺桐属。落叶灌木或小乔木。茎和叶柄稍具皮刺。羽状复叶具3小叶；小叶长卵形或披针状长椭圆形，长7~10 cm，宽3~4.5 cm，先端钝，基部近圆形。花与叶同出，总状花序顶生，每节有花1~3朵；花深红色，长3~5 cm，稍下垂或与花序轴成直角；花萼钟状，先端二浅裂；雄蕊二体；子房有柄，具细绒毛。荚果长约15 cm，褐色。种子间缢缩；种子大，亮褐色。原产于巴西，我国台湾、云南有栽培，可供庭院观赏。

水鬼蕉 蜘蛛兰，*Hymenocallis littoralis*（Jacq.）Salisb.

石蒜科水鬼蕉属。多年生草本。叶10~12片，深绿色，剑形，长45~75 cm，宽2.5~6 cm，先端尖，基部收窄，无柄。花茎扁平，长30~80 cm；花序有3~8朵花；总苞片长5~8 cm，基部宽；花被筒纤细，长短不等，长达10 cm以上，花被裂片线形，常短于花被筒；雄蕊花丝基部合成的杯状体钟形或漏斗状，长约2.5 cm，具齿，花丝离生部分长3~5 cm；花柱与雄蕊近等长或较长，花期夏末秋初。原产于美洲，我国引种栽培供观赏。

金毛狗 *Cibotium barometz*（L.）J. Sm.

金毛狗科金毛狗属。根茎卧生，粗大，顶端生一丛大叶。叶柄长达1.2 m，直径2~3 cm，棕褐色，基部被大丛垫状金黄色绒毛，长超过10 cm，有光泽，上部光滑；叶片长达1.8 m，宽约相等，宽卵状三角形，三回羽状分裂；叶几革质或厚纸质。孢子囊群在每末回裂片1~5对，生于下部小脉顶端，囊群盖坚硬，棕褐色，横长圆形，2瓣状，内瓣较外瓣小，成熟时开裂如蚌壳，露出孢子囊群。根茎作强壮剂，其覆盖的金黄色长毛作止血剂，又可为填充物。可栽培供观赏。国家二级保护植物。

云南观音座莲 *Angiopteris yunnanensis* Hieron.

合囊蕨科观音座莲属。植株高达2 m；根状茎肥大，直立。叶片二回羽状；小羽片长达13 cm，宽约2 cm，渐尖头，基部近圆形或圆截形，边缘全缘，仅向顶部有疏尖锯齿，有纤细的倒行假脉，由叶边向内达到1/3处。孢子囊群长约2 mm，稍靠近叶边，由14~20个孢子囊组成。分布于云南东南部。国家二级保护植物。

桫椤 *Alsophila spinulosa*（Wall. ex Hook.）R. M. Tryon

桫椤科桫椤属。茎干高达6 m或更高，直径10~20 cm，上部有残存叶柄，向下密被交织不定根。叶螺旋状排列于茎顶；茎端和拳卷叶及叶柄基部密被鳞片和糠秕状鳞毛；叶柄长30~50 cm，连同叶轴和羽轴有刺状突起；叶片长1~2 m，宽40~50 cm，三回羽状深裂，羽片17~20对；中部羽片二回羽状深裂；小羽片18~20对，羽状深裂，裂片18~20对，有锯齿。孢子囊群着生于侧脉分叉处。国家二级保护植物。

黑桫椤 *Gymnosphaera podophylla*（Hook.）Copel.

桫椤科黑桫椤属。树状主干高达数米，顶部生出几片大叶。叶柄红棕色，粗糙或略有小尖刺，被褐棕色披针形厚鳞片；叶片长2~3 m，一回、二回深裂至二回羽状，沿叶轴和羽轴上面有棕色鳞片，下面粗糙；羽片互生，斜展，柄长2.5~3 cm，长圆状披针形，长30~50 cm，中部宽10~18 cm，顶端长渐尖，有浅锯齿；小羽片约20对。国家二级保护植物。

巢蕨　*Asplenium nidus* L.

铁角蕨科铁角蕨属。植株高1~1.2米。根状茎粗短，先端密被鳞片。叶簇生；柄长约5 cm；叶片阔披针形，长90~120 cm，叶边全缘并有软骨质的狭边，干后反卷；叶厚纸质或薄革质，干后灰绿色，两面均无毛。孢子囊群线形，长3~5 cm，生于小脉的上侧。成大丛附生于雨林中树干上或岩石上。栽培观赏。

鹿角蕨　*Platycerium wallichii* Hook.

鹿角蕨科鹿角蕨属。附生。根茎肉质。叶2列，二型；基生不育叶（腐殖叶）宿存，厚革质，下部肉质，贴生树干，长达40 cm，3~5次叉裂，初时绿色，不久枯萎。正常能育叶常成对生长，下垂，灰绿色，长25~70 cm，不等大3裂，内侧裂片最大，多次分叉成窄裂片。孢子囊散生于主裂片第一次分叉的凹缺以下。孢子绿色。国家二级保护植物。

天竺葵　*Pelargonium hortorum* Bailey

牻牛儿苗科天竺葵属。多年生草本，高达60 cm。直茎直立，基部木质化，密被柔毛，具鱼腥味。叶互生；托叶被柔毛和腺毛，叶圆形或肾形，基部心形，径3~7 cm，边缘波状浅裂，具圆齿，两面被透明柔毛，上面叶缘以内有暗红色马蹄形环纹。伞形花序腋生，具多花，被柔毛；总苞片数枚；花梗、萼片被柔毛和腺毛；花瓣红、橙红、粉红或白色，长1.2~1.5 cm，下面3枚常较大。蒴果长约3 cm，被柔毛，成熟时5瓣开裂。花期5—7月，果期6—9月。原产于非洲南部，我国各地普遍栽培。

小蜡　*Ligustrum sinense* Lour.

木樨科女贞属。落叶灌木或小乔木，高2~4(~7) m。小枝幼时被淡黄色短柔毛或柔毛，老时近无毛。叶片纸质或薄革质，长2~7(~9) cm，宽1~3(~3.5) cm。圆锥花序顶生或腋生，长4~11 cm，宽3~8 cm；花序轴被较密淡黄色短柔毛或柔毛以至近无毛；花梗长1~3 mm，被短柔毛或无毛。果近球形，直径5~8 mm。果实可酿酒；种子榨油供制肥皂；树皮和叶入药，具清热降火等功效，治吐血、牙痛、口疮、咽喉痛等。各地普遍栽培作绿篱。

萱草　*Hemerocallis fulva*（L.）L.

百合科萱草属。多年生草本。根近肉质，中下部有纺锤状膨大；叶条形，长40~80 cm，宽1.3~3.5 cm。花葶粗壮，高0.6~1 m；圆锥花序具6~12朵花或更多，苞片卵状披针形；花橘红色至橘黄色，内花被裂片下部一般有“∧”形彩斑。花早上开，晚上凋谢，无香气。蒴果长圆形。在我国有悠久的栽培历史。根有利尿消肿功效。

雄黄兰　*Crocosmia × crocosmiiflora*（Lemoine）N.E.Br.

鸢尾科雄黄兰属。多年生草本。具扁球茎。叶多基生，剑形，基部有抱茎叶鞘。花茎常2~4分枝，由数朵花组成疏散的穗状花序，花冠漏斗状，深橙红色。蒴果。原产于非洲南部，我国南北均有栽培，可盆栽和作切花观赏。

蛇鞭菊 *Liatris spicata* (L.) Willd.

菊科蛇鞭菊属。多年生草本。具球茎，茎直立，不分枝。基生叶狭带形，先端尖，全缘，长20~30 cm；茎生叶密集，交替互生于茎上，线形，长5~10 cm，先端圆钝，无叶柄，绿色，全缘。头状花序排成穗状，小花紫色或白色。蒴果。原产东欧及北美，我国多地有栽培。株形紧凑，花序大，清新自然，为著名的切花，也常用于庭院栽培观赏。

香叶树 *Lindera communis* Hemsl.

樟科山胡椒属。常绿灌木或小乔木。叶互生，通常披针形、卵形或椭圆形，长(3)4~9(12.5) cm，宽(1)1.5~3(4.5) cm，薄革质至厚革质，羽状脉。伞形花序具5~8朵花，单生或两个同生于叶腋，总梗极短；着生花序的短枝多不发育。果卵形，长约1 cm，宽7~8 mm，成熟时红色。种仁含油，供制皂、润滑油、油墨及作医用栓剂原料；果皮可提芳香油；枝叶入药，民间用于治疗跌打损伤及牛马癣疥。

加拿利海枣 *Phoenix canariensis* Chabaud

棕榈科海枣属。常绿乔木。单干，粗壮，圆柱形，具波状叶痕。羽状复叶，顶生丛出，较密集，长可达6 m，每叶(复叶)有100多对小叶，小叶狭条形，长100 cm左右，宽2~3 cm，近基部小叶成针刺状，基部由黄褐色网状纤维包裹。雌雄异株，穗状花序具分枝，长可至1 m以上，花小，黄褐色；雄花花萼碟状，3齿裂，花瓣3枚，花丝极短；雌花球形，花萼碟状，花后增长，花瓣3枚。浆果，熟时黄色至淡红色。花期5—7月，果期8—9月，是国际著名的景观树，原产于非洲西岸的加拿利岛。其茎干粗壮，直立雄伟，树形优美舒展，富有热带风情，我国热带至亚热带地区将其广泛应用于公园造景、行道绿化。

果冻椰子 **布迪椰子**，*Butia capitata* (Mart.) Becc.

棕榈科果冻椰子属。常绿乔木。单干型，高7~8 m，直径可达50 cm。茎干灰色，粗壮，有老叶痕。叶羽状，长约2 m，叶柄明显弯曲下垂，具刺，叶片蓝绿色。花序生于叶腋。果实椭圆形，长2.5~3.5 cm，橙黄色至红色，肉甜。种子长约18 mm，椭圆形，一端有3个芽孔。原产于巴西和乌拉圭，是理想的行道树及庭院树，在我国南方各省份均有栽培，供观赏。果实可食，在原产地常将其加工成果冻食用。

二色茉莉 *Brunfelsia latifolia* (Pohl) Benth.

茄科鸳鸯茉莉属。常绿灌木，株高1 m。分枝力强，幼枝上有长刺。单叶互生，矩圆形。花单生或数朵组成聚伞花序，漏斗状，花被5瓣裂，状似梅花，花径3~4 cm；初开时淡紫色，以后变成白色，在同一棵上有的先开有的后开，好似两色花同时开放，又具有茉莉花的香气。原产于中美洲和南美洲，我国各地引种栽培，供观赏。

鸡桑 *Morus australis* Poir.

桑科桑属。灌木或小乔木。叶卵形，长5~14 cm，宽3.5~12 cm，边缘具粗锯齿，表面粗糙，密生短刺毛；叶柄长1~1.5 cm，被毛。雄花序长1~1.5 cm，被柔毛；雌花序球形，长约1 cm，密被白色柔毛。聚花果短椭圆形，直径约1 cm，成熟时红色或暗紫色。韧皮纤维可以造纸；果成熟时味甜可食。

山桃草 *Oenothera lindheimeri*（Engelm. et A.Gray）W.L.Wagner et Hoch

柳叶菜科月见草属。多年生粗壮草本，常丛生，高60~100 cm，常多分枝，入秋变红色，被长柔毛与曲柔毛。茎生叶椭圆状披针形或倒披针形。花序长穗状，直立；花拂晓开放；花瓣白色，后变粉红，排向一侧，倒卵形或椭圆形，长12~15 mm，宽5~8 mm；花丝长8~12 mm；花药带红色，长3.5~4 mm；花柱长20~23 mm，近基部有毛；柱头深4裂，伸出花药之上。蒴果坚果状。原产于北美，我国引种栽培。

金铃花 灯笼花，*Abutilon pictum*（Gillies ex Hook.）Walp.

锦葵科苘麻属。常绿灌木，高达1 m。叶掌状3~5深裂，直径5~8 cm，边缘具锯齿或粗齿；叶柄长3~6 cm，无毛。花大型，单生于叶腋，钟形，下垂，橘黄色，具紫色条纹；花梗下垂，长7~10 cm；花瓣长4~6 cm。原产于巴西、乌拉圭等地，我国各大城市均有栽培，供观赏。

十一、裸子植物园

裸子植物具有重要的经济价值，是重要的造林、用材和园林绿化树种。裸子植物园始建于1979年，占地35亩，已栽培展示有裸子植物8科40属200余种，其中有银杏、银杉、水杉、攀枝花苏铁、金钱松、云南穗花杉、红豆杉等国家级保护植物30余种及大叶南洋杉、北美红杉、落羽杉等国外种类50余种。

裸子植物分科检索表

1. 营养叶大，深裂成羽状复叶状，稀叉状二回羽状深裂。 …………………… **苏铁科** Cycadaceae

1. 叶为单叶。(2)

2. 落叶乔木，叶扇形。 ………………………………………………………………… **银杏科** Ginkgoaceae

2. 常绿或落叶乔木，叶非扇形。(3)

3. 种子为肉质假种皮所包。(4)

3. 种子不为肉质假种皮所包。(5)

4. 雄蕊具2花药，花粉常有气囊；胚珠倒转生或半倒转生（中国种类），直立或近直立；外包肉质假种皮的种子常着生于肉质肥厚或微肥厚的种托上，形成“罗汉”状结构(罗汉松属竹柏组无“罗汉”状结构，但叶宽大，易于区别) …………………………… **罗汉松科** Podocarpaceae

4. 雄蕊具3~9花药，花粉无气囊；胚珠直立；种子包于肉质假种皮中，不形成“罗汉”状结构。 ………………………………………………………………………… **红豆杉科** Taxaceae

5. 雌雄异株，稀同株；雄球花的雄蕊具4~20个悬垂的花药；球果的苞鳞腹面仅有1粒种子。 ………………………………………………………… **南洋杉科** Araucariaceae

5. 雌雄同株，稀异株；雄球花的雄蕊具2~9个背腹面排列的花药；球果的种鳞腹面下部或基部着生1至多粒种子。(6)

6. 叶条形或针形；叶的基部不下延；种鳞与叶均螺旋状排列；雄蕊有2花药；球果的种鳞与苞鳞离生(仅基部合生)，每种鳞具2粒种子。 ……………………………… **松科** Pinaceae

6. 叶鳞形、刺形、披针形或钻形，叶的基部通常下延；种鳞与叶螺旋状着生或交叉对生或轮生；雄蕊具2~9花药；球果的种鳞与苞鳞半合生(先端分离)或完全合生，每种鳞具1至多粒种子。 ………………………………………………………… **柏科** Cupressaceae

1. 苏铁科

我国仅有苏铁属(*Cycas*)，本属所有野生种均列为国家一级保护植物。

苏铁 *C. revoluta* Thunb.

叶的羽状裂片之边缘向下反卷，上面中央微凹，有微隆起的中脉，下面中脉显著隆起；大孢子叶成熟后绒毛宿存，上部顶片的顶生裂片钻形，其形与侧裂相似。

篦齿苏铁 *C. pectinata* Buch.-Ham.

大孢子叶上部的顶片宽较长为大，斜方状宽圆形或宽圆形；叶脉两面显著隆起，在上面叶脉的中央常有一条凹槽。

宽叶苏铁 云南苏铁，*C. balansae* Warb.

树干矮小，基部膨大成盘状茎，上部逐渐细窄，高30~180 cm，下部间或分枝。羽状叶长120~250 cm，叶柄长40~100 cm，两侧具刺，刺略向下斜展；中部的羽状裂片宽1.5~2.2 cm。种子的外种皮质硬而光滑。

攀枝花苏铁 *C. panzhihuaensis* L. Zhou et S. Y. Yang

茎干圆柱状，高1~2(~3) m，顶端被厚绒毛，有宿存鳞状叶痕。叶螺旋状排列，簇生于茎干的顶部，羽状全裂，长0.7~1.3 m；叶柄长7~20 cm，在中上部有平展的短刺5~13对，基部密被褐色绒毛；种子橘红色，外种皮肉质。

2. 银杏科

本科仅1属1种，为国家一级保护植物，我国特有。

银杏 *Ginkgo biloba* L.

银杏属。落叶乔木。叶扇形。雌雄异株，雄球花淡黄色，雌球花淡绿色。种子近球形，成熟时黄或橙黄色，被白粉，外种皮肉质有臭味，中种皮骨质，白色，有2(~3)条纵脊，内种皮膜质，胚乳肉质。浙江天目山有野生状态的树木，我国栽培甚广，不少地方有存活了百年甚至千年的大树。树形优美，春夏季叶色嫩绿，秋季变成黄色，颇为美观，可作庭院树及行道树；是速生珍贵的用材树种；种子为著名的干果，供食用(多食易中毒)及药用，叶含多种黄酮类化合物，可供药用。我国选育出多个种子大、种仁品质好的银杏优良品种，作为“干果”食用(实质上不是果实)。

3. 松科

松科分属检索表

1. 叶针形，通常2、3、5针一束，稀多至7~8针一束，生于苞片状鳞叶的腋部，着生于极度退化的短枝顶端，基部包有叶鞘(脱落或宿存)，常绿性；球果第二年成熟，种鳞宿存，背面上方具鳞盾与鳞脐。[松亚科] …………………………………………………………… 松属 *Pinus*

1. 叶条形或针形，条形叶扁平或具四棱，螺旋状着生，或在短枝上端成簇生状，均不成束。(2)

2. 叶条形扁平或具四棱，质硬；枝仅一种类型；球果当年成熟。(3) ………………… 冷杉亚科

2. 叶条形扁平、柔软，或针状、坚硬；枝分长枝与短枝，叶在长枝上螺旋状散生，在短枝上端成簇生状；球果当年成熟或第二年成熟。(8) ……………………………… 落叶松亚科

3. 球果成熟后(或干后)种鳞自宿存的中轴上脱落。 ……………………… 冷杉属 *Abies*

3. 球果成熟后(或干后)种鳞宿存。(4)

4. 球果生于叶腋；叶在枝节间的上端排列紧密呈簇生状，在其之下则排列疏散，叶背的气孔带为银白色。 …………………………………………………………… 银杉属 *Cathaya*

4. 球果生于枝顶；叶在枝节间均匀着生。(5)

5. 球果直立，形大；种子连同种翅几与种鳞等长；叶扁平，上面中脉隆起；雄球花簇生枝顶。 …………………………………………………………………… 油杉属 *Keteleeria*

5. 球果通常下垂，稀直立、形小；种子连同种翅较种鳞为短；叶扁平，上面中脉凹下或微凹，稀平或微隆起，间或四棱状条形或扁棱状条形；雄球花单生叶腋。(6)

6. 小枝有显著隆起的叶枕；叶四棱状或扁棱状条形，或条形扁平，无柄，四面有气孔线，或仅上面有气孔线。 ………………………………………………………… 云杉属 *Picea*

6. 小枝有微隆起的叶枕或叶枕不明显；叶扁平，有短柄，上面中脉凹下或微凹，稀平或微隆起，仅下面有气孔线，稀上面有气孔线。(7)

7. 果较大，苞鳞伸出于种鳞之外，先端3裂；叶内具两个边生树脂道；小枝不具或微具叶枕。 …………………………………………………………………… 黄杉属 *Pseudotsuga*

7. 球果较小，苞鳞不露出，稀微露出，先端不裂或2裂；叶内维管束鞘下有一树脂道；小枝有隆起或微隆起的叶枕。 ……………………………………………… 铁杉属 *Tsuga*

8. 叶针状、坚硬，常具三棱，或背腹明显而呈四棱状针形，常绿性；球果第二年成熟，熟后种鳞

自宿存的中轴上脱落。 ………………………………………………………… 雪松属 *Cedrus*

8. 叶扁平，柔软，倒披针状条形或条形，落叶性；球果当年成熟。(9)

9. 雄球花单生于短枝顶端；种鳞革质，成熟后（或干后）不脱落；芽鳞先端钝；叶较窄，宽约1.8 mm。 ………………………………………………………… 落叶松属 *Larix*

9. 雄球花数个簇生于短枝顶端；种鳞木质，成熟后（或干后）种鳞脱落；芽鳞先端尖；叶较宽，通常2~4 mm。 ………………………………………………………… 金钱松属 *Pseudolarix*

3.1 松属(*Pinus*)

北美短叶松 *P. banksiana* Lamb.

针叶长2~4 cm，直径约2 mm；球果窄长卵圆形，弯曲，熟时种鳞不张开，鳞盾平，鳞脐无刺。

高山松 *P. densata* Mast.

小枝黄褐色，有光泽。针叶粗硬，直径1~1.5 mm。球果成熟时色深，为栗褐色或深褐色，有光泽，基部通常歪斜；鳞盾肥厚隆起，鳞脐有短刺。

黑松 *P. thunbergii* Parl.

幼树树皮暗灰色，老树树皮则灰黑色。针叶粗硬。球果较小，长4~6 cm，成熟后种鳞张开。冬芽银白色。

云南松 *P. yunnanensis* Franch.

针叶通常3针一束，稀2针一束，叶长10~30 cm，直径1.2 mm，不下垂或微下垂。球果圆锥状卵圆形。

乔松 *P. wallichiana* A. B. Jacks.

小枝无毛，微被白粉；针叶长10~20 cm，下垂。

毛枝五针松 云南五针松，*P. wangii* Hu et Cheng

小枝有密毛。针叶5针一束，较粗，直径1~1.5 mm，叶内树脂道3条。球果具明显的果梗。国家一级保护植物。

白皮松 *P. bungeana* Zucc. ex Endl.

一年生枝近平滑，叶枕不明显隆起。球果长5~7 cm，鳞脐有刺。种子卵圆形，长约1 cm。

五针白皮松 巧家五针松，*P. squamata* X. W. Li

老树树皮暗褐色，呈不规则薄片剥落，内皮暗白色；冬芽红褐色，具树脂；一年生枝红褐色，密被黄褐及灰褐色柔毛。针叶5(4)针一束，长9~17 cm，直径约0.8 mm，两面具气孔线，边缘有细齿。成熟球果长约9 cm，直径约6 cm，果柄长1.5~2 cm。国家一级保护植物。

台湾松 *P. taiwanensis* Hayata

树皮灰褐色，鳞状脱落；一年生枝淡黄褐色或暗红褐色，无毛；冬芽深褐色。针叶2针一束，稍粗硬,通常长7~10 cm;树脂道3~9个,中生;叶鞘宿存。球果卵圆形,长3~5 cm,直径3~4 cm,近无柄,成熟后栗褐色,宿存数年不落;种鳞的鳞盾稍肥厚隆起,横脊明显;鳞脐背生,有短刺;种子长4~6 mm,种翅长约6 mm。可割取松脂和提取松节油。

3.2 雪松属(*Cedrus*)

我国仅有雪松1种。

雪松 *C. deodara* (Roxb. ex D. Don) G. Don

树形美观,广泛栽培作庭院树种,是世界五大庭院树种之一。

3.3 云杉属(*Picea*)

长叶云杉 *P. smithiana* (Wall.) Boiss.

大枝平展,小枝下垂,树冠窄。叶长3.5~5.5 cm,常两侧扁,横切面四方形或近四方形,每边具2~5条气孔线。球果长12~18 cm,直径约5 cm;种鳞宽倒卵形。

油麦吊云杉 *P. brachytyla* var. *complanata* (Mast.) Cheng

树皮淡灰色或灰色,裂成薄鳞状块片脱落。叶长1~2.2 cm,宽1~1.5 mm,上面有两条白粉带,各有5~7条气孔线,下面无气孔线。球果长6~12 cm,直径2.5~3.8 cm,成熟前深褐色。

丽江云杉 *P. likiangensis* (Franch.) Pritz

枝条平展,树冠塔形,一年生枝通常较细,毛较少。小枝上面之叶近直上伸展或向前伸展,小枝下面及两侧之叶向两侧弯伸,叶横切面菱形或微扁,叶上面每边有白色气孔线4~7条,下面每边有1~2条气孔线。球果长7~12 cm,径3.5~5 cm。

3.4 银杉属(*Cathaya*)

本属仅有银杉1种。

银杉 *C. argyrophylla* Chun et Kuang

因枝叶在刮大风时银光闪闪而得名。分布于广西、四川、湖南新宁县,为我国特有的稀有树种。在我国一些树木园、植物园有栽培。国家一级保护植物。

3.5 金钱松属(*Pseudolarix*)

本属仅有金钱松1种。

金钱松 *P. amabilis* (J. Nelson) Rehder

为我国特有树种,产于江苏、浙江、安徽、福建、江西、湖南、湖北、四川,多地引种栽培。树皮入药(俗称土槿皮)可治顽癣和食积等症。树姿优美,秋后叶呈金黄色,颇为美观,可作庭院树。国家二级保护植物。

3.6 油杉属(*Keteleeria*)

油杉 *K. fortunei* (Murr.) Carr.

一年生枝常有疏毛或无毛,干后呈橘红色、浅粉红色或淡褐色。叶线形,长1.2~3 cm,宽2~4 mm,边缘不向下反曲,或宽而向下反曲,上面无气孔线,先端钝圆。种鳞宽圆形,上部宽圆或中央微凹或上部圆下部宽楔形,种翅中上部较宽。

云南油杉 *K. evelyniana* Mast.

叶较窄长,长达6.5 cm,宽2~3 mm,较厚,边缘不向下反曲,稀微反曲,先端常有凸起的钝尖头,上面沿中脉两侧各有2~10条气孔线,稀无气孔线。种鳞卵状斜方形,上部渐窄,向外反曲,边缘常有明显的细缺齿。

黄枝油杉 *K. davidiana* var. *calcarea* (W. C. Cheng et L. K. Fu) Silba

一至二年生枝无毛或近无毛,干后呈黄色。叶先端钝或微凹。种鳞斜方状圆形或斜方状宽卵形,上部边缘向外反曲,或边缘不反曲先端微内曲,背面外露部分无白粉。国家二级保护植物。

江南油杉 *K. fortunei* var. *cyclolepis* (Flous) Silba

一年生枝有或多或少之毛,稀无毛,干后呈红褐色、褐色或紫褐色。叶较宽薄,边缘常向下反曲,上面通常无气孔线,或沿中脉两侧有1~5条气孔线,或仅先端或中上部有少数气孔线,先端圆或微凹。种鳞斜方形或斜方状圆形,上部通常宽圆而窄,稀宽圆形;种翅通常中部或中下部较宽。国家二级保护植物。

铁坚油杉 *K. davidiana* (Bertr.) Beissn.

幼树或萌生枝有密毛,一年生枝干后呈淡黄灰色。冬芽卵圆形。叶长达5 cm,宽约5 mm,先端有刺状尖头。

柔毛油杉 *K. pubescens* Cheng et L. K. Fu

一至二年生枝密被短柔毛。叶长1.5~3 cm,宽3~4 mm,先端微尖或渐尖。球果被白粉,中部的种鳞五角状圆形,上部宽圆,中央微凹,两侧边缘向外反曲。国家二级保护植物。

3.7 冷杉属(*Abies*)

大黄果冷杉 云南黄果冷杉,*A. chensiensis* var. *salouenensis*(Bordères et Gaussen) Silba

本变种与黄果冷杉(*A. ernestii*)的主要区别在于它的针叶质地稍厚,通常较长,果枝之叶长达4~7 cm,上面中脉凹下、多较明显;球果通常较长,长达10~14 cm,直径达5 cm,种鳞宽大,苞鳞较长。

4. 南洋杉科

南洋杉 *Araucaria cunninghamii* Mudie

叶卵形、三角状卵形或三角状钻形,上下扁或背部具纵脊;球果椭圆状卵形;苞鳞的先端有尖的长尾状尖头，尖头显著地向后反曲。原产大洋洲东南沿海地区，我国南方有栽培，作庭院树。木材可供建筑、器具、家具等用。

大叶南洋杉 *Araucaria bidwillii* Hook.

叶形大，扁平，披针形或卵状披针形，具多数平列细脉；雄球花生于叶腋；球果的苞鳞先端具急尖的三角状尖头，尖头向外反曲，两侧边缘厚；舌状种鳞的先端肥大而外露。种子无翅，发芽时子叶不出土。原产于大洋洲沿海地区，我国南方有栽培。木材可供建筑、器具、家具等用。

巴拉那松 狭叶南洋杉，*Araucaria angustifolia*（Bertol.）Kuntze

成株树冠卵形，老后呈伞形。小枝在侧枝顶端簇生。叶披针形，扁平，先端锐尖，叶长3~6 cm。雌雄异株。种子可食用，木材制作家具和各种木制品。

5.罗汉松科

罗汉松科分属检索表

1. 叶较宽，对生或近对生，具多数并列细脉，无中脉。 ································ 竹柏属*Nageia*
1. 叶窄长，螺旋状着生，稀近对生或轮生状，有明显中脉。 ·················· 罗汉松属*Podocarpus*

5.1 罗汉松属（*Podocarpus*）

本属所有种均为国家二级保护植物。

罗汉松 *P. macrophyllus*（Thunb.）Sweet

叶条状披针形，微弯，长7~12 cm，宽7~10 mm，先端尖，基部楔形，上面深绿色，中脉显著隆起。雄球花穗状、腋生，常3~5个簇生于极短的总梗上，长3~5 cm，基部有数枚三角状苞片；种子卵圆形，熟时肉质假种皮紫黑色，有白粉，种托肉质圆柱形，红色或紫红色。在我国南方各省广泛栽培，供观赏。

大理罗汉松 *P. forrestii* Craib et W. W. Smith

本种近似罗汉松，其主要区别在于大理罗汉松之叶多为狭矩圆形或矩圆状条形，先端钝或微圆，质地厚；雄球花穗细而短，长1.5~2 cm；种子圆球形。为我国特有树种，产于云南大理。昆明、大理、楚雄等地多栽植于庭院。

百日青 *P. neriifolius* D. Don

叶披针形，厚革质，常微弯，长7~15 cm，宽9~13 mm，上部渐窄，先端有渐尖的长尖头。雄球花穗状，单生或2~3个簇生，长2.5~5 cm，总梗较短，基部有多数螺旋状排列的苞片。种子卵圆形。其产于我国浙江、福建、台湾、江西、湖南、贵州、四川、西藏、云南、广西、广东等地。其在尼泊尔、缅甸、越南、老挝、印尼等国也有分布。其可作庭院树用，木材可制家具、乐器、文具及供雕刻。

5.2 竹柏属(*Nageia*)

竹柏 *N. nagi* (Thunb.) Kuntze

叶革质,长2~9 cm,宽0.7~2.5 cm。雄球花穗状圆柱形,单生叶腋,常呈分枝状,长1.8~2.5 cm;雌球花单生叶腋,稀成对腋生,基部有数枚苞片;种子圆球形,直径1.2~1.5 cm,有白粉。

6. 柏科

柏科分属检索表

1. 常绿或落叶乔木,叶披针形、钻形、鳞状或条形。雌雄同株,珠鳞螺旋状着生,很少交叉对生。(2)

1. 常绿乔木或灌木。叶鳞形或刺形。雌雄同株或异株,珠鳞交叉对生或轮生。(6)

2. 叶和种鳞均对生;叶条形,排列成两列,侧生小枝连叶于冬季脱落;球果的种鳞盾形,木质,能育种鳞有5~9粒种子;种子扁平,周围有翅。 ………………………… **水杉属** *Metasequoia*

2. 叶和种鳞均为螺旋状着生。(3)

3. 球果的种鳞(或苞鳞)扁平。(4)

3. 球果的种鳞盾形,木质。(5)

4. 叶条状披针形,有锯齿;球果的苞鳞大,有锯齿,种鳞小,生于苞鳞腹面下部,能育种鳞有3粒种子。 ………………………………………………………………… **杉木属** *Cunninghamia*

4. 叶鳞状钻形或钻形,全缘;球果的苞鳞退化,种鳞近全缘,能育种鳞有2粒种子。 ………………………………………………………………………… **台湾杉属** *Taiwania*

5. 落叶或半常绿,侧生小枝冬季脱落;叶条形或钻形;雄球花排列成圆锥花序状;能育种鳞有2粒种子,种子三棱形,棱脊上有厚翅。 ……………………………… **落羽杉属** *Taxodium*

5. 常绿;叶钻形;雄球花单生或集生枝顶;能育种鳞有2~9粒种子;种子扁椭圆形,边缘有极窄的翅。 ………………………………………………………………… **柳杉属** *Cryptomeria*

6. 球果的种鳞木质或近革质,熟时张开,种子通常有翅,稀无翅。(7)

6. 球果肉质,球形或卵圆形,由3~8片种鳞结合而成,熟时不张开,或仅顶端微张开,每球果具1~12(国产种1~6)粒无翅的种子。 ………………………………… **刺柏属** *Juniperus*

7. 种鳞扁平或鳞背隆起,薄或较厚,但不为盾形;球果当年成熟。(8) ……………… 侧柏亚科

7. 种鳞盾形;球果第二年或当年成熟。(11) ………………………………………… 柏木亚科

8. 鳞叶较大,两侧的鳞叶长4~7 mm,下面有明显的宽白粉带;球果近球形,发育的各具3~5粒种子;种子两侧具翅。 ……………………………………………… **罗汉柏属** *Thujopsis*

8. 鳞叶较小,长4 mm以内,下面无明显的白粉带;球果卵圆形或卵状矩圆形,发育的种鳞各具

2粒种子。(9)

9.鳞叶长2~4 mm;球果仅中间1对种鳞有种子;种子上部具两个不等长的翅。 ………………………………………………………………………… **翠柏属** *Calocedrus*

9.鳞叶长1~2 mm;球果中间2~4对种鳞有种子。(10)

10.生鳞叶的小枝直展或斜展;种鳞4对,厚,鳞背有一尖头;种子无翅。 … **侧柏属** *Platycladus*

10.生鳞叶的小枝平展或近平展;种鳞4~6对,薄,鳞背无尖头;种子两侧有窄翅。 ………………………………………………………………………… **崖柏属** *Thuja*

11.鳞叶较大,两侧的鳞叶长3~6(~10) mm;球果具6~8对种鳞;种子上部具两个大小不等的翅。 ………………………………………………………………………… **福建柏属** *Fokienia*

11.鳞叶小,长2 mm以内;球果具4~8对种鳞;种子两侧具窄翅。(12)

12.生鳞叶的小枝平展,排列成平面,或某些栽培变种不排列成平面;球果当年成熟;发育种鳞各具2~5(通常3)粒种子。 ……………………………………… **扁柏属** *Chamaecyparis*

12.生鳞叶的小枝不排列成平面,或很少排列成平面;球果第二年成熟;发育的种鳞各有5至多粒种子。 ………………………………………………………… **柏木属** *Cupressus*

6.1 杉木属(*Cunninghamia*)

杉木 *C. lanceolata* (Lamb.) Hook.

为长江以南温暖地区最重要的速生用材树种。

6.2 柳杉属(*Cryptomeria*)

柳杉 *C. japonica* var. *sinensis* Miq.

叶先端向内弯曲;种鳞较少,每1个种鳞内有2粒种子。为我国特有树种,产于浙江天目山、福建、江西等地,现在我国广泛栽培。材用,又为园林绿化树种。

干头柳杉 *C. japonica* ‘Vilmoriniana’

为日本柳杉(*C. japonica*)的园艺栽培品种。矮灌木,高40~60 cm,树冠圆球形或卵圆形;小枝密集,短而直伸。叶甚小,针状,长3~5 mm,排列紧密,深绿色。

6.3 落羽杉属(*Taxodium*)

落羽杉 T. *distichum* (L.) Rich.

落叶乔木。大枝水平开展;一年生小枝褐色,侧生短枝排成2列。叶线形,长1~1.5 cm,扁平,排成羽状2列。原产北美东南部,耐水湿,能生于排水不良的沼泽地上。我国江南低湿地区已用之造林或栽培作庭院树。

池杉 *T. distichum* var. *imbricatum* (Nutt.) Croom

落羽杉的变种。本变种与落羽杉的区别:大枝向上伸展;叶钻形,长0.4~1 cm,在枝上近直展,不排成2列。原产于北美东南部,耐水湿,生于沼泽地区及水湿地上。我国南京、南通、杭州、武汉等地有栽培。

墨西哥落羽杉 *T. mucronatum* Tenore

半常绿或常绿乔木。叶线形,长0.7~1 cm,在侧枝上排列紧密;侧生小枝螺旋状散生,不为2列。原产于墨西哥及美国西南部,我国南京、武汉、昆明等地有栽培。

6.4 水杉属(*Metasequoia*)

水杉 *M. glyptostroboides* Hu et W. C. Cheng

仅分布于我国湖北、重庆、湖南3省(市),为我国特产,是珍贵稀有的孑遗植物,现广为栽培,生长快,可作造林树种及四旁(村旁、路旁、水旁、宅旁)绿化树种。树姿优美,为著名的庭院树种。国家一级保护植物。

6.5 台湾杉属(*Taiwania*)

台湾杉 *T. cryptomerioides* Hayata

球果枝之叶较宽,横切面近三角形,高小于宽,向上伸展,先端内曲;球果种鳞通常较少,15~21片。产于台湾、湖北西部、贵州东南部及云南西部。材质优良,生长快,为用材、速生造林树种及庭院观赏树种。国家二级保护植物。

6.6 侧柏属(*Platycladus*)

侧柏 扁柏、香柏,*P. orientalis* (L.) Franco

除新疆、青海外,在全国分布广泛,朝鲜也有分布。木材坚实耐用,可供建筑和家具等用。种子(柏子仁)有滋补强壮、养心安神、润肠通便、止汗等效;枝叶能收敛止血、利尿、健胃、解毒散瘀;种子含油量约22%,供医药和香料工业用。树形优美,耐修剪,为园林绿化和绿篱树种。

6.7 扁柏属(*Chamaecyparis*)

孔雀柏 *C. obtusa* 'Tetragona'

灌木或小乔木;枝近直展,生鳞叶的小枝辐射状排列或微排成平面,短,末端鳞叶枝四棱形;鳞叶背部有纵脊,亮绿色。栽培品种。供观赏。

线柏 *C. pisifera* 'Filifera'

灌木或小乔木,树冠卵状球形或近球形,通常宽大于高;枝叶浓密,绿色或淡绿色;小枝细长下垂;鳞叶先端锐尖。原产于日本,我国引种栽培,为优美的风景树。

黄叶扁柏 *C. obtusa* 'Creppsii'

栽培品种。供观赏。

6.8 柏木属(*Cupressus*)

柏木 *C. funebris* Endl.

生鳞叶的小枝扁,排成平面,下垂;球果小,直径0.8~1.2 cm,每个种鳞具5~6粒种子。为我国特有种,分布广泛。生长快,适应性强,可作造林树种。木材的抗腐性强,有香气,可供建筑、造船、车厢、器具、家具等用;枝叶可提芳香油;树冠优美,可作庭院树种。

干香柏 *C. duclouxiana* Hichel

一年生枝四棱形,不下垂。鳞叶先端微钝或稍尖。球果大,直径1.6~3 cm,种鳞4~5对,能育种鳞有多数种子。为我国特有树种,产于云南中部、西北部及四川西南部。材用。

西藏柏木 *C. torulosa* D. Don

末端的鳞叶枝细长,排列较疏,末端枝径略大于1 mm,微下垂或下垂;鳞叶背部宽圆或平。球果直径1.2~1.6 cm,深灰褐色。产于西藏东部及南部。国家一级保护植物。

6.9 翠柏属(*Calocedrus*)

翠柏 *C. macrolepis* Kurz

供建筑、桥梁、板料、家具等用。亦为庭院树种。国家二级保护植物。

6.10 福建柏属(*Fokienia*)

福建柏 *F. hodginsii* (Dunn) A. Henry et HH.Thomas

分布于浙江、福建、江西、湖南、广东、贵州、云南及四川等省,越南北部也有分布。木材的边材淡红褐色,心材深褐色,纹理细致,坚实耐用。生长快,材质好,可选作造林树种。国家二级保护植物。

6.11 刺柏属(*Juniperus*)

刺柏 *J. formosana* Hayata

乔木;叶上面中脉绿色,两侧各有一条白色、稀紫色或淡绿色的气孔带;球果圆球形或宽卵圆形,熟时淡红色或淡红褐色。为我国特有树种,在我国广泛分布。树形美观,在长江流域各大城市多栽培作庭院树;材用。

小果垂枝柏 *J. coxii* A. B. Jacks.

本变种常为灌木,与垂枝柏的区别在于球果较小,长6~8 mm,直径约5 mm;种子常呈锥状卵圆形,长5~6 mm,直径3~4 mm,常具3条纵脊;叶上面有两条绿白色气孔带,绿色中脉明显。

粉柏 *J. squamata* ‘Meyeri’

直立灌木,小枝密;叶排列紧密,上下两面被白粉,条状披针形,长6~10 mm,先端渐尖;球果卵圆形，长约6 mm。

昆明柏 *J. gaussenii* W. C. Cheng

小枝下部的叶较短、交叉对生或三叶交叉轮生，上部的叶较长、三叶交叉轮生；球果具1~3粒种子。为我国特有树种，产于云南昆明、西畴等地。常栽培作绿篱或作庭院树。木材可供农具、家具及文具等用。

鹿角桧 *Juniperus × pfitzeriana* (Späth) P.A.Schmidt

丛生灌木，外侧枝自地面向四周斜上伸展。

铺地柏 *J. procumbens* (Siebold ex Endl.) Miq.

匍匐灌木；枝条延地面扩展，褐色，密生小枝，枝梢及小枝向上斜展。

圆柏 *J. chinensis* L.

小枝不下垂；叶背面具钝脊，沿脊有细纵槽，叶长5~10 mm，常斜伸或平展。产于全国多个省份，广为栽培。木材耐腐力强，可作房屋建筑、家具、文具及工艺品等用材；树根、树干及枝叶可提取柏木脑的原料及柏木油；枝叶入药，能祛风散寒、活血消肿、利尿；种子可提润滑油；为普遍栽培的庭院树种。

龙柏 铺地龙柏，*J. chinensis* 'Kaizuca'

圆柏的栽培品种。

高山柏 *J. squamata* Buch.-Ham. ex D. Don

小枝不下垂；叶背面具钝脊，沿脊有细纵槽，叶长5~10 mm，常斜伸或平展。

6.12 水松属（*Glyptostrobus*）

水松 *G. pensilis* (Staunt. ex D. Don) K. Koch

半常绿性乔木。叶二型；有冬芽的小枝具鳞形叶，冬季宿存；侧生小枝具条状钻形叶，常排列成羽状，冬季脱落。雌雄同株；球花单生枝顶；雌球花卵状椭圆形，有20~22枚苞鳞，中部珠鳞各有2枚胚珠，受精后珠鳞肥厚增大，先端6~9裂；苞鳞与种鳞合生，仅先端分离。球果倒卵圆形，长约2 cm，直立；种鳞木质，大小不等，外面的扁平肥厚，背部上缘有6~9个微向外反的三角状尖齿，近中部有1个反曲的尖头；种子基部有向下的长翅。特产于我国华南、西南，现各地城市均有栽培供观赏。国家一级保护植物。

7.红豆杉科

红豆杉科分属检索表

1.雌球花具长梗，每苞片着生胚珠2枚，胚珠具囊状珠托。 …………… **三尖杉属** *Cephalotaxus*

1.雌球花具长梗或无梗，胚珠1枚，基部具盘状或漏斗状珠托。(2)

2. 叶上面中脉不明显或微明显；雌球花两个成对生于叶腋；种子全部包于肉质假种皮中。
…………………………………………………………………………… **榧属** *Torreya*

2. 叶上面有明显的中脉；雌球花单生叶腋或苞腋；种子生于杯状或囊状假种皮中，上部或顶端尖头露出。(3)

3. 叶交叉对生，叶内有树脂道；雄球花多数，组成穗状花序；雌球花生于新枝上的苞腋或叶腋，有长梗；种子包于囊状肉质假种皮中，仅顶端尖头露出。 …………… **穗花杉属** *Amentotaxus*

3. 叶螺旋状着生，叶内无树脂道；雄球花单生叶腋；雌球花单生叶腋，有短梗或几无梗；种子生于杯状假种皮中，上部露出。 ………………………………………………… **红豆杉属** *Taxus*

7.1 三尖杉属（*Cephalotaxus*）

三尖杉　*C. fortunei* Hook.

叶宽3.5~4.5 mm；雄球花有明显的总梗，梗通常长6~8 mm。产于浙江、安徽、福建、江西、湖南、湖北、河南、陕西、甘肃、四川、贵州、云南、广西、广东。可作建筑、桥梁、舟车、农具、家具及器具等用材；叶、枝、种子、根可提取多种植物碱，对治疗淋巴肉瘤等有一定的疗效；种仁可榨油，供工业用。

高山三尖杉　*C. fortunei* var. *alpina* H.L.Li

叶较窄，通常宽3.5 mm以下；雄球花有短的总梗或近于无梗，梗长1~2（很少长达4~6）mm。产于云南、四川、甘肃。

贡山三尖杉　*C. griffithii* Hook. f.

叶披针形，质地较薄，宽4~7 mm，基部圆，下面有两条白粉气孔带；种子长3.5~4.5 cm，倒卵状椭圆形。产于云南贡山独龙族怒族自治县。国家二级保护植物。

粗榧　*C. sinensis*（Rehder et E. H. Wilson）H. L. Li

小枝较细，叶较窄，边缘不向下反曲，先端渐尖或微急尖。

7.2 榧属（*Torreya*）

本属所有种均为国家二级保护植物。

榧　香榧，*T. grandis* Fort. ex Lindl.

叶先端有凸起的刺状短尖头，基部圆或微圆，长1.1~2.5 cm；二、三年生枝暗绿黄色或灰褐色，稀微带紫色。为我国特有树种。

云南榧　*T. yunnanensis* W. C. Cheng et L. K. Fu

叶长2~3.6 cm，上部常向上方稍弯，先端有渐尖的刺状长尖头，上面两条纵凹槽常达中部以上；

骨质种皮的内壁有两条对称的纵脊，胚乳沿种皮纵脊处有两条纵凹槽，二者相嵌。

7.3 穗花杉属(*Amentotaxus*)

云南穗花杉 *A. yunnanensis* H. L. Li

叶条形，椭圆状条形或披针状条形，宽达1.5 cm，通常直，先端钝或渐尖，下面气孔带淡褐色或淡黄白色，雄球花穗通常4穗或4穗以上，长10~15 cm，雄蕊有4~8(多为6~7)个花药；种子椭圆形，长2.2~3 cm。产于我国云南省，在越南也有分布。国家二级保护植物。

7.4 红豆杉属(*Taxus*)

本属所有种均为国家一级保护植物。

红豆杉 *T. chinensis* (Pilg.) Rehder

叶较短，条形，微呈镰状或较直，通常长1.5~3.2 cm，宽2~4 mm，上部微渐窄，先端具微急尖或急尖头，边缘微卷曲或不卷曲，下面中脉带上密生均匀而微小的圆形角质乳头状突起点，其色泽常与气孔带相同；种子多呈卵圆形，稀倒卵圆形。为我国特有树种。根皮可提取紫杉醇，用于治疗多种癌症。

南方红豆杉 *T. mairei* (Lemée et H.Lév.) S.Y.Hu

叶较宽长，披针状条形或条形，常呈弯镰状，通常长2~3.5 cm，宽3~4.5 mm，上部渐窄或微窄，先端通常渐尖，边缘不卷曲，下面中脉带的色泽与气孔带不同，其上无角质乳头状突起点，或与气孔带相邻的中脉带两边有1至数行或成片状分布的角质乳头状突起点；种子多呈倒卵圆形，稀柱状矩圆形。为我国特有树种。用途同红豆杉。产于我国华中、华南、西南和华东各地。

云南红豆杉 *T. yunnanensis* W.C.Cheng et L.K.Fu

叶质地薄，披针状条形或条状披针形，常呈弯镰状，中上部渐窄，先端渐尖，干后边缘向下卷曲或微卷曲，下面中脉带上有密生均匀而微小的圆形角质乳头状突起点，长1.5~4.7(多为2.5~3) cm，宽2~3 mm，干后通常色泽变深。产于云南、四川、西藏。

东北红豆杉 *T. cuspidata* Siebold et Zucc.

小枝基部常有宿存芽鳞。叶较密，排成彼此重叠的不规则2列，斜展，线形，直或微弯，长1~2.5 cm，宽2.5~3 mm，基部两侧微斜伸或近对称，先端通常凸尖，下面有两条灰绿色气孔带，中脉带明显，其上无角质乳头状突起点。种子生于红色肉质杯状的假种皮中，卵圆形，长约6 mm，上部具3~4条钝脊，稀长圆形。种子的假种皮味甜可食。产于吉林。

第四节 斗南花卉市场实习

一、斗南花卉市场简介

斗南花卉市场(简称斗南花市)位于昆明市呈贡区,由斗南国际花卉产业园、昆明斗南花卉交易市场、昆明国际花卉拍卖交易中心、昆明盆景花卉市场、盆花苗木生态园等多个子市场组成。

斗南花市是亚洲最大的鲜切花交易市场,目前云南省80%以上的鲜切花和周边省(区)、周边国家的花卉都入场交易。其在全国80多个大中城市中占据70%的鲜切花市场份额,鲜花出口50多个国家和地区。2021年,斗南花市鲜切花交易量102.57亿枝,花卉交易总额112.44亿元。1 500多个品种的各色花卉争奇斗艳,令人眼花缭乱却又赏心悦目。现对部分场馆简介如下。

1.斗南国际花卉产业园

这里分为六大交易区。①电子交易中心:主要为玫瑰、配花、配草等。②杂花区:围绕主场馆,在其周边形成了包括满天星、勿忘我、水晶草、向日葵、火龙珠、石竹梅等6类植物的专属交易区。③百合区:包括百合、非洲菊、绣球、洋桔梗等品类。④玫瑰区:玫瑰主要在拍卖市场交易。⑤康乃馨区:包括捆装及散装单头、多头康乃馨。⑥车花交易区:主要满足基地直供、成捆批发以及整车交易的市场需求。

2.主场馆

9:00—18:00为零售时间。1楼卖鲜切花、绿植、盆栽、花器、花束等各类花卉产品。2楼卖多肉植物、小饰品、栽种工具。3楼为花花世界美食荟。主场馆以花卉为主干,干花、仿真花、盆栽、花艺、精油、保鲜花、种苗种球、园林园艺竞相绽放,延伸花的灵感,围绕花卉主业,婚庆花艺、根雕根艺、书画、软装饰、特色美食、养生精品等一系列辅助业态呈现百花齐放的美好场景。

18:00—20:30期间关闭转场,20:30至凌晨,主场馆经营业态为大宗鲜切花批发交易,数千名花卉经纪人拉着装满鲜花的车涌入市场,5分钟即可把空荡荡的市场填满,场面相当壮观,非常震撼。

3.昆明国际花卉拍卖交易中心

这里是亚洲交易规模最大的花卉拍卖市场,有16万m^2的交易场馆和2个拍卖大厅、12口交易大钟、900个交易席位,有2.5万个花卉生产者(供货商)会员和3 100多个产地批发商(购买商)会员。目前有玫瑰、非洲菊、满天星、洋桔梗、康乃馨、绣球等40多个品类1 500多个品种的鲜切花通过拍卖交易进入全国各大中城市和泰国、日本、新加坡、俄罗斯、澳大利亚等40多个国家和地区。

4.昆明盆景花卉市场

由数百个个体经营户经营的门店组成,以盆栽花卉为主,有盆栽的草本花卉、木本花卉和多肉植物共计上千个品种。

5.1~3号馆

1号馆:主营干花、永生花、仿真花、香包、花茶、精油、花皂、花瓶、干花画框及花束、包扎花束所需的各类花艺资材。

2号馆:一楼有各类盆栽绿植、银器。二楼有干花、仿真花、花艺成品、花艺软装、花卉创意小摆件、茶叶、竹编等产品。三楼有花卉、多肉等。四楼有各种红木家具。五楼有名家字画、苏绣、旗袍、刺绣屏风、扇子、陶瓷、画框等艺术品。

3号馆:二楼有个体经营的花店,其花艺造景很有特色,值得欣赏。

二、斗南花卉市场的部分花卉名录

(一)鲜切花类(含切果、切叶)

1.菊科

木茼蒿(玛格丽特,*Argyranthemum frutescens*):木茼蒿属

菊花(*Chrysanthemum* × *morifolium*):菊属

非洲菊(*Gerbera jamesonii*):非洲菊属

向日葵(*Helianthus annuus*):向日葵属

蛇鞭菊(*Liatris spicata*):蛇鞭菊属

加拿大一枝黄花(黄莺,*Solidago canadensis*):一枝黄花属

一枝黄花(*Solidago decurrens*):一枝黄花属

2.蔷薇科

月季花(*Rosa chinensis*):蔷薇属

现代月季(杂交月季,*Rosa hybrida*):蔷薇属

香水月季(*Rosa odorata*):蔷薇属

多头玫瑰(*Rosa rugosa*'Duotou'):蔷薇属

紫花重瓣玫瑰(*Rosa rugosa* f. *plena*):蔷薇属

3. 石竹科

香石竹(康乃馨,*Dianthus caryophyllus*):石竹属

石竹(石竹梅,*Dianthus chinensis*):石竹属

多头康乃馨(*Dianthus ×caryophyllus*):石竹属

圆锥石头花(满天星,*Gypsophila paniculata*):石头花属

4. 百合科

百合 (*Lilium brownii* var. *viridulum*):百合属

东方百合(*Lilium* 'Oriental Hybrids'):百合属

郁金香(*Tulipa gesneriana*):郁金香属

5. 天门冬科

天门冬(*Asparagus cochinchinensis*):天门冬属

狐尾天门冬(*Asparagus densiflorus* 'Myersii'):天门冬属

文竹(*Asparagus setaceus*):天门冬属

6. 其他科

石松(*Lycopodium japonicum*):石松科石松属

卤蕨(*Acrostichum aureum*):凤尾蕨科卤蕨属

蜈蚣凤尾蕨(蜈蚣草,*Pteris vittata*):凤尾蕨科凤尾蕨属

乌毛蕨(*Blechnopsis orientalis*):乌毛蕨科乌毛蕨属

肾蕨(*Nephrolepis cordifolia*):肾蕨科肾蕨属

骨碎补(高山羊齿,*Davallia trichomanoides*):骨碎补科骨碎补属

米仔兰(*Aglaia odorata*):楝科米仔兰属

金鱼草(*Antirrhinum majus*):车前科金鱼草属

圆叶柴胡(叶上黄金,*Bupleurum rotundifolium*):伞形科柴胡属

飞燕草(*Consolida ajacis*):毛茛科飞燕草属

青葙(*Celosia argentea*):苋科青葙属

洋桔梗(*Eustoma grandiflorum*):龙胆科洋桔梗属

唐菖蒲(*Gladiolus gandavensis*):鸢尾科唐菖蒲属

银叶桉(*Eucalyptus cinerea*):桃金娘科桉属

绣球(*Hydrangea macrophylla*):绣球花科绣球属

火龙珠(红豆、相思豆,*Hypericum* sp.):金丝桃科欧金丝桃属

茉莉花(*Jasminum sambac*):木樨科素馨属

薰衣草(*Lavandula angustifolia*):唇形科薰衣草属

二色补血草(情人草,*Limonium bicolor*):白花丹科补血草属

补血草(*Limonium sinense*):白花丹科补血草属

紫罗兰 (*Matthiola incana*):十字花科紫罗兰属

溪畔白千层(千层金,*Melaleuca bracteata*):桃金娘科白千层属

勿忘草(勿忘我,*Myosotis alpestris*):紫草科勿忘草属

莲(荷花,*Nelumbo nucifera*):莲科莲属

牡丹(*Paeonia × suffruticosa*):芍药科芍药属

鸡蛋花(*Plumeria rubra* 'Acutifolia'):夹竹桃科鸡蛋花属

风车果(*Pristimera cambodiana*):翅子藤科扁蒴藤属

棉花柳(银芽柳,*Salix × leucopithecia*):杨柳科柳属

鹤望兰(天堂鸟,*Strelitzia reginae*):芭蕉科鹤望兰属

紫露草(*Tradescantia ohiensis*):鸭跖草科紫露草属

马蹄莲(*Zantedeschia aethiopica*):天南星科马蹄莲属

(二)盆栽花卉

1.草本类盆花

菊科

蓍(千叶蓍,*Achillea millefolium*):蓍属

红花(*Carthamus tinctorius*):红花属

矢车菊 (*Centaurea cyanus*):矢车菊属

乒乓菊(*Chrysanthemum × morifolium* 'Pompon'):菊属

黄金菊(*Euryops pectinatus*):黄蓉菊属

银叶菊(*Jacobaea maritima*)疆千里光属

蛇鞭菊(马尾花,*Liatris spicata*) :蛇鞭菊属

蓝目菊(南非万寿菊,*Dimorphotheca ecklonis*):骨子菊属

瓜叶菊(*Pericallis hybrida*):瓜叶菊属

澳洲鼓槌菊(黄金球、金槌花,*Pycnosorus globosus*):密头彩鼠麹属

加拿大一枝黄花(黄莺,*Solidago canadensis*):一枝黄花属

万寿菊(*Tagetes erecta*):万寿菊属

麦秆菊(*Xerochrysum bracteatum*):蜡菊属

兰科

卡特兰(*Cattleya × hybrida*):卡特兰属

冬凤兰(*Cymbidium dayanum*):兰属

建兰(*Cymbidium ensifolium*):兰属

惠兰 (*Cymbidium faberi*):兰属

春兰(*Cymbidium goeringii*):兰属

大花惠兰(*Cymbidium hyridus*):兰属

寒兰(*Cymbidium kanran*):兰属

墨兰(*Cymbidium sinense*):兰属

春石斛(*Dendrobium hybrida*):石斛属

石斛(金钗石斛,*Dendrobium nobile*):石斛属

蝴蝶兰(*Phalaenopsis aphrodite*):蝴蝶兰属

火焰兰(*Renanthera coccinea*):火焰兰属

天南星科

海芋(*Alocasia macrorrhiza*):海芋属

花烛(红掌,*Anthurium andraeanum*):花烛属

五彩芋(花叶芋,*Caladium bicolor*):五彩芋属

黛粉芋(花叶万年青,*Dieffenbachia seguine*):黛粉芋属

龟背竹(*Monstera deliciosa*):龟背竹属

白鹤芋(*Spathiphyllum lanceifolium*):白鹤芋属

雪铁芋(金钱树,*Zamioculcas zamiifolia*):雪铁芋属

马蹄莲(*Zantedeschia aethiopica*):马蹄莲属

百合科

亚洲百合(*Lilium* 'Asiatica Hybrida'):百合属

百合(*Lilium brownii* var. *viridulum*):百合属

麝香百合(*Lilium longiflorum*):百合属

东方百合(水仙百合,*Lilium* 'Oriental Hybrids'):百合属

风信子(*Hyacinthus orientalis*):风信子属

万年青(*Rohdea japonica*):万年青属

郁金香(*Tulipa gesneriana*):郁金香属

竹芋科

竹芋(*Maranta arundinacea*):竹芋属

花叶竹芋(*Maranta cristata*):竹芋属

孔雀竹芋(*Goeppertia makoyana*):肖竹芋属

紫背竹芋(*Stromanthe sanguinea*):紫背竹芋属

凤梨科

美叶光萼荷(*Aechmea fasciata*):光萼荷属

艳凤梨(*Ananas comosus* 'variegata'):凤梨属

水塔花(*Billbergia pyramidalis*):水塔花属

紫花凤梨(*Tillandsia cyanea*):铁兰属

豆科

台湾相思(*Acacia confuse*):金合欢属

珍珠相思(*Acacia podabyrifolia*):金合欢属

绣球小冠花(*Coronilla varia*):小冠花属

含羞草(*Mimosa pudica*):含羞草属

其他科

金铃花(风铃,*Abutilon pictum*):锦葵科苘麻属

铁线蕨(*Adiantum capillus-veneris*):铁线蕨科铁线蕨属

米仔兰(*Aglaia odorata*):楝科米仔兰属

六出花(*Alstroemeria hybrida*):六出花科六出花属

朱砂根(*Andisia crenata*):报春花科紫金牛属

红绿袋鼠爪(*Anigozanthos manglesii*):血草科袋鼠爪属

巢蕨(鸟巢蕨,*Asplenium nidus*):铁角蕨科铁角蕨属

鹿角鸟巢蕨(*Asplenium nidus* 'Crissie'):铁角蕨科铁角蕨属

紫背天葵(*Begonia fimbristipula*):秋海棠科秋海棠属

秋海棠(*Begonia grandis*):秋海棠科秋海棠属

苏铁蕨(*Brainea insignis*):乌毛蕨科苏铁蕨属

鸳鸯茉莉(*Brunfelsia brasiliensis*):茄科鸳鸯茉莉属

罂粟葵(*Callirhoe involucrata*):锦葵科罂粟葵属

朝天椒(五色椒,*Capsicum annuum* var. *conoides*):茄科辣椒属

长春花(*Catharanthus roseus*):夹竹桃科长春花属

凤尾(*Celosia cristata* var. *chilsii*):苋科青葙属

猫眼草(*Chrysosplenium grayanum*):虎耳草科金腰属

古代稀(*Clarkia amoena*):柳叶菜科仙女扇属

龙吐珠(*Clerodendrum thomsoniae*):唇形科大青属

飞燕草(*Consolida ajacis*):毛茛科飞燕草属

朱蕉(*Cordyline fruticosa*):百合科朱蕉属

莪术(*Curcuma phaeocaulis*):姜科姜黄属

仙客来(*Cyclamen persicum*):报春花科仙客来属

金边瑞香(*Daphne odora* 'Aureomarginata'):瑞香科瑞香属

石竹(*Dianthus chinensis*):别名相思梅,石竹科石竹属

富贵竹(*Dracaena sanderiana*):天门冬科龙血树属

洋桔梗(*Eustoma grandiflorum*):龙胆科洋桔梗属

蓝星花(*Evolvulus nuttallianus*):旋花科土丁桂属

香雪兰(*Freesia refracta*):鸢尾科香雪兰属

倒挂金钟(*Fuchsia hybrida*):柳叶菜科倒挂金钟属

唐菖蒲(剑兰,*Gladiolus gandavensis*):鸢尾科唐菖蒲属

千日红(*Gomphrena globosa*):苋科千日红属

朱顶红(*Hippeastrum rutilum*):石蒜科朱顶红属

新几内亚凤仙花(*Impatiens hawkeri*):凤仙花科凤仙花属

紫罗兰(*Matthiola incana*):十字花科紫罗兰属

粉苞酸脚杆(宝莲灯,*Medinilla magnifica*):野牡丹科美丁花属

勿忘草(勿忘我,*Myosotis alpestris*):紫草科勿忘草属

袋鼠花(*Nematanthus gregarius*):苦苣苔科袋鼠属

猪笼草(*Nepenthes mirabilis*):猪笼草科猪笼草属

黑种草(*Nigella damascena*):毛茛科黑种草属

红睡莲(*Nymphaea alba* var. *rubra*):睡莲科睡莲属

金银莲花(*Nymphoides indica*):睡菜科荇菜属

芍药(*Paeonia lactiflora*):芍药科芍药属

香叶天竺葵(驱蚊草,*Pelargonium graveolens*):牻牛儿苗科天竺葵属

鹿角蕨(*Platycerium wallichii*):鹿角蕨科鹿角蕨属

牵牛(*Ipomoea nil*):旋花科牵牛属

大花马齿苋（*Portulaca grandiflora*）：马齿苋科马齿苋属

蓝花鼠尾草（*Salvia farinacea*）：唇形科鼠尾草属

紫盆花（松虫草，*Scabiosa atropurpurea*）：忍冬科蓝盆花属

2. 木本类盆花

花叶青木（洒金珊瑚，*Aucuba japonica* var. *variegate*）：山茱萸科桃叶珊瑚属

光叶子花（*Bougainvillea glabra*）：紫茉莉科叶子花属

叶子花（三角梅，*Bougainvillea spectabilis*）：紫茉莉科叶子花属

滇山茶（*Camellia reticulata*）：山茶科山茶属

狮子头（*Camellia reticulate*'Shizitou'）：山茶科山茶属

佛手（*Citrus medica* 'Fingered'）：芸香科柑橘属

舞草（跳舞草，*Codariocalyx motorius*）：豆科舞草属

变叶木（*Codiaeum variegatum*）：大戟科变叶木属

苏铁（*Cycas revoluta*）：苏铁科苏铁属

虎刺（*Damnacanthus indicus*）：茜草科虎刺属

刺桐（*Erythrina variegata*）：豆科刺桐属

一品红（圣诞花，*Euphorbia pulcherrima*）：大戟科大戟属

八角金盘（*Fatsia japonica*）：五加科八角金盘属

大叶千斤拔（*Flemingia macrophylla*）：豆科千斤拔属

雪柳（*Fontanesia philliraeoides* var. *fortunei*）：木樨科雪柳属

金钟花（*Forsythia viridissima*）：木樨科连翘属

金橘（*Fortunella margarita*）：芸香科柑橘属

大花栀子（*Gardenia jasminoides* 'Grandiflorum'）：茜草科栀子属

中华青荚叶（叶上花，*Helwingia chinensis*）：山茱萸科青荚叶属

幌伞枫（*Heteropanax fragrans*）：五加科幌伞枫属

朱槿（*Hibiscus rosa-sinensis*）：锦葵科木槿属

绣球（*Hydrangea macrophylla*）：绣球花科绣球属

密花金丝桃（*Hypericum densiflorum*）：金丝桃科金丝桃属

金丝桃（*Hypericum monogynum*）：金丝桃科金丝桃属

茉莉花（*Jasminum sambac*）：木樨科素馨属

紫薇（*Lagerstroemia indica*）：千屈菜科紫薇属

松红梅（*Leptospermum scoparium*）：桃金娘科鱼柳梅属

调料九里香(咖喱,*Murraya koenigii*):芸香科九里香属
南天竹(*Nandina domestica*):小檗科南天竹属
马拉巴栗(发财树,*Pachira glabra*):锦葵科瓜栗属
牡丹(*Paeonia* × *suffruticosa*):芍药科芍药属
遍地红牡丹(*Paeonia* × *suffruticosa* 'Bian Di Hong'):芍药科芍药属
蓝花丹(*Plumbago auriculata*):白花丹科白花丹属
火棘(*Pyracantha fortuneana*):蔷薇科火棘属
棕竹(*Rhapis excelsa*):棕榈科棕竹属
马缨杜鹃(*Rhododendron delavayi*):杜鹃花科杜鹃花属
杂种杜鹃(*Rhododendron* 'Hybrida'):杜鹃花科杜鹃花属
杜鹃(*Rhododendron simsii*):杜鹃花科杜鹃花属
现代月季(杂交月季,*Rosa hybrida*):蔷薇科蔷薇属
香水月季(*Rosa odorata*):蔷薇科蔷薇属
雀梅藤(雀梅,*Sageretia thea*):鼠李科雀梅藤属
欧丁香(*Syringa vulgaris*):木樨科丁香属

3. 多肉植物盆花

景天科

黑法师(*Aeonium arboreum* 'Atropurpureum'):莲花掌属
玉龙观音莲花掌(*Aeonium holochrysum*):莲花掌属
大叶落地生根(*Bryophyllum daigremontiana*):落地生根属
福娘(*Cotyledon orbiculata*):银波锦属
玉树(*Crassula arborescens*):青锁龙属
从珊瑚(*Crassula* 'Coralita'):青锁龙属
白妙(*Crassula corallina*):青锁龙属
达摩神刀(*Crassula* 'Darumajintou'):青锁龙属
天狗之舞(*Crassula dejecta*):青锁龙属
神刀(*Crassula perfoliata* var. *minor*):青锁龙属
达摩绿塔(*Crassula quadrangularis*):青锁龙属
舞乙女(钱串,*Crassula rupestris* subsp. *marnieriana*):青锁龙属
小米星(*Crassula rupestris* 'Tom Thumb'):青锁龙属
若歌诗(*Crassula rogersii*):青锁龙属

晚霞(*Echeveria* 'Afterglow'):石莲花属

阿尔巴佳人(*Echeveria* 'Alba beauty'):石莲花属

阿美星(*Echeveria* 'Amistar'):石莲花属

爱丽儿(*Echeveria* 'Ariel'):石莲花属

白闪冠(*Echeveria* 'Bombycina'):石莲花属

广寒宫(*Echeveria cante*):石莲花属

卡罗拉(*Echeveria colorata*):石莲花属

白凤(*Echeveria* 'Hakuhou'):石莲花属

白毛莲花掌(*Echeveria leucotricha*):石莲花属

昂斯诺(*Echeveria* 'Onslow'):石莲花属

莎莎女王(*Echeveria* 'Sasa'):石莲花属

半毛石莲花(*Echeveria semivestita*):石莲花属

白斯特拉(*Echeveria* 'Stella Blanc'):石莲花属

白马王子石莲花(*Echeveria* 'White Prince'):石莲花属

桃之卵(*Graptopetalum amethystinum*):风车莲属

长寿花(*Kalanchoe blossfeldiana*):伽蓝菜属

趣蝶莲(*Kalanchoe synsepala*):伽蓝菜属

唐印(*Kalanchoe tetraphylla*):伽蓝菜属

月兔耳(*Kalanchoe tomentosa*):伽蓝莱属

劳尔(*Sedum clavatum*):景天属

翡翠景天(玉缀,*Sedum morganianum*):景天属

乙女心(*Sedum pachyphyllum*):景天属

蛛丝卷绢(*Sempervivum arachnoideum* subsp. *tomentosum*):长生草属

仙人掌科

鼠尾掌(*Aporocactus flagelliformis*):鼠尾掌属

龟甲牡丹(*Ariocarpus fissuratus*):岩牡丹属

星球(*Astrophytum asterias*):星球属

白云般若(*Astrophytum ornatum*):星球属

万重山(*Cereus* 'Fairy Castle'):仙人柱属

金琥(*Echinocactus grusonii*):金琥属

仙人球(*Echinopsis tubiflora*):仙人球属

量天尺 (*Hylocereus undatus*):量天尺属

银手指(*Mammillaria vetula*):乳突球属

令箭荷花(*Nopalxochia ackermannii*):令箭荷花属

黄毛掌(*Opuntia microdasys*):仙人掌属

仙人掌(*Opuntia dillenii*):仙人掌属

英冠玉(*Parodia magnifica*):锦绣玉属

子孙球(*Rebutia minuscula*):子孙球属

仙人指(*Schlumbergera bridgesii*):仙人指属

蟹爪兰(*Schlumbergera truncata*):仙人指属

金纽(*Cleistocactus winteri*):管花柱属

阿福花科

翠花掌(斑纹芦荟,*Aloe variegata*):芦荟属

白银寿(*Haworthia emelyae*):十二卷属

白帝城(*Haworthia* 'Hakutei-jyo'):十二卷属

帝王卷(*Haworthia kingiana*):十二卷属

水晶掌(玉露 *Haworthia cooperi*):十二卷属

a. 白斑玉露(var. *variegata*):水晶掌的变种

b. 姬玉露(var. *truncata*):水晶掌的变种

c. 红水晶十二卷(var. *leightonii*):水晶掌的变种

d. 绿钻石(var. *doldii*):水晶掌的变种

e. 毛玉露(var. *venusta*):水晶掌的变种

f. 樱水晶(var. *picturata*):水晶掌的变种

g. 玉露(var. *pilifera*):水晶掌的变种

h. 玉章(var. *dielsiana*):水晶掌的变种

番杏科

鹿角海棠(*Astridia velutina*):鹿角海棠属

海豚波(*Faucaria albidens*):虎腭花属

白波(*Faucaria bosscheana*):虎腭花属

四海波(*Faucaria tigrina*):虎腭花属

生石花(*Lithops pseudotruncatella* subsp. archerae):生石花属

大戟科

彩春峰(*Euphorbia lactea* f. *cristata*):大戟属

麒麟掌(*Euphorbia neriifolia* var. *cristata*):大戟属

霸王鞭(*Euphorbia royleana*):大戟属

绿玉树(光棍树,*Euphorbia tirucalli*):大戟属

彩云阁(*Euphorbia trigona*):大戟属

其他科

笹之雪(皇后龙舌兰,*Agave victoriae-reginae*):天门冬科龙舌兰属

吊金钱(*Ceropegia woodii*):夹竹桃科吊灯花属

金钱木(*Portulaca molokiniensis*):马齿苋科马齿苋属

树马齿苋(*Portulacaria afra*):刺戟木科树马齿苋属

虎尾兰(*Sansevieria trifasciata*):天门冬科虎尾兰属

翡翠珠(*Senecio rowleyanus*):菊科千里光属

附录Ⅰ 种子植物重点科的主要特征

科名	主要特征
松科	叶针形或者条形，针形叶常2~5针一束，生于极度退化的短枝上，基部包有叶鞘，条形叶在长枝上呈螺旋状散生，在短枝上簇生。珠鳞螺旋状着生；苞鳞与珠鳞分离（仅基部结合）；珠鳞的腹面生有2个倒生胚珠。
柏科	常绿或落叶乔木，无长、短枝之分。叶鳞形、条状披针形、钻形、刺形和线形，螺旋状排列或成假二列，或对生或轮生。大小孢子叶螺旋状排列或交互对生。珠鳞与苞鳞半合生或合生，珠鳞腹面有1至多枚胚珠。球果当年成熟，种鳞木质或革质，具2~9粒种子。
红豆杉科	叶条形、披针状条形或披针形，螺旋状排列、交叉对生或近对生。胚珠有珠托。种子核果状或坚果状，为肉质假种皮所包。
睡莲科	水生草本。叶心形至盾状。花大，单生。有根状茎。
木兰科	木本。单叶互生，嫩叶有托叶。花被3基数，雄蕊及雌蕊多数、分离、螺旋状排列于伸长的花托上。蓇葖果。
樟科	木本。有油腺。单叶互生，革质。花部3基数（花被6枚，雄蕊9枚，心皮3枚）。核果。
天南星科	草本。肉穗花序，花序外或花序下具有1片佛焰苞。
百合科	大多数为草本，具地下茎。花3基数，花被花瓣状，子房上位，中轴胎座。
兰科	草本。花被内轮1片特化成唇瓣，能育雄蕊1或2枚，花粉结合成花粉块，雄蕊和花柱结合成合蕊柱，子房下位，侧膜胎座。种子微小。
姜科	多年生草本，通常有香气，匍匐茎或块状根茎。叶鞘顶端有明显的叶舌。外轮花被与内轮明显区分，具发育雄蕊1枚和通常呈花瓣状的退化雄蕊。
鸢尾科	多年生、稀一年生草本。地下部分通常具根状茎、球茎或鳞茎。叶多基生，基部成鞘状，互相套叠。大多数种类只有花茎。花两性，色泽鲜艳，美丽；花或花序下有1至多个苞片；花被裂片6；雄蕊3枚，柱头3~6枚，子房3室。蒴果成熟时室背开裂；种子多数，常有附属物或小翅。
石蒜科	多年生草本，常具鳞茎或根状茎。叶细长，基出。伞形花序顶生，下有苞片，花被裂片6枚，雄蕊6枚。
棕榈科	木本，单干直立，多不分枝；大型叶丛生于树干顶部。肉穗花序，花3基数。
莎草科	秆三棱形，实心，无节。有封闭的叶鞘，叶3列。坚果。
禾本科	茎圆柱形，中空，有节。叶鞘开裂，叶2列，常有叶舌和叶耳。颖果。
毛茛科	草本。叶分裂或复叶。花两性，整齐，5基数；花萼和花瓣均离生；雄蕊和雌蕊多数，离生，螺旋状排列于膨大的花托上。瘦果聚合。

续表

科名	主要特征
芍药科	多年生草本或亚灌木。花大而美丽，单生枝顶或有时成束，萼片5枚，宿存，花瓣5~10片；雄蕊多数；心皮2~5枚，离生。蓇葖果。
金缕梅科	木本。具星状毛。单叶互生。萼筒与子房壁结合，花柱宿存。蒴果，木质化。
景天科	草本，叶肉质。花整齐，两性，5基数。花部分离，雄蕊为花瓣的2倍；心皮分离。蓇葖果。
葡萄科	具有攀缘体态；茎常为合轴生长，有卷须。花序多与叶对生；雄蕊与花瓣对生；子房常2室具中轴胎座。浆果。
豆科	常有根瘤；叶互生，有托叶，叶枕发达。花两性，5基数；雄蕊常10枚，常结合成二体雄蕊，雌蕊1心皮1室。荚果。
蔷薇科	叶互生，常有托叶。花两性，整齐；花托凸隆至凹陷；花部5基数，轮状排列。花被与雄蕊常结合成花筒；种子无胚乳。
鼠李科	单叶，不分裂。花周位，雄蕊和花瓣对生，花瓣常凹形，胚珠基生。
榆科	木本。单叶互生，叶基常偏斜。花小，单被花。翅果、坚果或核果。
桑科	木本，常有乳汁。单叶互生。单性花，坚果、核果聚合成各式聚花果。
荨麻科	草本，无乳汁，茎皮纤维发达；花单性，聚伞花序，单被花。坚果或核果。
壳斗科	木本。单叶互生。雌雄同株。无花瓣；雄花成柔荑花序；有壳斗。坚果。
胡桃科	落叶乔木。羽状复叶。花单叶，雄花序柔荑状。坚果核果状或具翅。
葫芦科	蔓生草本，具有双韧维管束，有卷须。叶互生，深裂。花单性，5基数；聚药雄蕊，雌蕊由3枚心皮组成，侧膜胎座。瓠果。
卫矛科	多为木本，单叶。花小，淡绿色，聚伞花序，子房常为花盘所绕或多少陷入其中，雄蕊位于花盘之上或其边缘，或在花盘下方。种子常有肉质假种皮。
堇菜科	草本。单叶互生，有托叶。花两性，两侧对称，5基数，有距；子房上位，侧膜胎座。蒴果。
大戟科	常含乳状汁，叶柄基部常有2个红色腺点。单性花；蒴果3室，中轴胎座，胚珠悬垂。
漆树科	有雄蕊内花盘，树皮有树脂道，子房1室，果实为核果。
无患子科	乔木或灌木，稀为攀缘藤本。叶常互生，羽状或掌状复叶，稀单叶。总状花序、圆锥花序或聚伞花序。花小，单性；雄蕊通常8枚或较少；具肉质花盘；子房上位，由2~3枚心皮组成，通常3室具中轴胎座，每室具有1或2个胚珠。果为蒴果，或核果状、浆果状，全缘或深裂成分果瓣。
芸香科	常为木本；全体含挥发油。复叶或单叶，叶常有透明油腺点。花盘通常发达，雌蕊常由4~5枚心皮组成。柑果、蓇葖果等。
锦葵科	皮部富含纤维。花两性，整齐，5基数；有副萼，单体雄蕊，花药1室，花粉粒大，具刺。蒴果或分果。
十字花科	草本，常有辛辣汁液。花两性，整齐，总状花序；十字形花冠，四强雄蕊；子房1室，有2个侧膜胎座，具假隔膜。角果。
蓼科	草本，节膝状膨大。叶柄基部有膜质托叶鞘抱茎，单叶，全缘，互生。花两性，单被；萼片花瓣状。坚果。

续表

科名	主要特征
石竹科	草本,节膨大。单叶互生。花两性,花萼具膜质边缘,花瓣常有爪。蒴果。
苋科	草本,花被及苞片膜质具色彩,雄蕊1轮,对萼;蒴果环裂。
柿科	木本,单叶全缘,常互生,花单性,萼宿存,浆果。
报春花科	草本、灌木、乔木或藤本。单叶互生,螺旋状排列,对生或轮生,基部常形成莲座状。花两性,辐射对称,萼片4或5枚;花冠裂片4或5枚;雄蕊与花冠裂片同数而对生;子房上位,特立中央胎座或基底胎座,胚珠倒生至弯生。蒴果,瓣裂或周裂;或浆果,种子嵌入肉质胎座轴中;或核果。
山茶科	常绿木本。单叶互生。花两性,整齐,5基数;雄蕊多数,着生于花瓣上;常为蒴果。
杜鹃花科	常为灌木,单叶互生,雄蕊常为花冠裂片的倍数,雌蕊4~5枚心皮,胚珠多数。
茜草科	单叶对生或轮生,全缘,具托叶。花整齐,4或5基数,子房下位,2室,胚珠多数至1枚。
夹竹桃科	木本,具乳汁。单叶对生,或轮生。花冠喉部常具附属物,花药常箭头形。蓇葖果,种子常具丝状毛。
旋花科	通常为蔓生草本,常具乳汁,茎具双韧维管束;旋转折扇状花冠。中轴胎座;直立无柄倒生胚珠,具折叠的子叶。
茄科	常草本,具双韧维管束,单叶互生。花两性,整齐,5基数;花药常孔裂;心皮2枚,子房2室,位置偏斜,多数胚珠,浆果或蒴果。
木樨科	木本,叶常对生。花整齐,花被常4裂;雄蕊2枚;子房上位,2室,每室常2枚胚珠。
玄参科	草本、木本。叶互生、对生或轮生。花两性,常两侧对称,排成各种花序。花被4或5枚;雄蕊常4枚,二强雄蕊(稀2枚或5枚),生花冠筒上;子房2心皮合生,上位,中轴胎座,胚珠常多数。蒴果。
马鞭草科	常木本。叶对生。花两性,不整齐;二强雄蕊;子房上位,2枚心皮,2室,中轴胎座;核果或蒴果状。
唇形科	多为草本至灌木,稀乔木。茎多四棱形。叶常交互对生,偶为轮生,极稀互生。花序聚伞式,或再形成轮伞花序及穗状、圆锥状的复合花序;花冠二唇形,冠檐常5裂;雄蕊为二强雄蕊,有时退化为2枚;子房上位,果实多为4个小坚果。
冬青科	木本。托叶小或缺。花单性异株或杂性,常簇生或成聚伞花序,生于叶腋,无花盘。
桔梗科	常为多年生草本,含乳汁。单叶互生。花两性,花冠钟状;雄蕊与花冠裂片同数;子房下位,常3室。蒴果。
菊科	常为草本。叶互生。头状花序,有总苞,合瓣花冠,聚药雄蕊,子房下位,1室,1个胚珠。连萼瘦果,屡有冠毛。
忍冬科	草本、灌木或藤本。叶对生,单叶,有时为羽状分裂或复叶,羽状脉。花两性,两侧对称或辐射对称;萼片5枚,连合;花冠5裂;雄蕊(3~)4或5枚,着生花冠上;心皮2~5枚合生,子房下位,中轴胎座。蒴果、浆果、核果或瘦果。
五加科	多为木本,伞形花序,5基数花,子房下位,每室1枚胚珠。果实常为浆果。
伞形科	芳香性草本,常有鞘状叶柄,具典型的复伞形花序,5基数花,子房下位,2室。双悬果。

附录Ⅱ 怀化学院西校区校园维管植物名录

（含野生种和栽培植物）

怀化学院西校区共有野生和栽培的维管植物127科500种（含变种、变型和栽培品种，以下同），其中蕨类植物14科24种，裸子植物7科23种，被子植物106科453种。

一、蕨类植物

1.卷柏科

江南卷柏 *Selaginella moellendorffii*

2.木贼科

节节草 *Equisetum ramosissimum*

3.里白科

芒萁 *Dicranopteris pedata*

4.海金沙科

海金沙 *Lygodium japonicum*

5.蘋科

蘋（田字草）*Marsilea quadrifolia*

6.槐叶蘋科

满江红（红苹、绿苹）*Azolla imbricata*

7.鳞始蕨科

乌蕨 *Odontosoria chinensis*

8.凤尾蕨科

铁线蕨 *Adiantum capillus-veneris*、银粉背蕨 *Aleuritopteris argentea*、野雉尾金粉蕨（野雉尾）*Onychium japonicum*、井栏边草 *Pteris multifida*、蜈蚣凤尾蕨（蜈蚣草）*Pteris vittata*

9.碗蕨科

边缘鳞盖蕨 *Microlepia marginata*、蕨 *Pteridium aquilinum* var. *latiusculum*

10.金星蕨科

普通针毛蕨 *Macrothelypteris torresiana*、金星蕨 *Parathelypteris glanduligera*

11. 乌毛蕨科

狗脊 *Woodwardia japonica*

12. 鳞毛蕨科

斜方复叶耳蕨 *Arachniodes amabilis*、贯众 *Cyrtomium fortunei*、两色鳞毛蕨 *Dryopteris setosa*、变异鳞毛蕨 *Dryopteris varia*

13. 肾蕨科

肾蕨 *Nephrolepis auriculata*、波士顿蕨 *Nephrolepis exaltata* 'Bostoniensis'

14. 水龙骨科

槲蕨 *Drynaria roosii*

二、裸子植物

1. 苏铁科

苏铁 *Cycas revoluta*

2. 银杏科

银杏 *Ginkgo biloba*

3. 松科

雪松 *Cedrus deodara*、柔毛油杉 *Keteleeria pubescens*、马尾松 *Pinus massoniana*、日本五针松 *Pinus parviflora*、黑松 *Pinus thunbergii*、金钱松 *Pseudolarix amabilis*

4. 柏科

绒柏 *Chamaecyparis pisifera* 'Squarrosa'、柳杉 *Cryptomeria fortunei*、杉木 *Cunninghamia lanceolata*、柏木 *Cupressus funebris*、刺柏 *Juniperus formosana*、水杉 *Metasequoia glyptostroboides*、侧柏 *Platycladus orientalis*、龙柏 *Sabina chinensis* 'Kaizuca'

5. 南洋杉科

南洋杉 *Araucaria cunninghamii*

6. 罗汉松科

竹柏 *Nageia nagi*、罗汉松 *Podocarpus macrophyllus*

7. 红豆杉科

红豆杉 *Taxus chinensis*、南方红豆杉 *Taxus mairei* 、三尖杉 *Cephalotaxus fortunei*

三、被子植物

1. 睡莲科

睡莲*Nymphaea tetragon*

2. 三白草科

蕺菜(鱼腥草)*Houttuynia cordata*

3. 木兰科

厚朴*Houpoea officinalis*、鹅掌楸*Liriodendron chinense*、荷花木兰(荷花玉兰、广玉兰)*Magnolia grandiflora*、乐昌含笑*Michelia chapensis*、含笑花*Michelia figo*、深山含笑*Michelia maudiae*、紫玉兰*Yulania liliiflora*、二乔玉兰*Yulania* × *soulangeana*

4. 蜡梅科

蜡梅*Chimonanthus praecox*

5. 樟科

猴樟*Cinnamomum bodinieri*、樟*Cinnamomum camphora*、檫木 *Sassafras tzumu*

6. 天南星科

广东万年青*Aglaonema modestum*、天南星*Arisaema heterophyllum*、芋(芋头)*Colocasia esculenta*、浮萍*Lemna minor*、大野芋*Leucocasia gigantea*、龟背竹*Monstera deliciosa*、半夏*Pinellia ternata*、大薸*Pistia stratiotes*、春羽*Thaumatophyllum bipinnatifidum*、马蹄莲*Zantedeschia aethiopica*

7. 水鳖科

黑藻*Hydrilla verticillata*

8. 菝葜科

菝葜*Smilax china*、土茯苓*Smilax glabra*

9. 百合科

洋葱*Allium cepa*、葱*Allium fistulosum*、蒜*Allium sativum*、韭(韭菜)*Allium tuberosum*

10. 兰科

蕙兰*Cymbidium faberi*、春兰*Cymbidium goeringii*、墨兰*Cymbidium sinense*

11. 鸢尾科

射干 *Belamcanda chinensis*、唐菖蒲*Gladiolus gandavensis*、蝴蝶花*Iris japonica*、鸢尾*Iris tectorum*

12. 阿福花科

芦荟*Aloe vera*

13. 石蒜科

君子兰 *Clivia miniata*、文殊兰 *Crinum asiaticum* var. *sinicum*、朱顶红 *Hippeastrum rutilum*、忽地笑 *Lycoris aurea*、石蒜 *Lycoris radiata*、葱莲(葱兰) *Zephyranthes candida*

14. 天门冬科

龙舌兰 *Agave americana*、文竹 *Asparagus setaceus*、蜘蛛抱蛋 *Aspidistra elatior*、酒瓶兰 *Beaucarnea recurvata*、吊兰 *Chlorophytum comosum*、金边吊兰 *Chlorophytum comosum* 'Variegatum'、朱蕉 *Cordyline fruticosa*、竹根七 *Disporopsis fuscopicta*、龙血树 *Dracaena draco*、玉簪 *Hosta plantaginea*、山麦冬 *Liriope spicata*、沿阶草 *Ophiopogon bodinieri*、麦冬 *Ophiopogon japonicus*、多花黄精 *Polygonatum cyrtonema*、黄精 *Polygonatum sibiricum*、吉祥草 *Reineckea carnea*、万年青 *Rohdea japonica*、虎尾兰 *Sansevieria trifasciata*、金边虎尾兰 *Sansevieria trifasciata* var. *laurentii*、细叶丝兰(丝兰)*Yucca flaccida*、凤尾丝兰 *Yucca gloriosa*

15. 棕榈科

袖珍椰子 *Chamaedorea elegans*、散尾葵 *Chrysalidocarpus lutescens*、棕竹 *Rhapis excelsa*、棕榈 *Trachycarpus fortunei*

16. 鸭跖草科

鸭跖草 *Commelina communis*、紫竹梅(紫鸭跖草)*Tradescantia pallida*

17. 雨久花科

凤眼莲(水葫芦)*Eichhornia crassipes*

18. 鹤望兰科

鹤望兰 *Strelitzia reginae*

19. 芭蕉科

芭蕉 *Musa basjoo*

20. 美人蕉科

美人蕉 *Canna indica*、大花美人蕉 *Canna* × *generalis*

21. 姜科

姜 *Zingiber officinale*、艳山姜 *Alpinia zerumbet*

22. 凤梨科

水塔花 *Billbergia pyramidalis*

23. 灯芯草科

灯芯草 *Juncus effusus*

24. 莎草科

三穗薹草(苔草)*Carex tristachya*、风车草(旱伞草)*Cyperus involucratus*、香附子 *Cyperus rotundus*

25. 禾本科

看麦娘 *Alopecurus aequalis*、荩草 *Arthraxon hispidus*、芦竹 *Arundo donax*、慈竹 *Bambusa emeiensis*、孝顺竹 *Bambusa multiplex*、观音竹 *Bambusa multiplex* var. *riviereorum*、凤尾竹 *Bambusa multiplex* f. *fernleaf*、拂子茅 *Calamagrostis epigeios*、薏苡 *Coix lacryma-jobi*、狗牙根 *Cynodon dactylon*、升马唐 *Digitaria ciliaris*、稗 *Echinochloa crus-galli*、牛筋草 *Eleusine indica*、淡竹叶 *Lophatherum gracile*、芒 *Miscanthus sinensis*、稻 *Oryza sativa*、芦苇 *Phragmites australis*、紫竹 *Phyllostachys nigra*、苦竹 *Pleioblastus amarus*、早熟禾 *Poa annua*、棒头草 *Polypogon fugax*、茶竿竹 *Pseudosasa amabilis*、鹅观草 *Roegneria kamoji*、金色狗尾草 *Setaria glauca*、狗尾草 *Setaria viridis*、普通小麦 *Triticum aestivum*、细叶结缕草 *Zoysia tenuifolia*

26. 小檗科

淫羊藿 *Epimedium brevicornu*、十大功劳 *Mahonia fortunei*、南天竹 *Nandina domestica*

27. 毛茛科

毛茛 *Ranunculus japonicus*、扬子毛茛 *Ranunculus sieboldii*

28. 莲科

莲(荷花)*Nelumbo nucifera*

29. 悬铃木科

二球悬铃木(法国梧桐)*Platanus acerifolia*

30. 黄杨科

雀舌黄杨 *Buxus bodinieri*、黄杨(瓜子黄杨)*Buxus sinica*、金边黄杨 *Euonymus japonicus* 'Aurea-marginatus'

31. 芍药科

芍药 *Paeonia lactiflora*、牡丹 *Paeonia* × *suffruticosa*

32. 金缕梅科

枫香树 *Liquidambar formosana*、檵木 *Loropetalum chinense*、红花檵木 *Loropetalum chinense* var. *rubrum*

33. 虎耳草科

虎耳草 *Saxifraga stolonifera*

34. 景天科

落地生根 *Bryophyllum pinnatum*、玉树 *Crassula arborescens*、费菜 *Phedimus aizoon*、佛甲草 *Sedum lineare*、翡翠景天(玉缀)*Sedum morganianum*、垂盆草 *Sedum sarmentosum*

35. 葡萄科

蛇葡萄 *Ampelopsis glandulosa*、乌蔹莓 *Cayratia japonica*、大齿牛果藤(显齿蛇葡萄)*Nekemias grossedentata*、地锦(爬墙虎、爬山虎)*Parthenocissus tricuspidata*、葡萄 *Vitis vinifera*

36. 豆科

合欢 *Albizia julibrissin*、紫云英 *Astragalus sinicus*、云实 *Biancaea decapetala* 、紫荆 *Cercis chinensis*、大豆 *Glycine max*、鸡眼草 *Kummerowia striata*、胡枝子 *Lespedeza bicolor*、含羞草 *Mimosa pudica*、豌豆 *Pisum sativum*、葛(野葛、葛藤)*Pueraria montana* var. *lobata*、刺槐(洋槐)*Robinia pseudoacacia*、双荚决明 *Senna bicapsularis*、田菁 *Sesbania cannabina*、槐 *Sophora japonica*、龙爪槐(盘槐)*Styphnolobium japonicum* 'Pendula'、蚕豆 *Vicia faba*、紫藤 *Wisteria sinensis*

37. 远志科

瓜子金 *Polygala japonica*

38. 蔷薇科

龙牙草(仙鹤草)*Agrimonia pilosa*、桃 *Amygdalus persica*、碧桃 *Amygdalus persica* cv. *duplex*、梅 *Armeniaca mume*、樱桃 *Cerasus pseudocerasus*、东京樱花 *Cerasus* × *yedoensis* 、蛇莓 *Duchesnea indica*、枇杷 *Eriobotrya japonica*、草莓 *Fragaria* × *ananassa*、棣棠花 *Kerria japonica*、垂丝海棠 *Malus halliana*、石楠 *Photinia serratifolia*、红叶石楠 *Photinia* × *fraseri*、紫叶李 *Prunus cerasifera* f. *atropurpurea*、火棘 *Pyracantha fortuneana*、沙梨 *Pyrus pyrifolia*、李 *Prunus salicina*、山樱花 *Prunus serrulata*、日本晚樱 *Prunus serrulata* var. *lannesiana* 、月季 *Rosa chinensis*、野蔷薇(多花蔷薇)*Rosa multiflora*、粉团蔷薇 *Rosa multiflora* var. *cathayensis*、插田泡 *Rubus coreanus*、山莓 *Rubus corchorifolius*、金樱子 *Rosa laevigata*、高粱藨(高粱泡)*Rubus lambertianus*、空心泡 *Rubus rosaefolius*、玫瑰 *Rosa rugosa*、灰白毛莓 *Rubus tephrodes*

39. 鼠李科

枣 *Ziziphus jujuba*

40. 榆科

榆树 *Ulmus pumila*

41. 大麻科

紫弹树 *Celtis biondii*、葎草 *Humulus scandens*

42. 桑科

藤构 *Broussonetia kaempferi* 、构(构树)*Broussonetia papyrifera*、楮构(小构树)*Broussonetia* × *kazinoki*、无花果 *Ficus carica*、印度榕(橡皮树)*Ficus elastica*、桑 *Morus alba*

43. 荨麻科

苎麻 *Boehmeria nivea*、悬铃叶苎麻 *Boehmeria tricuspis*、花叶冷水花 *Pilea cadierei*、荨麻 *Urtica fissa*

44. 壳斗科

木姜叶柯（甜茶）*Lithocarpus litseifolius*、白栎 *Quercus fabri*

45. 杨梅科

杨梅 *Myrica rubra*

46. 葫芦科

冬瓜 *Benincasa hispida*、南瓜 *Cucurbita moschata*、黄瓜 *Cucumis sativus*、绞股蓝 *Gynostemma pentaphyllum*、丝瓜 *Luffa cylindrica*、苦瓜 *Momordica charantia*、佛手瓜 *Sechium edule*

47. 秋海棠科

四季秋海棠 *Begonia cucullata*

48. 卫矛科

冬青卫矛 *Euonymus japonicu*

49. 酢浆草科

酢浆草 *Oxalis corniculata*、红花酢浆草 *Oxalis corymbosa*

50. 杜英科

杜英 *Elaeocarpus decipiens*

51. 堇菜科

角堇 *Viola cornuta*、紫花地丁 *Viola philippica*、三色堇 *Viola tricolor*

52. 西番莲科

西番莲 *Passiflora caerulea*

53. 杨柳科

垂柳 *Salix babylonica*、龙爪柳 *Salix matsudana* f. *tortuosa*

54. 大戟科

铁苋菜 *Acalypha australis*、山麻秆 *Alchornea davidii*、变叶木 *Codiaeum variegatum*、地锦草（奶浆草）*Euphorbia humifusa*、虎刺梅 *Euphorbia milii* var. *splendens*、一品红（圣诞树）*Euphorbia pulcherrima*、算盘子（野南瓜）*Glochidion puberum*、白背叶 *Mallotus apelta*、蓖麻 *Ricinus communis*、山乌桕 *Triadica cochinchinensis*、油桐 *Vernicia fordii*

55. 叶下珠科

一叶萩（叶底珠）*Flueggea suffruticosa*、叶下珠 *Phyllanthus urinaria*

56. 牻牛儿苗科

野老鹳草 *Geranium carolinianum*、老鹳草 *Geranium wilfordii*、天竺葵 *Pelargonium hortorum*

57. 千屈菜科

萼距花 *Cuphea hookeriana*、紫薇（痒痒树）*Lagerstroemia indicaovata*、石榴 *Punica granatum*、重瓣石榴 *Punica granatum* var. *pleniflora*

58. 桃金娘科

垂枝红千层 *Callistemon viminalis*、桉 *Eucalyptus robusta*

59. 漆树科

南酸枣 *Choerospondias axillaris*、盐肤木 *Rhus chinensis*

60. 无患子科

鸡爪槭 *Acer palmatum*、红枫（红鸡爪槭）*Acer palmatum* 'Atropurpureum'、红槭 *Acer palmatum* f. *atropurpureum*、飞蛾槭 *Acer oblongum*、复羽叶栾 *Koelreuteria bipinnata*、栾（栾树）*Koelreuteria paniculata*

61. 芸香科

酸橙 *Citrus* × *aurantium*、柑橘（橘子）*Citrus reticulata*、枳 *Citrus trifoliate*、金橘 *Fortunella margarita*、竹叶花椒 *Zanthoxylum armatum*、花椒 *Zanthoxylum bungeanum*

62. 苦木科

臭椿 *Ailanthus altissima*

63. 楝科

楝（苦楝）*Melia azedarach*、香椿 *Toona sinensis*

64. 锦葵科

咖啡黄葵 *Abelmoschus esculentus*、黄蜀葵 *Abelmoschus manihot*、蜀葵（一丈红）*Althaea rosea*、木芙蓉 *Hibiscus mutabilis*、朱槿 *Hibiscus rosa-sinensis*、木槿 *Hibiscus syriacus*、锦葵 *Malva sinensis*

65. 瑞香科

结香 *Edgeworthia chrysantha*

66. 十字花科

羽衣甘蓝 *Brassica oleracea* var. *acephala*、甘蓝 *Brassica oleracea* var. *capitata*、青菜 *Brassica rapa* var. *chinensis*、芸薹（油菜）*Brassica rapa* var. *oleifera*、荠（荠菜）*Capsella bursa-pastoris*、弯曲碎米荠 *Cardamine flexuosa*、独行菜 *Lepidium apetalum*、北美独行菜 *Lepidium virginicum*、萝卜 *Raphanus sativus*、蔊菜 *Rorippa indica*

67. 蓼科

金荞麦 *Fagopyrum dibotrys*、何首乌 *Pleuropterus multiflorus*、萹蓄 *Polygonum aviculare*、水蓼

Polygonum hydropiper、红蓼 *Polygonum orientale*、酸模 *Rumex acetosa*、虎杖 *Reynoutria japonica*

68. 石竹科

香石竹(康乃馨)*Dianthus caryophyllus*、石竹 *Dianthus chinensis*、鹅肠菜(牛繁缕)*Myosoton aquaticum*、繁缕 *Stellaria media*

69. 苋科

牛膝 *Achyranthes bidentata*、喜旱莲子草(空心莲子草)*Alternanthera philoxeroides*、苋 *Amaranthus tricolor*、莙荙菜(红牛皮菜)*Beta vulgaris* var. *cicla*、鸡冠花 *Celosia cristata*、土荆芥 *Dysphania ambrosioides*、千日红 *Gomphrena globosa*、地肤 *Kochia scoparia*、菠菜 *Spinacia oleracea*

70. 商陆科

商陆 *Phytolacca acinosa*、垂序商陆(美洲商陆)*Phytolacca americana*

71. 紫茉莉科

叶子花(三角梅)*Bougainvillea spectabilis*、紫茉莉 *Mirabilis jalapa*

72. 落葵科

落葵薯 *Anredera cordifolia*、落葵 *Basella alba*

73. 土人参科

土人参 *Talinum paniculatum*

74. 马齿苋科

马齿苋 *Portulaca oleracea*

75. 仙人掌科

星球 *Astrophytum asterias*、仙人球 *Echinopsis tubiflora*、量天尺(仙人鞭)*Hylocereus undatus*、胭脂掌 *Opuntia cochenillifera*、仙人掌 *Opuntia dillenii*、昙花 *Epiphyllum oxypetalum*、令箭荷花 *Nopalxochia ackermannii*、蟹爪兰 *Schlumbergera truncata*

76. 蓝果树科

喜树 *Camptotheca acuminate*

77. 绣球科

绣球 *Hydrangea macrophylla*

78. 山茱萸科

花叶青木(洒金珊瑚)*Aucuba japonica* var. *variegate*

79. 凤仙花科

凤仙花 *Impatiens balsamina*

80. 柿科

柿 *Diospyros kaki*、君迁子 *Diospyros lotus*

81. 报春花科

聚花过路黄 *Lysimachia christiniae*、星宿菜 *Lysimachia fortunei*

82. 山茶科

山茶 *Camellia japonica*、油茶 *Camellia oleifera*、茶 *Camellia sinensis*、细枝柃 *Eurya loquaiana*

83. 猕猴桃科

软枣猕猴桃 *Actinidia arguta*、中华猕猴桃 *Actinidia chinensis*

84. 杜鹃花科

丁香杜鹃（满山红）*Rhododendron farrerae*、杜鹃（映山红）*Rhododendron simsii*

85. 杜仲科

杜仲 *Eucommia ulmoides*

86. 茜草科

栀子（黄栀子）*Gardenia jasminoides*、猪殃殃 *Galium spurium*、鸡屎藤（臭鸡矢藤）*Paederia foetida*、六月雪（路边荆）*Buchozia japonica*、钩藤 *Uncaria rhynchophylla*

87. 龙胆科

灰莉 *Fagraea ceilanica*

88. 夹竹桃科

长春花 *Catharanthus roseus*、夹竹桃 *Nerium oleander*、白花夹竹桃 *Nerium oleander* ‘Paihua’、黄花夹竹桃 *Thevetia peruviana*

89. 旋花科

打碗花 *Calystegia hederacea*、菟丝子 *Cuscuta chinensis*、马蹄金 *Dichondra repens*、蕹菜（空心菜）*Ipomoea aquatic*、番薯（红薯）*Ipomoea batatas*、圆叶牵牛 *Ipomoea purpurea*、茑萝松（茑萝）*Quamoclit pennata*

90. 茄科

鸳鸯茉莉 *Brunfelsia brasiliensis*、辣椒 *Capsicum annuum*、朝天椒 *Capsicum annuum* var. *conoides*、菜椒 *Capsicum annuum* var. *grossum*、牵牛 *Ipomoea nil*、枸杞 *Lycium chinense*、番茄（西红柿）*Lycopersicon esculentum*、白英 *Solanum lyratum*、茄 *Solanum melongena*、龙葵 *Solanum nigrum*、珊瑚樱 *Solanum pseudocapsicum*、马铃薯（土豆）*Solanum tuberosum*

91. 木樨科

野迎春(云南黄素馨)*Jasminum mesnyi*、迎春花 *Jasminum nudiflorum*、茉莉花 *Jasminum sambac*、女贞 *Ligustrum lucidum*、小叶女贞 *Ligustrum quihoui*、金叶女贞 *Ligustrum* × *vicaryi*、小蜡 *Ligustrum sinense*、木樨(桂花)*Osmanthus fragrans*

92. 车前科

金鱼草 *Antirrhinum majus*、车前 *Plantago asiatica*、北美车前(毛车前)*Plantago virginica*、直立婆婆纳 *Veronica arvensis*、婆婆纳 *Veronica polita*、阿拉伯婆婆纳 *Veronica persica*

93. 爵床科

虾衣花 *Justicia brandegeeana*、珊瑚花 *Justicia carnea*

94. 紫葳科

凌霄 *Campsis grandiflora*、梓(梓树)*Catalpa ovata*

95. 马鞭草科

马缨丹(五色梅)*Lantana camara*、马鞭草 *Verbena officinalis*

96. 唇形科

臭牡丹 *Clerodendrum bungei*、大青 *Clerodendrum cyrtophyllum*、风轮菜 *Clinopodium chinense*、细风轮菜(瘦风轮)*Clinopodium gracile*、益母草 *Leonurus artemisia*、薄荷 *Mentha haplocalyx*、小鱼仙草(石荠宁)*Mosla dianthera*、紫苏 *Perilla frutescens*、夏枯草 *Prunella vulgaris*、一串红 *Salvia splendens*、异色黄芩(挖耳草)*Scutellaria discolor*、黄荆 *Vitex negundo*

97. 通泉草科

通泉草 *Mazus pumilus*

98. 泡桐科

白花泡桐(泡桐)*Paulownia fortune*

99. 冬青科

满树星 *Ilex aculeolata*、齿叶冬青 *Ilex crenata*、龟甲冬青 *Ilex crenata* var. *convexa*

100. 桔梗科

半边莲 *Lobelia chinensis*

101. 菊科

藿香蓟 *Ageratum conyzoides*、黄花蒿 *Artemisia annua*、茵陈蒿(茵陈)*Artemisia capillaris*、青蒿 *Artemisia caruifolia*、三脉紫菀(三脉叶马兰)*Aster ageratoides*、雏菊 *Bellis perennis*、金盏花(金盏菊)*Calendula officinalis*、天名精 *Carpesium abrotanoides*、野菊 *Chrysanthemum indicum*、菊花 *Chrysanthemum*

× *morifolium*、刺儿菜（大蓟、小蓟）*Cirsium setosum*、香丝草（野塘蒿）*Conyza bonariensis*、野茼蒿（革命菜）*Crassocephalum crepidioides*、大丽花（大丽菊）*Dahlia pinnata*、一点红 *Emilia sonchifolia*、一年蓬 *Erigeron annuus*、小蓬草（加拿大蓬）*Erigeron canadensis*、向日葵 *Helianthus annuus*、泥胡菜 *Hemisteptia lyrata*、马兰（田边菊）*Kalimeris indica*、莴苣 *Lactuca sativa*、莴笋 *Lactuca sativa* var. *angustata*、瓜叶菊 *Pericallis hybrida*、鼠曲草（鼠麴草）*Pseudognaphalium affine*、黑心金光菊（黑心菊）*Rudbeckia hirta*、千里光 *Senecio scandens*、苦苣菜 *Sonchus oleraceus*、钻叶紫菀 *Symphyotrichum subulatum*、万寿菊 *Tagetes erecta*、蒲公英 *Taraxacum mongolicum*、苍耳 *Xanthium strumarium*、黄鹌菜 *Youngia japonica*

102. 五福花科

接骨草 *Sambucus javanica*、日本珊瑚树 *Viburnum awabuki*

103. 忍冬科

忍冬（金银花）*Lonicera japonica*

104. 海桐科

海桐 *Pittosporum tobira*

105. 五加科

八角金盘 *Fatsia japonica*、常春藤 *Hedera nepalensis* var. *sinensis*、幌伞枫 *Heteropanax fragrans*、鹅掌柴 *Schefflera heptaphylla*、通脱木 *Tetrapanax papyrifer*

106. 伞形科

旱芹（芹菜）*Apium graveolens*、积雪草 *Centella asiatica*、芫荽 *Coriandrum sativum*、鸭儿芹 *Cryptotaenia japonica*、野胡萝卜 *Daucus carota*、胡萝卜 *Daucus carota* var. *sativa*、天胡荽 *Hydrocotyle sibthorpioides*、窃衣 *Torilis scabra*

主要参考文献

[1]中国科学院植物研究所．植物智．www.iplant.cn.

[2]马炜梁，王幼芳，李宏庆，等．植物学[M]．3版．北京：高等教育出版社，2022.

[3]丁炳扬，傅承新，杨淑贞．天目山植物学实习手册[M].2版．杭州：浙江大学出版社，2009.

[4]王焕冲，和兆荣．植物学野外实习指导[M]．2版．北京：高等教育出版社，2015.

[5]罗明华，杨远兵，陈光升．植物学野外实习手册[M]．北京：科学出版社，2013.

[6]魏学智．植物学野外实习指导[M]．北京：科学出版社，2008.

[7]中国科学院植物研究所．中国高等植物科属检索表[M].北京：科学出版社，1979.

[8]中国科学院昆明植物研究所昆明植物园．昆明植物园栽培植物名录[M]．2版．昆明：云南科技出版社，2006.

[9]杨贵生，曹瑞．生物学综合实习指导[M]．2版．北京：高等教育出版社，2017.

[10]鲍毅新，胡仁勇，邵晨，等．生物学野外实习[M]．杭州：浙江大学出版社，2011.

[11]杨利民．植物资源学[M]．北京：中国农业出版社，2008.

[12]陈翼胜，郑硕．中国有毒植物[M]．北京：科学出版社，1987.

[13] 国家药典委员会．中华人民共和国药典(2020年版一部)[M]．北京：中国医药科技出版社，2020.

[14]傅承新，邱英雄．植物学[M].2版．杭州：浙江大学出版社，2023.

[15]王伟，张晓霞，陈之端，等．被子植物APG分类系统评论[J].生物多样性，2017，25(4)：418-426.

[16]杜巍，汪小凡．中外高校植物学教材中植物系统学部分内容比较——兼论APG分类系统在教学中的推广[J]．高校生物学教学研究(电子版)，2022，12(4)：50-55.